职业技能鉴定教材

安装起重工

（中　级）

建筑专业《职工技能鉴定教材》编审委员会

中国劳动社会保障出版社

图书在版编目(CIP)数据

安装起重工：中级工/薛标主编；建筑专业《职业技能鉴定教材》编审委员会编．—北京：中国劳动社会保障出版社，1999
职业技能鉴定教材
ISBN 7-5045-2575-8

Ⅰ．安…
Ⅱ．①薛…　②建…
Ⅲ．①建筑-安装-职业技能鉴定-教材　②起重机械-结构吊装-职业技能鉴定-教材
Ⅳ．TU758

中国版本图书馆 CIP 数据核字(1999)第 21390 号

中国劳动社会保障出版社出版发行
（北京市惠新东街1号　邮政编码：100029）
出 版 人：唐云岐

*

北京印刷集团有限责任公司印刷二厂印刷装订　新华书店经销
787 毫米×1092毫米　16开本　12.5 印张　307 千字
1999 年 9 月第 1 版　2015 年 8 月第 12 次印刷
定价：18.50 元
读者服务部电话：010- 64929211/64921644/84643933
发行部电话：010- 64961894
出版社网址：http://www.class.com.cn

编 审 人 员

主　编　薛　标

编　者　薛　标　袁国平

主　审　翁祝梅

审　稿　翁祝梅　赵敏华

内 容 简 介

本书根据《建筑行业职业技能标准——安装起重工》编写，是职业技能考核与培训用书。

本书从知识要求（应知）和技能要求（应会）两个方面介绍了中级安装起重工需掌握和了解的知识和技能，内容涉及识图知识；起重机具、机械的计算；起重吊装工艺；电工和钳工基本操作技术、班组管理知识；设备和构件的运输、装卸、吊装及翻转知识；起重施工组织有关知识等。为方便使用，还配套地编写了知识要求部分和技能要求部分练习题，并附有参考答案。

前　言

培养同现代化建设要求相适应的数以亿计的高素质劳动者，是建立现代企业制度，实现国民经济持续、稳定、快速发展的重要基础。企业之间的竞争，归根结底是技术的竞争，人才的竞争。是否拥有一支力量雄厚的中、高级技术工人队伍是企业实力的重要标志。

当前，建筑企业中、高级技术人才数量不足，专业素质和技能偏低，已经影响了企业技术进步以及产品质量的提高。加快培养一大批具有熟练操作技能的技术工人队伍，是建筑企业进一步发展的当务之急。

为满足职业培训和职业技能鉴定工作需要，劳动和社会保障部教材办公室组织河北、山东、浙江、四川、江西、湖南等省的职业培训和职业技能鉴定管理部门，编写了供建筑行业中级工、高级工培训和鉴定使用的《职业技能鉴定教材》。《教材》涵盖 14 个工种，即：瓦工、木工、抹灰工、装饰工、混凝土工、电梯安装维修工、管道工、架子工、安装起重工、钢筋工、通风工、测量放线工、工程电气设备安装调试工、建筑油漆工。每个工种分别编有中级、高级两个等级的教材，共 28 种。

《职业技能鉴定教材》依据建设部最近颁布的《职业技能标准》编写。在编写指导思想上，突出为考核服务，面向企业生产实际的基本原则。在细化《标准》内容的前提下，以提高实际操作技能为目标，具有浓缩精练、典型实用、易于掌握的特点。

在具体内容编写上，根据《标准》规定，按照知识要求和技能操作要求分别组织内容。知识要求部分着重介绍本工种中级工或高级工应掌握的专业基础知识、原材料知识、工具设备知识、典型工艺知识、管理知识和相关工种知识；技能操作部分阐述工具设备的使用维护方法、生产岗位的操作要求和操作技巧、典型工艺的操作，以及常见故障分析、排除方法。为了检测学习效果，学以致用，组织了具有典型性的知识练习题和技能操作实例。掌握并利用这些练习，可以熟悉职业技能鉴定的基本要求，了解分析问题的思路和方法，提高在实际工作中解决问题的能力和技巧，而后一点尤为重要。

《职业技能鉴定教材》以初步具备本工种知识要求和技能操作要求为编写起点，有利于准备参加考核鉴定的人员掌握考核鉴定的范围和内容，适用于各级培训和鉴定机构组织升级考核复习，以及各类人员自学。对于相关专业职业技术学校师生和技术人员有较重要的参考价值。

本书由薛标（浙江省设备安装技工学校）、袁国平（浙江省工业设备安装公司第四分公司）编写，薛标主编；翁祝梅、赵敏华（浙江省工业设备安装公司）审稿，翁祝梅主审。

编写建筑专业《职业技能鉴定教材》有相当的难度，是一项探索性工作，参与编写的专家为此付出了艰苦的努力。由于时间仓促，缺乏经验，难免存在缺点和不足，恳切希望广大读者提出宝贵意见和建议，以便今后修订，逐步完善。

建筑专业《职业技能鉴定教材》编审委员会

目　　录

第一部　知识要求

第二部分　技能要求

第三部分　练　习　题

第一部分 知识要求

第一章 安装起重工识图知识

第一节 投影原理

一、投影

通常把空间物体的形象在平面上表达出来的方法称为投影法。而在平面上所得到的图形称为该物体在此平面上的投影。

要获得物体的投影图，必须具备光源、被投影对象和投影面。调整这3个条件又可得到不同的投影图。

1. 中心投影　投影线从投影中心点发出，投影线互不平行，用这种方法进行投影叫中心投影，如图1—1所示。用中心投影法得到的图形不能反映物体的真实大小，故机械图样不采用中心投影。

2. 正投影　当投影线采用平行光线，而且投影线与投影面垂直时，得到的投影叫正投影，如图1—2所示。正投影能反映物体的真实形状和大小，图形度量性好，便于尺寸标注，作图方便。因此正投影方法是机械制图国家标准规定采用的基本投影方法。

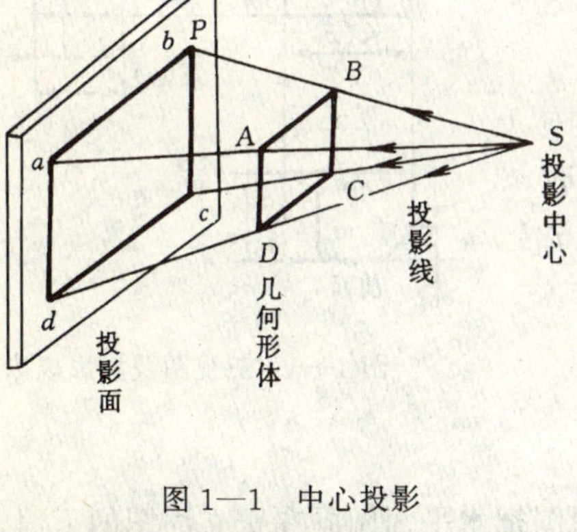

图1—1　中心投影

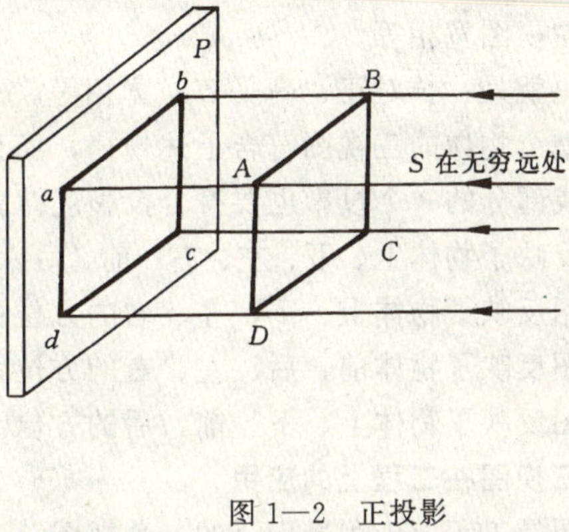

图1—2　正投影

二、三视图及其投影规律

1. 三视图　物体具有长、宽、高3个方向的尺度，其各面形状又常不相同，只用一个视图一般是不能确定物体的形状和大小的。为了确切反映物体的完整形状和大小，必须增加不同方向的视图，常用的是三视图。

如图1—3所示3个相互垂直的投影面，即正投影面 V（简称正面）、水平投影面 H（简称水平面)、侧投影面 W（简称侧面），每两投影面的交线称为投影轴，分别用 OX、OY、OZ 表示，三轴的交点 O 称为原点。

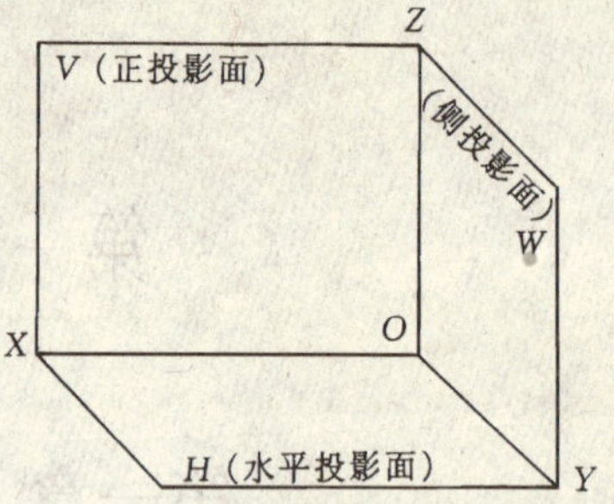

图 1—3　三个互相垂直的投影面

将物体放在 3 个投影面中间，并分别向三个投影面进行投影，得到物体的 3 个视图，称为物体的三视图（如图 1—4 所示）。其名称是：

主视图——从物体的前方向后投影，在正投影面上所得到的视图。

俯视图——从物体的上方向下投影，在水平投影面上所得到的视图。

左视图——从物体的左方向右投影，在侧投影面上得到的视图。

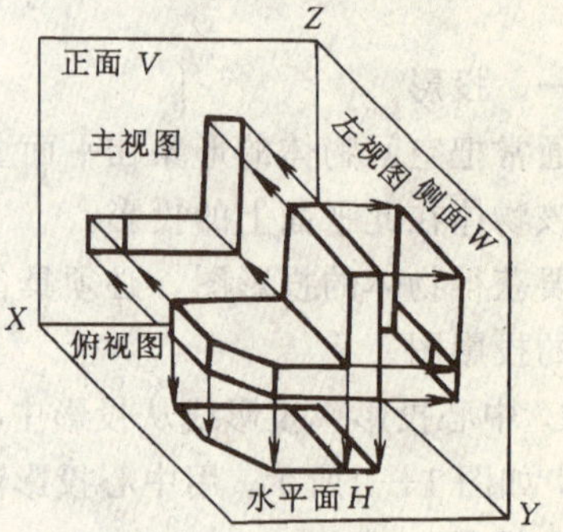

图 1—4　物体在投影面上的投影

为了把 3 个视图画在同一平面上，必须把 3 个投影面展开摊平。其方法是正面保持不动，水平面绕 OX 轴向下旋转 90°，侧面绕 OZ 轴向右旋转 90°，展开后的 3 个投影面就是在同一图纸平面上。在实际画图中，投影轴和投影面的边框线不必画出，3 个视图按图 1—5 的位置配置，一律不标注视图的名称。

2. 三视图的投影规律　三视图有关内在的联系，如图 1—5 所示，主视图反映了物体的长度和高度；俯视图反映了物体的长度和宽度；左视图反映了物体的宽度和高度。因此，三视图的投影规律可归纳为：

主、俯视图长对正；

主、左视图高平齐；

俯、左视图宽相等。

简单说就是：长对正、高平齐、宽相等。

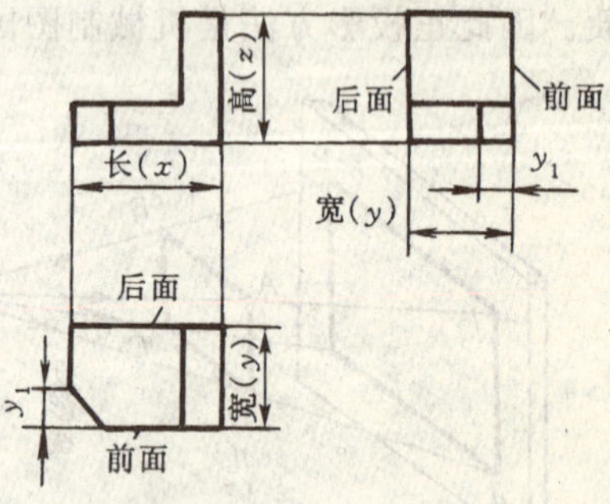

图 1—5　三视图及投影规律

不仅整个物体的三视图符合上述规律，而且物体上的每一组成部分的 3 个投影也要符合投影规律。同时，3 个视图还反映了物体上、下、左、右、前、后六个方位。

主视图反映了物体上、下、左、右的方位；

俯视图反映了物体前、后、左、右的方位；

左视图反映了物体上、下、前、后的方位。

三、三视图在工程上的应用

三视图是工程上应用最广泛的一种视图。三视图把水平面图画在正立面图的下面，把侧立面图画在正立面图的旁边，这种排列方法是为了制图的方便。工程图上将建筑物或设备、零部件的平面及外形画在一张图纸上时，都是按照三视图的画法和固定位置安排的。这样的工程图，既表达了物体的确切形状，也标示出它的有关尺寸，若再按规定的材料图例配上材料符号，便可以确定物体是什么材料制成的；或画上设备材料表，明确其中的设备型号、材质及数量等。这样便成了一张完整的工程施工图了，可以直接用以指导施工。

第二节　建筑安装施工图

一、施工图中的图标、比例和主要符号

1. 图标　每张图上都有图标，它位于图样的右下角。图标的主要内容有：工程名称、项目、图样名称、设计号、图号、设计单位、设计者姓名等，如表 1—1 所示。

表 1—1　　图　标　格　式

（设计单位全称）			工程名称		
			项　目		
审　定			（图名）	设计号	
审　核				图　别	
设　计				图　号	
制　图				日　期	

当需要查阅某张图时，可以从图样目录中查到该图的工程图号，然后根据图号查对图标，就可查找到所要的图样。

2. 比例　比例就是图样上标的尺寸与物体原来的实际尺寸之比。在图样上，一般是不可能按物体的实际尺寸来绘制图形的，需要缩小或放大一定的倍数。如某图的比例是 1∶5，即表示图上的尺寸是实物尺寸的$\frac{1}{5}$，例如图上量出的尺寸是4 cm，则实物的尺寸是20 cm。

基本图样常用的缩小比例有：1∶50；1∶100；1∶200；详图常用的缩小比例有：1∶1；1∶2；1∶5；1∶10；1∶20；1∶50 等。

3. 轴线　轴线常用在建筑图上，是设备安装中依靠建筑物定位、放线的重要依据。轴线用点线表示，端部带 1 个圆圈，圈内注有编号。水平方向的轴线用阿拉伯数字由左至右依次编号；垂直方向的用英文字母由下而上依次编号，如图 1—6 所示。

4. 标高　建筑物各部分的高度及设备工艺管道上的各部分的高度都用标高表示，标高的符号是"▽—"，标高注明在符号的横线上。标高单位为米（m），精确到厘米（cm）或毫米（mm）。

5. 详图索引号　如图 1—7 所示，索引号是反映基本图样与详图、详图与详图以及有关工种图样之间关系的符号。通过索引号可以方便地查到相关联的图样。

6. 图线　图样上的图形是由各种图线构成的。各种图线的名称及应用如下：

（1）粗实线　用于可见轮廓线；

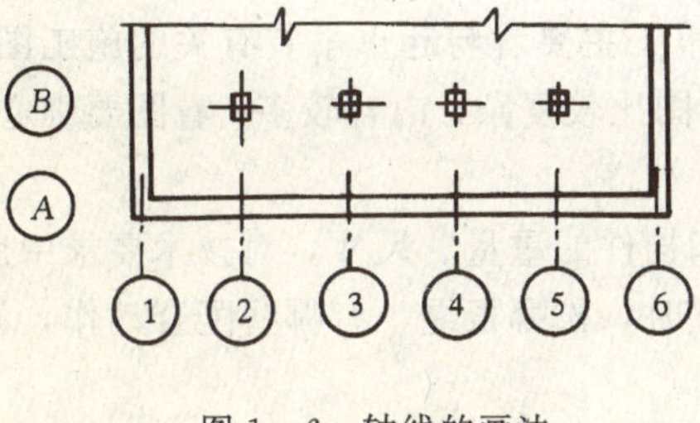

图 1—6　轴线的画法

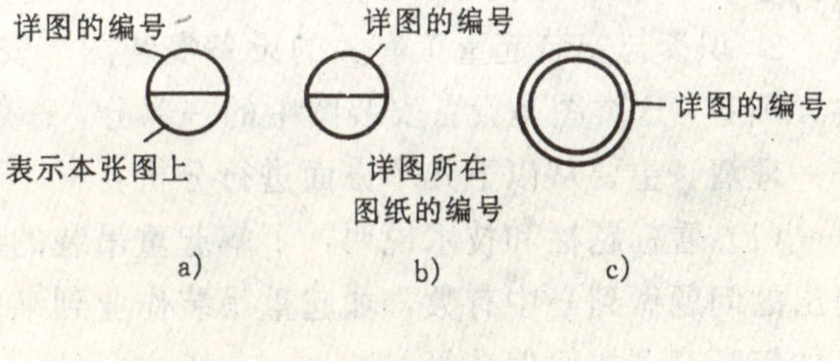

图 1—7　索引号

（2）细实线　用于剖面线、投影线、尺寸线、分界线、引出线等；

（3）虚线　用于不可见轮廓线；

（4）点划线　用于轮廓线、对称中心线等；

（5）双点划线　用于中断线、轮廓线等；

（6）波浪线　用于断裂处的边界线、视图和剖视分界线；

（7）双折线　用于断裂处的边界线。

二、工程图的编排顺序及作用

工程施工图样的编排顺序是：总平面图、建筑图、非标结构、水暖、电、仪表、设备图等。

工程施工图样的作用如下：

1. 图样目录：说明该工程由哪些专业工种的图样组成，将其编号，一目了然。

2. 总说明：主要说明该工程的概貌和总的技术要求等，其中包括设计依据、设计标准和施工要求。

3. 建筑施工图：即土建图，用于安装时了解建筑物的内部布置、基础结构、预埋件等情况。

4. 给排水施工图：展示给排水管道的布置、走向以及支架的制法等加工要求。

5. 采暖通风施工图：表示采暖、通风工程的布置；通风设备和零部件的选型及安装方法；支吊架的制作安装要求及系统调试要求等。

6. 设备及非标安装施工图：主要表示工艺设备布置和安装要求；非标容器或结构的制作安装要求等（包括总装配图、剖视图、零部件图及向视图等）。

7. 电气施工图：主要表示电气线路的走向和具体安装要求等。

三、施工图样的识读

1. 施工图样的识读　要正确地识读施工图样，并应注意以下事项：

（1）施工图是根据投影原理绘制的，所以中级安装起重工要能看懂施工图，应首先掌握投影原理，熟悉建筑结构、设备及非标的基本结构。

（2）施工图采用了一些习惯图例以及必要的文字说明，以共同把设计内容表现在图纸上。因此，要看懂施工图，还必须记住常用的图例符号。

（3）要注意看图方法，一般是从粗到细，从大到小。先粗看一遍，了解该项目的概貌，然后再细看。细看时应先看总说明和基本图纸，然后看部件图或系统图，最后再看详图或安装大样图。

（4）一套施工图是由多工种图样组成的，图样大体可按各专业划分，因此要有联系地、综合地看图，这样才可能发现图纸中彼此衔接和相关方面有无矛盾，以避免安装时造成困难。

（5）看完安装施工图后，还应看与安装密切相关的建筑施工图，如核实预留孔洞、预留钢板、吊点等是否与安装施工图相符。

2. 识读与安装起重工有关的设备安装图　安装起重工主要看与起重吊装有关的施工图，要详细看。这类图是设备安装图中的一部分，一般这类图比较复杂，内容较多，看图要细心，一一理清，主要从以下几个方面进行分析：

（1）看标题栏和技术说明，了解起重吊装的设备和构件的重量、尺寸，对技术要求中所提出的问题做到心中有数，如起重吊装作业到某一位置时，松哪根绳，有哪些配合动作，设备如何翻身，如何偏转等。

（2）设备进场路线、放置的位置、基础的位置、标高、设备绑扎点等。

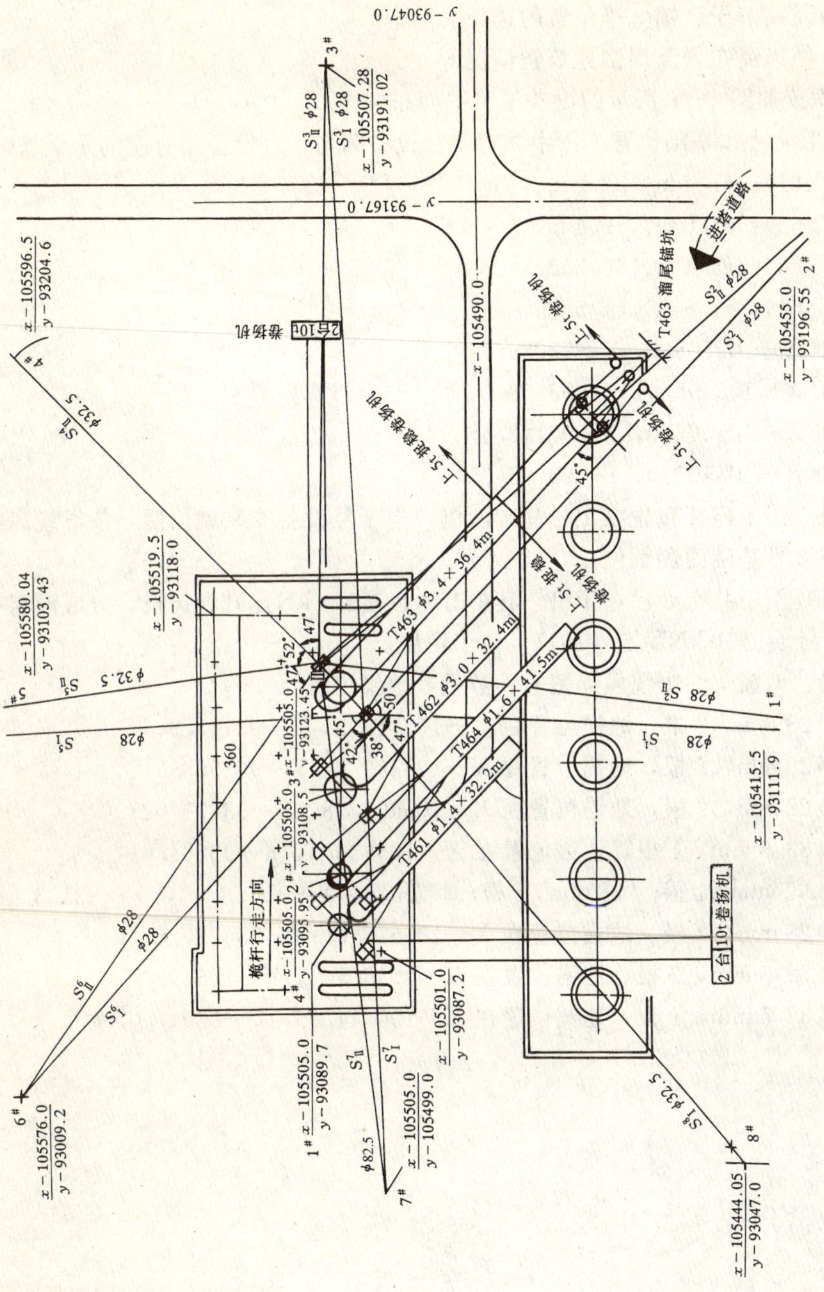

图 1—8　设备吊装平面布置图

(3) 起重机的位置、行走方向、回转半径（或桅杆的位置、移动方向及方法），卷扬机的位置、起重量数据以及挂滑子、锚坑等位置的选择。

(4) 运输道路、缆风绳布置及周围建筑物情况等。

3. 识读举例　识读如图 1—8 所示的设备吊装平面布置图。

(1) 识读设备外形尺寸和基础位置　图中共有 4 台设备和与 4 台设备相对应的 4 个基础。

1) 1 号设备（T461）：ϕ1.4 m×32.2 m。

2) 2 号设备（T462）：ϕ3.0 m×32.4 m。

3) 3 号设备（T463）：ϕ3.4 m×36.5 m。

4) 4 号设备（T464）：ϕ1.6 m×41.5 m。

5) 1 号设备基础 X—105505.0，Y—93089.7。

6) 2 号设备基础 X—105505.0，Y—93108.5。

7) 3 号设备基础 X—105505.0，Y—93123.45。

8) 4 号设备基础 X—105505.0，Y—93095.95。

(2) 识读起重机　图中桅杆布置在 1 号基础两侧，当 1 号设备安装就位后，依靠缆风绳移动桅杆，使桅杆在 2 号基础两侧就位。

(3) 识读卷扬机　图中共有 8 台卷扬机，其中有 4 台是100 kN提升卷扬机，分成两组布置在桅杆两侧，另外 4 台是50 kN稳定卷扬机，位于塔尾。

(4) 识读缆风绳、地锚　图中缆风绳型号、数量及地锚位置：

1) 1 号缆风绳 ϕ28 mm，2 根，地锚位置在 X—105415.5，Y—93111.9；

2) 2 号缆风绳 ϕ28 mm，2 根，地锚位置在 X—105455.0，Y—93196.55；

3) 3 号缆风绳 ϕ28 mm，2 根，地锚位置在 X—105507.28，Y—93191.02；

4) 4 号缆风绳 ϕ32.5 mm，1 根，地锚位置在 X—105596.5，Y—93204.6；

5) 5 号缆风绳 ϕ32.5 mm，1 根；ϕ28 mm，1 根，地锚位置在 X—105580.04，Y—93103.43；

6) 6 号缆风绳 ϕ28 mm，2 根，地锚位置在 X—105576.0，Y—93009.2；

7) 7 号缆风绳 ϕ82.5 mm，2 根，地锚位置在 X—105505.0，Y—105499.0；

8) 8 号缆风绳 ϕ32.5 mm，1 根，地锚位置在 X—105444.05，Y—93047.0。

第二章　起重机械的基本计算

第一节　起重机械的基本参数和起重吊装的计算载荷

一、起重机械的基本参数

1. 起重机械的基本参数　起重机械的基本参数是表征起重机工作性能的主要指标，也是安装工地选用和使用起重机的主要技术依据。它包括起重量、起升高度、跨度、幅度、各机构的工作速度、外形尺寸等。

(1) 起重量 (*G*)　起重量是指起重机允许起吊的最大重量和取物装置自重之和。为了计算简便，吊钩及起重高度内的钢丝绳重量不计入起重量内。用 *G* 表示，常用单位是牛 (N) 或千牛 (kN)。

(2) 起升高度 (*H*)　起升高度是指起重机取物装置上下限位置之间的距离，用 *H* 表示，单位为米 (m)。

(3) 跨度 (*L*)　跨度是指桥式类型起重机大车运行轨道轴线之间的水平距离，用 *L* 表示，常用单位为米 (m)。

(4) 幅度 (*R*)　幅度是指起重机的旋转中心与取物装置铅垂线之间的距离，常用单位为米 (m)。

(5) 工作速度 (*v*)　工作速度包括起重机的起升、变幅、旋转及运行机构 4 个动作的速度，除旋转速度以 r/min 度量外，其余的单位为 m/min。

(6) 外形尺寸　即指起重机的外形尺寸（长、宽、高），用以反映起重机的通行条件，单位为米 (m)。

(7) 工作类型　它表明起重机工作繁重程度的参数。在我国，对机械驱动的起重机机构，按照机械载荷率和工作时间率可分为：轻级、中级、重级和特重级 4 种工作类型。

2. 起重机械的特性曲线　起重机的起重性能有两种表示方法，一种是起重性能表，另一种是起重机的特性曲线图。为了合理选用运行式回转起重机，下面以国产 Q_2—8 型汽车起重机的起重量、吊钩起升高度及吊杆幅度之间的性能关系为例，了解起重机的工况性能。其起重性能表见表 2—1，起重特性曲线如图 2—1 所示。

Q_2—8 型汽车起重机是全回转、动臂可伸缩的通用型移动式起重机，其额定起重量为 80 kN，起重作业的所有机构均采用液压传动。它传动平稳，操作简便，能无级调速和微动操作，工作安全可靠。吊臂为两级伸缩式，由一个单级双向作用油缸驱动。

Q_2—8 型汽车起重机的臂长在 6.95～11.7 m之间可任意改变，其支腿的伸缩用油缸驱动。该机行走灵活，机动性能好，时速可达60 km。

Q_2—8 型汽车式起重机特性曲线图（图 2—1）上有 3 条曲线：曲线①为臂长6.95 m时的吊钩起升高度曲线；曲线②为起重量特性曲线；曲线③为臂长11.70 m时的吊钩起升高度曲

表 2—1　　　　　　　　　　　**Q_2—8 型汽车起重机起重性能表**

臂长6.95 m			臂长8.50 m			臂长10.15 m			臂长11.70 m		
幅度 (m)	起重量 (kN)	起升高度 (m)	幅度 (m)	起重量 (kN)	起升高度 (m)	幅度 (m)	起重量 (kN)	起升高度 (m)	幅度 (m)	起重量 (kN)	起升高度 (m)
3.2	80	7.5	3.4	67	9.2	4.2	42	10.6	4.9	32	12.0
3.7	54	7.1	4.0	45	8.8	5.0	31	10.1	5.8	24	11.4
4.3	40	6.5	4.7	34	8.3	5.7	25	9.6	6.7	19	10.8
4.9	32	5.7	5.4	27	7.6	6.6	19	8.8	7.7	14	9.9
5.5	26	4.6	6.2	22	6.8	7.5	15	7.7	8.8	10	8.6
			6.9	18	5.6	8.4	12	6.3	9.7	9	7.0
			7.5	15	4.2	9.0	10	4.8	10.5	8	5.2

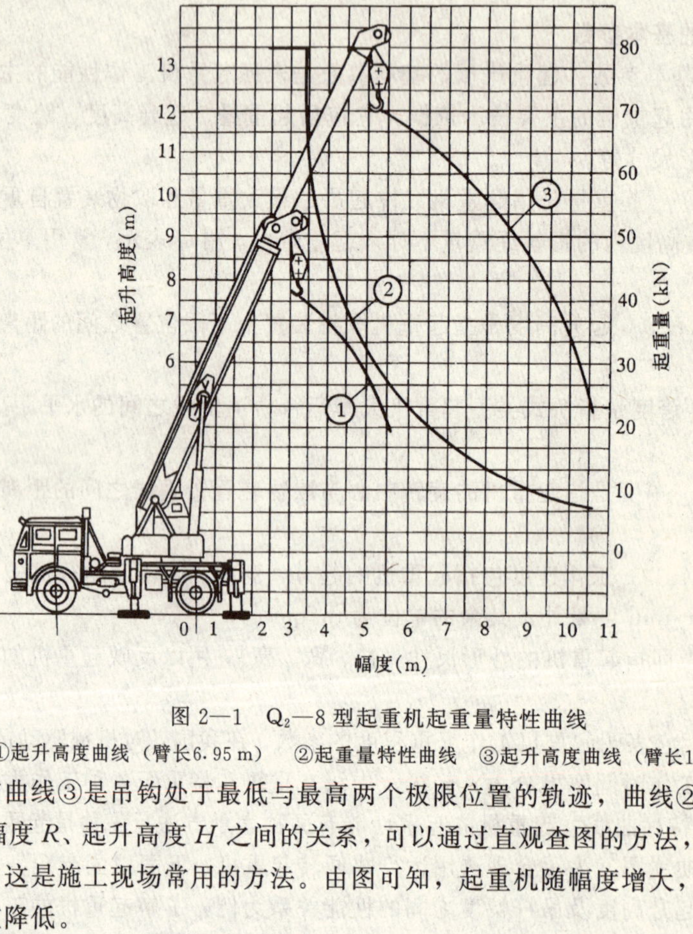

图 2—1　Q_2—8 型起重机起重量特性曲线

①起升高度曲线（臂长6.95 m）　②起重量特性曲线　③起升高度曲线（臂长11.7 m）

线。曲线①与曲线③是吊钩处于最低与最高两个极限位置的轨迹，曲线②表征了此型吊车的起重量 G 与幅度 R、起升高度 H 之间的关系，可以通过直观查图的方法，了解该吊车的起吊性能及特点，这是施工现场常用的方法。由图可知，起重机随幅度增大，起重量将降低，起升高度也相应降低。

查看起重机的起重性能图表的目的有两个：

（1）查某一臂杆长和幅度下起重能力的大小，用以核对是否满足起重量和起升高度的要求，确定是否安全。

（2）如已知所吊重物的重量、所要吊装的高度，要求选择起重机臂杆长和幅度，以保证把吊装物吊装到设计的位置上。

二、起重吊装的计算载荷

起重吊装中采用的计算载荷包括动载荷与不均衡载荷两种。计算中常利用动载系数 K_1 与不均衡系数 K_2 乘以静载荷，来近似地代替设备或起重索具在冲击振动情况下的动载荷与不均衡对称工作情况下的不均衡载荷。

1. 计算动载荷　在设备的起吊、牵引运输过程中，因机械传动和操作时的突然启动或刹车，均能增大设备本身以及起重索具所承受的载荷。这个增大了的载荷，用动载系数近似计算，即将吊装、运输设备的静载荷乘以动载系数 K_1，作为吊装、运输过程中该索吊具所承受的计算动载荷。

运输、起吊时的动载系数 K_1 见表 2—2 及表 2—3。

表 2—2　运输时的动载系数 K_1

设备运输方式	K_1
用小胶皮轮平车人力曳运时	1.2
用胶皮轮大车马拉曳运时	1.25
用载重汽车载运时	1.3
用火车载运时	1.2

表 2—3　吊装时的动载系数 K_1

起吊牵引系统（或制动系统）的工作方式	K_1
通过滑轮组用人力绞车或绞磨牵引起吊设备时	1.1
直接用人力绞车或绞磨牵引起吊设备时	1.2
通过滑轮组用机动绞车或绞磨、拖拉机或汽车牵引设备时	1.2
直接用绞车或绞磨、拖拉机或汽车牵引起吊时	1.3
通过滑轮组用制动器控制时的制动系统	1.2
直接用制动器控制的制动系统	1.2

在垂直吊装的场合，起升机构的最大垂直动载荷产生于由松弛钢丝绳全速起吊，使设备骤然离地和设备全速下落时的紧急制动情形。这个最大载荷等于静载荷、惯性载荷、振动载荷三者之和。因此，在吊装工程实际计算时，将静载荷乘以大于 1 的动载荷系数来考虑动载荷的影响，见公式 2—1。

$$G_j=K_1(G_1+G_2) \tag{2—1}$$

式中 G_j——计算载荷，N；

K_1——起重机构动载荷系数（见表 2—3）；

G_1——被吊设备的重量，N；

G_2——起升机构中索吊具重量，N。

此外设备在运输过程中，因道路不平引起运输车辆振动，使设备受到的载荷增大，因此在验算设备强度时，其计算载荷应为自重乘以动载系数 K_1。

2. 计算不均衡载荷　计算不均衡载荷用以考虑与设计计算的理想条件不同的不平衡因素，如：

(1) 由于地质变化而产生的桅杆不均匀沉陷，引起分支单桅杆的受力不均衡。

(2) 由于桅杆制作或组装的不完全对称（走线滑轮），各分支吊索的长短、松紧不一等引起的受力不均衡。

(3) 由于多台卷扬机共同使用，其卷筒直径、转速、操作启动及制动不一致引起的各套装置受力不均衡。

因此，在对起重吊索具的选择和验算时，引入不均衡系数 K_2，即将吊装工艺设计计算中以静力平衡原理计算出的静载荷乘以不均衡系数 K_2。一般，$K_2=1.2$。

3. 综合计算载荷　在设备起吊、运输过程中，对可能同时承受冲击振动影响与不平衡载荷影响的索吊具，在选择和验算时，应以静力平衡计算出的静载荷乘以动载系数 K_1 与不均衡系数 K_2，作为该吊索具所承受的综合计算载荷。

第二节　桅杆式起重机的计算

一、桅杆

1. 桅杆材料　桅杆是否具有使用安全、制造组装方便、造价低的性能，主要取决于材料的选择。

桅杆材料对钢材的强度、塑性、冲击韧度、可焊性及抗腐蚀性有较高的要求。目前，桅杆材料广泛选用Q235A钢和45号钢做主肢，也有用16 Mn钢做主肢的。

现在，国内已采用高强度轻质合金作桅杆材料，这种轻质合金以铝为主要金属，它的密度小、强度高，但弹性模量较低，在刚度和抗失稳能力方面一般较钢材低，抗腐蚀性和可焊性也较差。

2. 桅杆的外力、内力　桅杆的外力分析遵循一般刚体静力学规律。作用在桅杆钢结构上的载荷较为复杂，有静载荷、动载荷、惯性载荷及自然载荷等。

桅杆结构上的内力，主要是压弯复合应力，且桅杆是细长杆件，因此一般作压弯强度计算之后，尚须作稳定性验算。

3. 桅杆端部支承方式　桅杆的端部支承方式即端部约束类型：

（1）两端铰支桅杆　桅杆在直立工作时，其根部有的具备铰型支座；有的直接着地，其根部的横向移动受地面阻力约束。桅杆顶端用缆风绳固定，在极限状态下存在弹性位移，对这种桅杆，可以近似地按两端铰支处理。

（2）根端嵌固、顶端铰支桅杆　若桅杆根部以钢丝绳固定绑扎，可近似认为嵌固；其顶端用缆风绳固定。对这种类型桅杆，可近似按根端嵌固、顶端铰支处理。

（3）根端嵌固、顶端自由桅杆　当用小型桅杆安装高压线塔架时，其根端以钢丝绳绑扎嵌固于塔身，顶端不受任何支承作用。这种类型的桅杆根部嵌固作用维持其顶端的承重，可近似地按根端嵌固，顶端自由处理。

以上3种类型的桅杆，在实际计算中分别取不同的“端部固定方式修正系数”，以校核或设计桅杆。

4. 桅杆的载荷　桅杆的载荷较复杂，下面介绍桅杆计算时常用的载荷。

（1）自重　主要指结构本身的重量及结构上的机械、电气设备的重量。无论是工作或非工作状态，自重载荷的作用位置一般不变。

在静力分析时，桅杆自重当做集中载荷作用于重心。内力分析时，桅杆自重当做均布载荷沿其长度分布。

直立桅杆的自重只引起轴向压力；倾斜使用的桅杆自重将产生倾覆力矩，并引起轴向压力和弯矩两种内力。

（2）吊重和吊具重　指被起吊设备或构件的重量称为吊重；吊具重包括吊钩、起重滑轮组、索具、卸扣等的重量。

考虑到起升机构启动或制动时产生的加速度，将使设备和吊具产生惯性力，因此吊重和吊具重需按动载考虑，即按公式（2—1）计算。对于桅杆的动载系数 K_1 的取值与桅杆的工作类型有关：轻级为1.1；中级为1.2；重级为1.3；特重级为1.5。因桅杆的工作类型多属轻级，故 K_1 常取1.1。桅杆起重机的动载系数 K_1 值与桅杆的工作类型关系见表2—4。

表2—4　　桅杆的动载系数 K_1 值

桅杆的工作类型	轻级	中级	重级	特重级
K_1	1.1	1.2	1.3	1.5

（3）惯性载荷　这里所说的惯性载荷，主要指桅杆式起重机的各个机构在启动或制动时所产生的惯性力。下面以系缆式桅杆起重机为例，介绍产生惯性力的因素：

1）由吊重和吊具重产生的惯性力。

2）回转机构启动或制动时，在臂架上产生的惯性力。

3）变幅机构启动或制动时，在动臂上产生的惯性力。

4）由运行机构产生的惯性力（如有些桅杆底座上装有水平移动机构）。

在实际运用时，为了简化计算，惯性力常用动载系数的方式加以考虑。

（4）风载荷　当桅杆在露天作业时，要考虑风载荷对桅杆的影响。这种影响比较复杂，不同情况下产生不同的风载荷。安装起重工操作规程规定，设备吊装遇6级以上的强风时要停止作业（风力等级的划分及其风速及风压强度值见表2—5）。

表2—5表示的是各级风在离地10 m高处10 min平均风速及风压强度值，风速的单位是米/秒（m/s），风压单位是帕斯卡（Pa）。

表2—5　　风速及风压强度值

风力等级	名称	陆地地面物征象	相当风速 v (m/s)	风压 $P=\frac{v^2}{16}\times 10$ (Pa)
0	无风	静，烟直上	0～0.2	0～0.025
1	软风	烟能表示方向，但风标不能转动	0.3～1.5	0.056～0.14
2	轻风	人面感觉有风，树叶微响，风向标转动	1.6～3.3	0.16～6.8
3	微风	树叶及细枝摇动不止，旌旗展开	3.4～5.4	7.2～18.2
4	和风	地面灰尘和纸张吹起，小树枝摇动	5.5～7.9	18.9～39.0
5	清劲风	有叶的小树摇动，内陆水面有小波	8.0～10.7	40～71.6
6	强风	大树枝摇动，电线呼呼有声，举伞困难	10.8～13.8	72.9～119
7	疾风	全树摇动，迎风步行感觉不便	13.9～17.1	120.8～182.8
8	大风	树枝折毁，人向前行感觉阻力很大	17.2～20.7	184.9～267.8
9	烈风	烟囱顶部及压瓦被吹掉，小房有损坏	20.8～24.6	270.4～372.1
10	狂风	树木拔起，建筑物吹毁，陆上少见	24.5～28.4	375.2～504.1
11	暴风	陆上少有，若有则造成重大损毁	28.5～32.6	507.7～664.2
12	飓风	陆上很少，摧毁力极大	＞32.6	＞664.2

起重机受风压面积根据结构形式确定：

1）实心结构采用被此结构轮廓所包围的面积。

2）格状桁架结构采用除去桁杆间空格后的被桁架轮廓包围的面积（应不小于轮廓面积的30%）。

（5）起重钢丝绳引出端的拉力　由定滑轮引出的绳端拉力导致桅杆的内力。当钢丝绳引出端在桅杆的一侧时，桅杆所受的是偏心受压载荷，而引出端绳若对称布置，则桅杆所受的是轴心受压载荷。

（6）缆风绳加于桅杆顶端的载荷　缆风绳加于桅杆顶端的力，分为预拉力和工作拉力两部分。

5. 金属桅杆材料的许用应力　材料的许用应力是危险应力与安全系数之比。材料的许用应力是桅杆式起重机计算时经常用到的一个重要参数。只有桅杆式起重机所受到的实际应力小于许用应力，才能保证桅杆式起重机安全使用。常用材料的许用应力见表2—6。

表2—6　　常用材料的许用应力［σ］

材料名称	应力种类（MPa）			
	抗拉	抗压	抗剪	抗弯
Q215A	140	140	85	140
Q235A	155	155	95	155
16Mn或16Mnq	230	230	140	230
松木顺纹	7～10	10～12	0.7～1	10
混凝土	0.1～0.7	1～9	—	—

二、独脚木质桅杆的计算

1. 独脚桅杆的受力分析　独脚桅杆的受力分析如图2—2所示。桅杆 AB 所受的轴向压力有：起吊重量 G_1 和索吊具的自重 G_2 产生的轴向压力 N_1；滑轮组引出端的拉力 S 对桅杆的压力 N_2；缆风绳张力 T 对桅杆产生的轴向压力 N_3；桅杆的自重 G 对自身产生的压力 N_4。由于滑轮组是偏心地悬挂在桅杆顶部，吊耳与桅杆中心轴线有一偏心距 e，所以桅杆除了受压力之外，还受到弯曲应力。

（1）轴向压力 N_1　轴向压力 N_1 与独脚桅杆配套的绞磨机或卷扬机的起吊速度较慢，可划为轻级机动工作性质，从表2—4中，取动载系数 K（前面介绍的动载系数 K_1，以后也常用 K 来表示）为1.1，则计算负载 G_j 为

$$G_j=K(G_1+G_2) \tag{2—2}$$

式中　G_j——计算负载，N；

G_1——起吊构件或重物的重量，N；

G_2——索吊具自重，N。

实际工程中 G_1、G_2 的单位常用吨来表示，为了按国际单位来进行计算，常需把吨换算成牛顿或千牛顿。本书均采用1 t=10 kN来换算。

由图2—3可知，用静力学知识，将计算载荷产生的力分解成与桅杆轴线平行的轴向分力 N_1 和与桅杆轴线垂直的分力 P_x。

$$\begin{aligned} N_1 &= G_j\cos(90°-\alpha) \\ &= G_j\sin\alpha \end{aligned} \tag{2—3}$$

式中，α 为桅杆 AB 与地面的夹角。

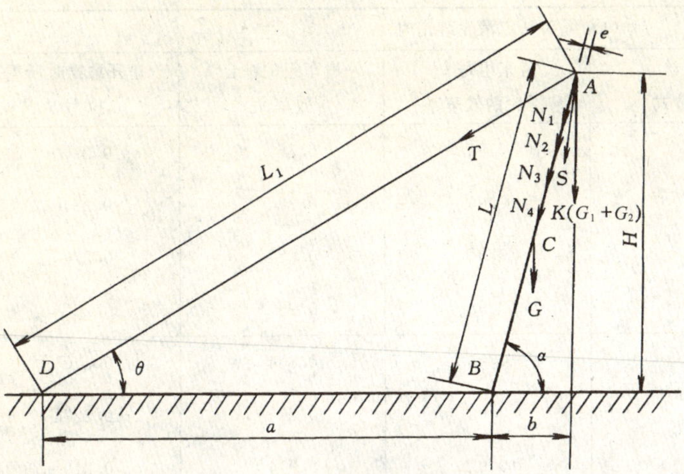

图 2—2　独脚桅杆受力简图

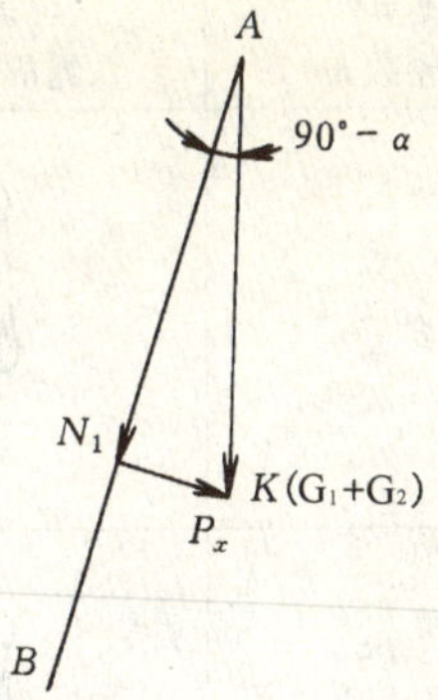

图2—3　N_1力的分析图

(2)轴向压力 N_2　由于起重滑轮组引出绳一般与桅杆的轴线近似平行，所以起重滑轮组钢丝绳引出端的拉力 S 与桅杆轴线垂直方向没有分力，它的拉力 S 产生的轴向力就是轴向压力 N_2。其计算公式为：

$$N_2=S \tag{2—4}$$

$$S=\frac{G_j}{n\eta}=\frac{G_j}{K_3} \tag{2—5}$$

式中　n——滑轮组有效工作绳数；

η——滑轮组效率（见表 2—7）；

K_3——计算系数，$K_3=n\eta$（见表 2—8）。

表 2—7　　**滑轮组（滑车组）的效率**

（1）绳头从定滑轮绕出时

滑车组的滑轮数 n	滑车组钢丝绳的穿绕方式	滑车组每个滑轮的效率 η	滑车组的综合效率 η_Σ	提升重物时所需拉力 S
2		0.94	0.916	$0.54G_j$
		0.95	0.93	$0.538G_j$
		0.97	0.95	$0.526G_j$
		0.98	0.975	$0.51G_j$
3	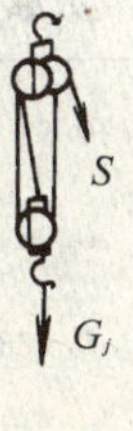	0.94	0.883	$0.378G_j$
		0.95	0.90	$0.37G_j$
		0.97	0.944	$0.354G_j$
		0.98	0.967	$0.344G_j$

(1) 绳头从定滑轮绕出时

滑车组的滑轮数 n	滑车组钢丝绳的穿绕方式	滑车组每个滑轮的效率 η	滑车组的综合效率 η_Σ	提升重物时所需拉力 S
4		0.94	0.86	$0.29G_j$
		0.95	0.88	$0.284G_j$
		0.97	0.927	$0.27G_j$
		0.98	0.95	$0.26G_j$
5	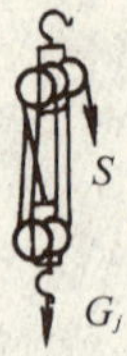	0.94	0.834	$0.24G_j$
		0.95	0.86	$0.227G_j$
		0.97	0.914	$0.219G_j$
		0.98	0.94	$0.21G_j$
6		0.94	0.81	$0.206G_j$
		0.95	0.84	$0.198G_j$
		0.97	0.90	$0.186G_j$
		0.98	0.934	$0.178G_j$
7	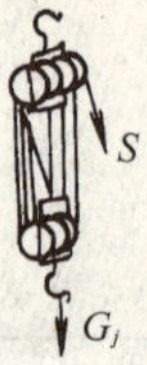	0.94	0.786	$0.18G_j$
		0.95	0.82	$0.174G_j$
		0.97	0.887	$0.16G_j$
		0.98	0.922	$0.155G_j$
8		0.94	0.766	$0.164G_j$
		0.95	0.80	$0.156G_j$
		0.97	0.875	$0.14G_j$
		0.98	0.913	$0.137G_j$

(2) 绳头从动滑轮绕出时

滑车组的滑轮数 n	滑车组钢丝绳的穿绕方式	滑车组每个滑轮的效率 η	滑车组的综合效率 η_Σ	提升重物时所需拉力 S
2		0.94	0.94	$0.355G_j$
		0.95	0.954	$0.350G_j$
		0.97	0.968	$0.344G_j$
		0.98	0.983	$0.340G_j$

续表

(2) 绳头从动滑轮绕出时

滑车组的滑轮数 n	滑车组钢丝绳的穿绕方式	滑车组每个滑轮的效率 η	滑车组的综合效率 η_Σ	提升重物时所需拉力 S
3		0.94	0.912	$0.274G_j$
		0.95	0.925	$0.266G_j$
		0.97	0.96	$0.260G_j$
		0.98	0.976	$0.256G_j$
4		0.94	0.887	$0.226G_j$
		0.95	0.904	$0.220G_j$
		0.97	0.94	$0.210G_j$
		0.98	0.96	$0.208G_j$
5		0.94	0.862	$0.194G_j$
		0.95	0.883	$0.189G_j$
		0.97	0.929	$0.180G_j$
		0.98	0.95	$0.176G_j$
6		0.94	0.833	$0.170G_j$
		0.95	0.863	$0.166G_j$
		0.97	0.914	$0.160G_j$
		0.98	0.943	$0.150G_j$
7		0.94	0.813	$0.154G_j$
		0.95	0.842	$0.148G_j$
		0.97	0.90	$0.139G_j$
		0.98	0.932	$0.134G_j$
8		0.94	0.792	$0.140G_j$
		0.95	0.822	$0.135G_j$
		0.97	0.89	$0.125G_j$
		0.98	0.922	$0.120G_j$

表 2—8　　　　不同滑轮数的滑轮组系数 K_3 值

滑轮组工作绳数	滑轮组中工作滑轮数	起重力与卷扬机起重能力之比						
		导向滑轮数						
		0	1	2	3	4	5	6
1	0	1.00	0.96	0.92	0.88	0.86	0.82	0.78
2	1	1.96	1.88	1.81	1.73	1.66	1.60	1.53
3	2	2.88	2.76	2.65	2.55	2.44	2.35	2.26
4	3	3.77	3.62	3.47	3.33	3.20	3.07	2.95
5	4	4.62	4.44	4.26	4.09	3.92	3.77	3.61
6	5	5.43	5.21	5.00	4.80	4.61	4.43	4.15
7	6	6.21	5.96	5.72	5.49	5.27	5.06	4.86
8	7	6.97	6.69	6.42	6.17	5.92	5.68	5.45
9	8	7.69	7.38	7.09	6.80	6.53	6.27	6.02
10	9	8.38	8.04	7.72	7.41	7.12	6.83	6.56
11	10	9.04	8.68	8.33	8.00	7.68	7.37	7.08
12	11	9.68	9.29	8.92	8.56	8.22	7.89	7.58
13	12	10.29	9.88	9.48	9.10	8.74	8.39	8.05
14	13	10.88	10.44	10.03	9.63	9.24	8.87	8.52

注：1. 表中一个滑轮的效率等于 0.96；

2. 绳索牵引端经定滑轮绕出者，也作导向滑轮看待。

(3) 轴向压力 N_3　缆风绳的拉力 T 可分解成平行于桅杆轴线的分力 N_3 和垂直于桅杆轴线的分力 T_x，如图 2—4 所示。

N_3 的计算公式为：

$$N_3 = T\cos(\alpha - \theta) \tag{2—6}$$

式中　θ——缆风绳与地面夹角。

缆风绳的张力 T 由缆风绳的自重引起的张力 mT_1 和缆风绳所受的负载张力 T_2 两部分组成，即

$$T = mT_1 + T_2$$

式中　m——缆风绳的根数。

缆风绳自重引起的张力，在绳长度一定的条件下，主要与缆风绳的弧垂有关。弧垂越大，缆风绳的张力越小，反之越大，即缆风绳的自重引起的张力与弧垂成反比。为简化运算，缆风绳自重引起的张力用绳的自重代替，即

$$T_1 = L_1 g = \frac{a+b}{\cos\theta} g \tag{2—7}$$

式中　L_1——缆风绳的长度，m；

g——每米缆风绳的重量，N/m；

a——地锚与桅杆底座间距，m；

b——底座与吊钩铅垂线间距，m。

缆风绳在受到负载后产生的张力 T_2，主要因起吊重量和起重索吊具而产生，T_2 由公式 (2—8) 来计算。公式 (2—8) 是取 B 点为转动中心，列力矩平衡方程得到，如图 2—5 所示。

$$T_2 L\sin(\alpha - \theta) = LG_j\cos\alpha$$

$$T_2 = \frac{G_j\cos\alpha}{\sin(\alpha - \theta)} \tag{2—8}$$

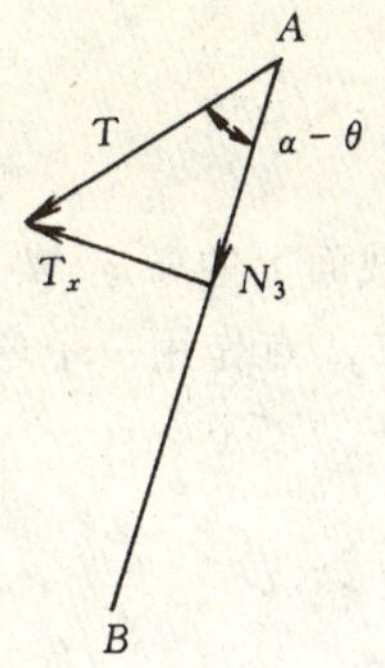

图2—4　N_3力的分析图

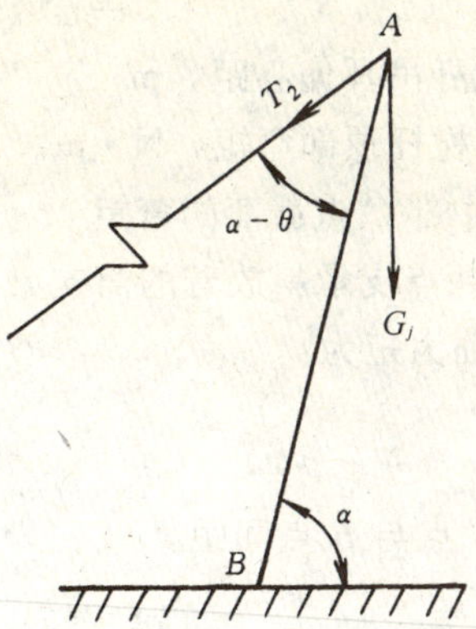

图 2—5　T_2 力的分析图

由上可知，缆风绳的张力对桅杆的轴向压力为：

$$
\begin{aligned}
N_3 &= T\cos(\alpha-\theta) \\
&= (mT_1+T_2)\cos(\alpha-\theta) \\
&= \left[\frac{m(a+b)}{\cos\theta}g+\frac{G_j\cos\alpha}{\sin(\alpha-\theta)}\right]\cos(\alpha-\theta) \qquad (2\text{—}9)
\end{aligned}
$$

(4) 轴向压力 N_4　桅杆自重 (G) 作用于桅杆上的轴向压力 N_4 是随桅杆的不同位置而决定的。作用于顶部截面的桅杆自重压力为零，中部截面的桅杆自重压力为 $G/2$，根部截面的桅杆自重压力为 G。桅杆使用时的危险截面处于桅杆的中部，在计算自重对桅杆的轴向压力时，计算公式为：

$$N_4=\frac{G}{2}\sin\alpha \qquad (2\text{—}10)$$

(5) 作用在桅杆顶部的总压力 N_A　由上述的分析可知，桅杆顶部的总压力 N_A 为：

$$N_A=N_1+N_2+N_3 \qquad (2\text{—}11)$$

作用于桅杆顶部的总压力也可用图解法，即用力的多边形作图法求出，如图 2—6 所示。

N_A 的作图方法如下：

先作 AB 线代表桅杆，定出比例线段，然后从 A 点作铅垂线 AE，其长度表示计算负载 G_j 的大小；由 E 作线段 EH 平行于 AB，EH 的长度代表滑轮组引出端的拉力 S 的大小；由 H 点作平行于缆风绳的直线交 AB 于 K 点，HK 的大小即为缆风绳的张力 T；$AEHK$ 为力的多边形，AK 的大小即为总压力 N_A。

(6) 桅杆中部 C 点的总压力　作用于桅杆中部 C 点的总压力为：

$$N_C=N_1+N_2+N_3+N_4 \qquad (2\text{—}12)$$

N_C 也可用力的多边形求出，方法与求 N_A 的方法相同。

(7) 起重滑轮组偏心地悬挂于桅杆顶部而产生弯矩 M_A。M_A 由两部分组成：起重滑轮组引出端的拉力 S 与偏心距 e 形成的弯矩 Se；计算负载在桅杆轴向的分力 N_1 与偏心距 e 所形成的对桅杆的弯矩 N_1e。它们在桅杆顶部产生的弯曲力矩 M_A 为：

$$
\begin{aligned}
M_A &= Se + N_1e \\
&= (S + N_1)e
\end{aligned}
$$

$$=[S+K(G_1+G_2)\sin\alpha]e \tag{2—13}$$

式中　e——桅杆吊耳偏心距，m；

M_A——桅杆顶部弯矩，N·m。

（8）桅杆中部 C 点截面的弯矩 M_C　在计算作用在桅杆中部截面上的弯矩 M_C 时，将 AB 桅杆可视作是两点支承斜放着的简支梁，A、B 为两支承点。当在 A 点作用一个弯曲力矩时，C 点产生的弯曲力矩为：

$$M_C=M_A\frac{X}{L} \tag{2—14}$$

式中　X——C 点与 B 点间距。

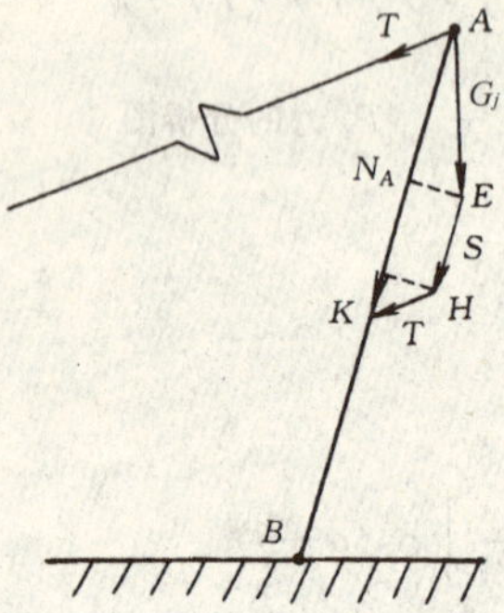

图 2—6　N_A 的图解法

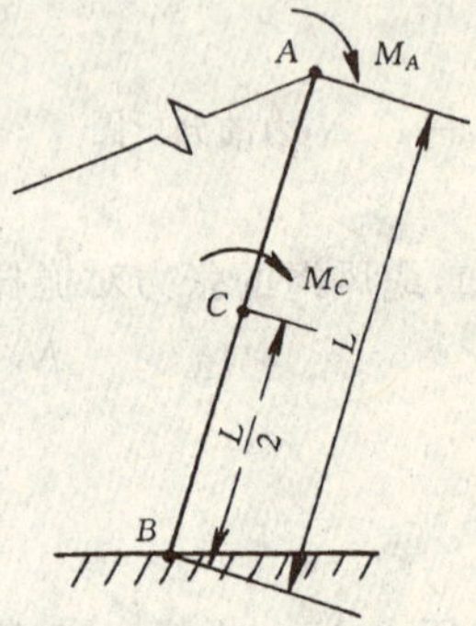

图 2—7　C 点弯矩示意图

由于 C 点在桅杆的中部，如图 2—7 所示，有：

$$X=\frac{L}{2}$$

$$M_C=\frac{M_A}{2}=[S+K(G_1+G_2)\sin\alpha]\frac{e}{2} \tag{2—15}$$

2. 桅杆中部、顶部截面的力学特性　力学性能的特征主要用直径 d、截面面积 A、惯性矩 I、截面系数 W 等来表示。

（1）圆木桅杆直径的计算　在选择桅杆的直径时，一般仅知圆木小头端的直径 d_A。对圆木的中部直径，可实际测量，也可根据圆木直径与长度的比例关系，用经验公式计算，即：

$$d_C=d_A+0.008\frac{L}{2} \tag{2—16}$$

式中　d_C——桅杆中部 C 点直径，m；

d_A——桅杆小头的直径，m；

L——桅杆长度，m。

（2）桅杆截面积计算　其计算公式为：

顶部：$$A_A=\frac{\pi d_A^2}{4}\approx 0.785d_A^2\ (\mathrm{m}^2) \tag{2—17}$$

中部：$$A_C=\frac{\pi d_C^2}{4}\approx 0.785d_C^2\ (\mathrm{m}^2) \tag{2—18}$$

（3）桅杆惯性矩 I 的计算　其计算公式为：

顶部：

$$I_A=\frac{\pi d_A^4}{64}\ (m^4) \tag{2—19}$$

中部：

$$I_C=\frac{\pi d_C^4}{64}\ (m^4) \tag{2—20}$$

（4）桅杆截面系数　其计算公式为：

顶部：

$$W_A=\frac{\pi d_A^3}{32}\approx 0.1d_A^3\ (m^3) \tag{2—21}$$

中部：

$$W_C=\frac{\pi d_C^3}{32}\approx 0.1d_C^3\ (m^3) \tag{2—22}$$

（5）桅杆中部惯性半径 r_C 的计算　其计算公式为：

$$r_C=\sqrt{\frac{I_C}{A_C}}=\frac{d_C}{4}\ (m) \tag{2—23}$$

3．桅杆的应力计算　作用在桅杆上的内力有轴向压力和弯曲力矩，在桅杆内部产生的两种应力之和为桅杆的最大应力。独脚桅杆顶部弯矩最大，对其强度必须进行验算。另外，桅杆是一细长压杆，其中部的挠度最大，考虑到中部的失稳现象，还应对其稳定性进行校核。

（1）桅杆顶部强度验算　其验算公式为：

$$\sigma=\frac{M_A}{W_A}+\frac{N_A}{A_A}\leqslant[\sigma] \tag{2—24}$$

式中　σ——桅杆使用时的应力；

$[\sigma]$——许用应力，查表 2—6。

（2）桅杆中部稳定性计算　其计算公式为：

$$\sigma=\frac{M_C}{W_C}+\frac{N_C}{\varphi A_C}\leqslant[\sigma] \tag{2—25}$$

式中　φ——轴心受压杆件的稳定系数。

求稳定系数 φ 值时，先求出长细比 λ 值，然后查表得到 φ 值（见表 2—9）。

表 2—9　　木结构轴心受压构件的稳定系数 φ

λ	φ	λ	φ	λ	φ
30	0.928	90	0.383	150	0.133
40	0.872	100	0.310	160	0.117
50	0.800	110	0.255	170	0.104
60	0.712	120	0.215	180	0.093
70	0.608	130	0.183	190	0.083
80	0.484	140	0.158	200	0.075

在实际工程计算中，一般对桅杆中部截面进行稳定性校核即可，而将对顶部截面的强度校核省略。

长细比是中心受压杆件稳定与否的一个重要参数。长细比越大，说明杆件细长，稳定性越差；反之，稳定性就越好。在起重机构中，长细比一般小于 100，但对临时性使用的构件，可允许达到 150。

长细比 λ 的计算公式为：

$$\lambda=\frac{\mu l}{r} \tag{2—26}$$

式中 λ——长细比（又称柔度）；

r——截面惯性半径，m；

l——压杆的实际长度，m；

μl——压杆的计算长度，m。

对于圆木桅杆的计算长度（μl）为 L，惯性半径为 $d_C/4$，则圆木桅杆 λ 的值为：

$$\lambda=\frac{4L}{d_C} \tag{2—27}$$

4. 缆风绳拉力计算　缆风绳的负载总拉力 T_2 是由几根缆风绳同时承受的，即每根缆风绳只分担负载总拉力的一部分，因此不能简单地用这个总拉力去选择缆风绳的大小和地锚负载，而应取其中单根缆风绳的最大拉力值为依据，选择缆风绳的大小和地锚负载。

一般独脚桅杆有 4～6 根缆风绳，但仅是在吊重方向的缆风绳才产生负载拉力（叫受力缆风绳）。对独脚桅杆等分布置的缆风绳中，受力缆风绳所占的比例一般占 50%。

我们已知，受力缆风绳的拉力 T 包括两部分：一部分为缆风绳因自重产生的拉力 T_1，是常量；另一部分为负载拉力 T_2。在实际工程上计算某一缆风绳的最大受力大小，常采用如下公式计算：

$$T_i=T_{1i}+T_{2i} \tag{2—28}$$

式中 T_i——某一缆风绳所受的最大力，N；

T_{1i}——某一缆风绳因自重产生的拉力，N；

T_{2i}——某一缆风绳受载后产生的最大拉力，N。

T_{2i}的计算常采用负载分配系数法计算：

$$T_{2i}=K'T_2 \tag{2—29}$$

式中 K'——缆风绳负载张力分配系数（见表 2—10 和表 2—11）。

表 2—10 是缆风绳等分布置、缆风绳与地面夹角 θ 相等、受力缆风绳占缆风绳总数 50%以下的分配系数。

表 2—11 是缆风绳与地面夹角 θ 为 30°、240°等分布置时，对缆风绳的不同分布、不同根数，列出受力最大缆风绳分配系数 K' 值。

表 2—10　　缆风绳等分布置的分配系数 K' 值

缆风绳布置形式	缆风绳布置根数	分配系数 K' 值
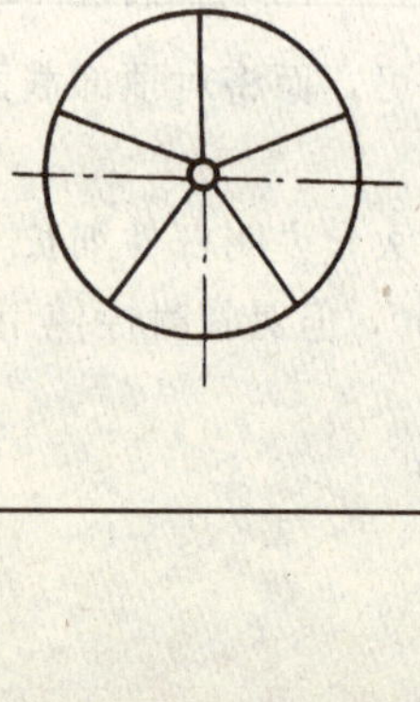	4	1
	5	0.828
	6	0.667
	7	0.546
	8	0.415
	9	0.369
	10	0.342
	11	0.301
	12	0.247 5

表 2—11　　　　缆风绳 $\theta=30°$、240°等分布置的分配系数 K' 值

缆风绳布置形式	缆风绳布置根数	分配系数 K' 值
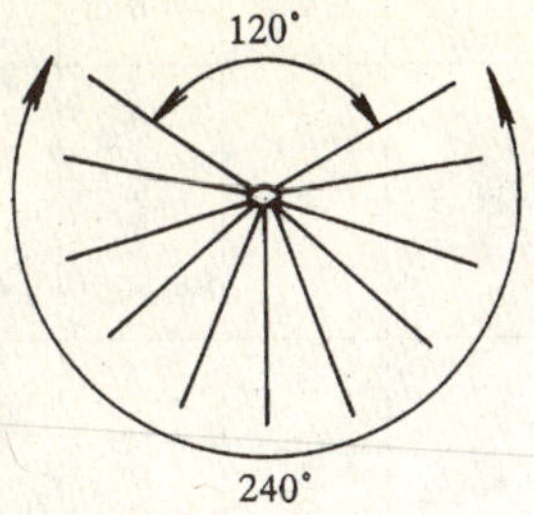	6	0.448
	7	0.370
	8	0.314 3
	9	0.278
	10	0.241
	11	0.214 2
	12	0.193
	13	0.170

由上可知，桅杆最大受缆风绳的拉力 T_i 为：

$$T_i=\frac{a+b}{\cos\theta}g+K'T_2 \tag{2—30}$$

根据上式计算出的值，选取缆风绳的型号及直径。其方法是把 T_i 作为缆风绳最大许用拉力，计算出破断拉力，由破断拉力选绳的型号及直径大小。破断拉力与许用拉力关系式：

$$S_b=K〔P〕 \tag{2—31}$$

式中　S_b——绳的破断拉力，N；

〔P〕——绳的许用拉力，N；

K——安全系数（见表 2—12）。

表 2—12　　　　钢丝绳的安全系数 K

钢丝绳的使用情况	安全系数 K 值
用于缆风绳	3.5
用于手动起重设备	4.5
用于机动起重设备	5～6
用作千斤绳，无弯曲时	6～7
用作绑扎的千斤绳	8～10
用于载人的升降机	14

公式（2—31）可以写成：

$$〔P〕=\frac{S_b}{K} \tag{2—32}$$

用来计算绳子的许用拉力，确定所用的绳索是否能安全使用。其方法是比较许用拉力与绳受到的实际拉力大小，若实际拉力小于许用拉力，则绳子能安全使用；反之，绳索不能安全使用。

以上介绍的是校核桅杆的常用方法。在实际校核桅杆时，可以直接套用以上公式进行运算。在实际使用木质杆时，可以查找其规格及性能（见表 2—13）。

表 2—13　　独木桅杆的规格及性能

桅杆起重量 G（kN）	桅杆长度 H（m）	桅杆上部系绳处直径 d（cm）	缆风绳根数	缆风绳尺寸			滑轮组			卷扬机起重量（kN）
				钢丝绳直径（mm）	长度（倾斜角度）		钢丝绳直径（mm）	滑轮门数		
					45°	30°		定滑轮	动滑轮	
30	8.5	20	4	15.5	70	80	11.5	2	2	10
	11.0	22			86	100				
	13.0	22			96	112				
	15.0	24			100	120				
50	8.5	24	4	20	70	80	15.5	3	2	30
	11.0	26			86	100				
	13.0	26			96	112				
	15.0	27			100	120				
100	8.5	30	4	21.5	70	80	17.5	3	3	30
	11.0	30			86	100				
	13.0	31			96	112				

注：表中缆风绳长度均以米（m）计，其长度均为净长，未包括绳端须固结于地锚上的一部分长度。在估算用料时，应按上列数字酌情增加余裕长度。

三、金属管式桅杆的计算

管式桅杆一般用无缝钢管制成，在没有无缝钢管的情况下也可以用有缝钢管，但外边必须采取加固措施。为了便于拆装和搬运，一般将桅杆分成几段制作，再根据起吊高度要求将桅杆接长。桅杆顶部设有系结缆风绳的缆风绳盘和吊耳；桅杆底部有底座，以扩大底部的受力面积，有的桅杆底座设置成球形座，以利于倾斜设置，如图 2—8 所示。

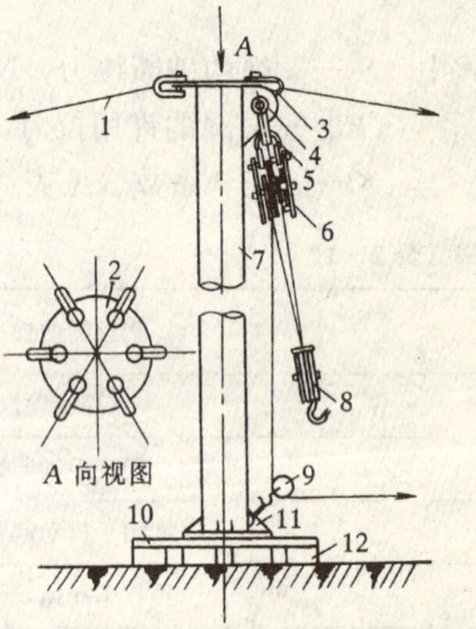

图 2—8　金属管式桅杆构造图

1—缆风绳　2—缆风绳盘　3—缆风绳连接卸扣　4—吊耳　5—起重滑轮组连接卸扣　6—定滑轮　7—管式桅杆　8—动滑轮　9—导向滑轮　10—钢底板　11—下吊耳　12—底座用道木

1. 管式桅杆性能　管式桅杆起重量一般小于300 kN，起重高度一般在30 m以内，金属管式桅杆的起重性能见表 2—14。几种常用管子和用角钢补强的管子截面的力学性能及其稳定系数值见表 2—15 及表 2—16。

2. 管式桅杆的计算方法　管式桅杆的计算方法有两种：欧拉公式法和弯曲应力公式法。

（1）欧拉公式计算法　金属管式桅杆是两端铰接的长立柱，在轴向压力下要失去稳定。这种破坏不是因断面的强度不够，而是由于压杆临界载荷的影响。压杆的临界载荷由欧拉公式求出。

表 2—14　　金属管式桅杆起重性能

起重量（kN）	桅杆高度（m）					
	8	10	15	20	25	30
	管子截面尺寸					
30	152×6	152×6	219×8	299×9	351×10	426×10
50	152×8	168×10	245×8	299×11	351×11	426×10

续表

起重量 (kN)	桅杆高度 (m)					
	8	10	15	20	25	30
	管子截面尺寸					
100	194×8	194×10	245×10	299×13	351×12	426×12
150	219×8	219×10	273×8	325×9	351×14	426×12
200	245×8	245×10	299×10	325×10	377×10	426×14
300	325×9	325×9	325×9	325×12	377×12	426×14

注：1. 表内所列钢管尺寸为管外径×壁厚，均以 mm 计；

2. 最大许可柔度为 200。

表 2—15　　几种常用无缝钢管及用角钢加强管子截面的力学性能数值表

图　形	管子截面尺寸 $d\times\delta$ (mm)	截面面积 A (cm^2)	惯性矩 I (cm^4)	惯性半径 r (cm)	截面系数 W (cm^3)	每米管子质量 m_0 (kg)
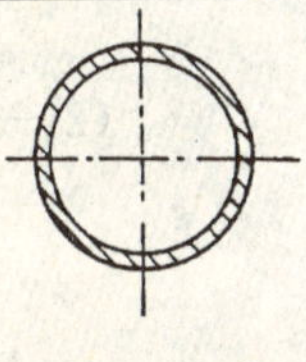	159×4.5	21.845	652	5.462	82	17.15
	219×7	46.82	2 635	7.5	241	36.75
	273×8	66.7	5 856	9.37	429	52.28
	325×8	79.7	10 013	11.21	616	62.54
	377×8	92.5	15 620	13.05	830	72.8
	426×9	117.9	25 662	14.74	1 204.8	92.55
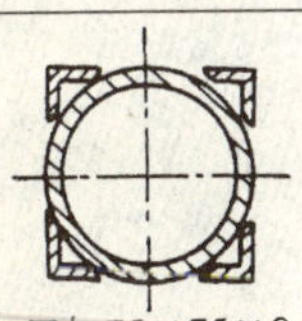	159×4.5	67.8	2 960	6.6	242	53.27
	219×7	92.83	6 430	8.4	418	70.87
	273×8	112.7	11 572	10.1	637	88.4
	325×8	125.7	17 980	12.0	843	98.66
用∟75×75×8	377×8	138.5	26 100	13.7	1 050	108.92
角钢加强	426×9	163.5	37 800	15.2	1 430	128.67
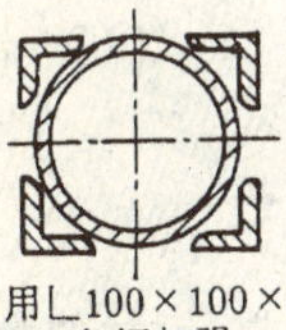	159×4.5	98.89	4 324	6.6	343	77.63
	217×7	123.86	9 186	8.6	557	97.23
	273×8	143.74	15 380	10.3	800	112.76
	325×8	156.74	23 656	12.3	1 050	123.02
用∟100×100×10	377×8	169.54	33 380	14.0	1 350	133.28
角钢加强	426×9	194.94	46 960	15.5	1 720	153.03

表 2—16　　几种常用无缝钢管及角钢加强管子的构件轴心受压稳定系数 φ 值

图　形	管子截面尺寸 $d\times\delta$ (mm)	钢管计算长度 (m)											
		8	10	12	14	16	18	20	22	24	26	28	30
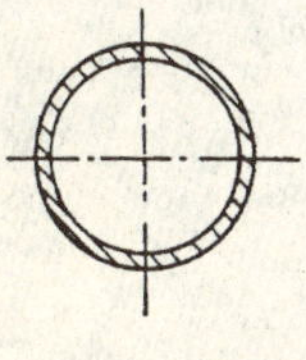	159×4.5	0.320	0.210	—	—	—	—	—	—	—	—	—	—
	219×7	0.560	0.383	0.272	0.204	—	—	—	—	—	—	—	—
	273×8	0.698	0.557	0.413	0.310	0.242	0.194	—	—	—	—	—	—
	325×8	0.788	0.673	0.557	0.432	0.335	0.270	0.223	0.187	—	—	—	—
	377×8	0.836	0.751	0.657	0.557	0.449	0.359	0.295	0.247	0.209	0.181	—	—
	426×9	0.869	0.800	0.722	0.637	0.547	0.452	0.371	0.310	0.264	0.227	0.197	—

续表

图形	管子截面尺寸 $d\times\delta$ (mm)	钢管计算长度 (m)											
		8	10	12	14	16	18	20	22	24	26	28	30
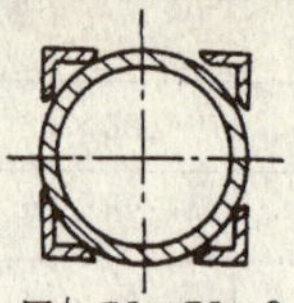 用∟75×75×8 角钢加强	159×4.5	0.459	0.301	0.214	—	—	—	—	—	—	—	—	—
	219×7	0.635	0.473	0.335	0.251	0.196	—	—	—	—	—	—	—
	273×8	0.736	0.611	0.474	0.357	0.277	0.222	0.183	—	—	—	—	—
	325×8	0.809	0.711	0.604	0.490	0.383	0.306	0.253	0.211	0.180	—	—	—
	377×8	—	0.767	0.685	0.452	0.487	0.396	0.322	0.270	0.230	0.185	0.173	—
	426×9	—	—	0.737	0.657	0.568	0.477	0.393	0.329	0.278	0.240	0.210	0.184
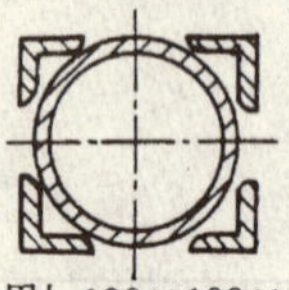 用∟100×100×10 角钢加强	159×4.5	0.459	0.301	0.214	—	—	—	—	—	—	—	—	—
	219×7	0.650	0.493	0.352	0.262	0.205	—	—	—	—	—	—	—
	273×8	0.745	0.623	0.491	0.369	0.287	0.230	0.190	—	—	—	—	—
	325×8	0.816	0.724	0.620	0.508	0.401	0.321	0.263	0.220	0.188	—	—	—
	377×8	—	0.781	0.696	0.604	0.507	0.410	0.335	0.281	0.239	0.206	0.180	—
	426×9	—	—	0.746	0.666	0.583	0.494	0.407	0.340	0.289	0.250	0.217	0.191

注：此表只适用于 Q215A 钢和 Q235A 钢。

$$P_K=\frac{\pi^2 EI}{(\mu l)^2} \tag{2—33}$$

式中 P_K——压杆的临界压力，N；

π——圆周率；

E——材料弹性模量，MPa；

I——截面对形心轴的惯性矩，m^4；

μ——长度修正系数；

l——压杆实际长度，m；

压杆的临界应力为：

$$\sigma_K=\frac{\pi^2 E}{\lambda^2} \tag{2—34}$$

式中 σ_K——临界应力，Pa；

λ——长细比（柔度）。

对于用 Q235A 钢制成的管式桅杆，当长细比 $\lambda \geqslant 100$ 时，才能使用欧拉公式。钢材的弹性模量 $E=210\times10^3$ MPa。

管式桅杆的约束方式可视作两端铰支，其长度修正系数 $\mu=1$。

例题 2—1 在某安装现场，有一根金属管式桅杆，用 $\phi 426$ mm×9 mm的无缝钢管制成，今用来吊装一设备。设备重量 $G_1=660$ kN，索吊具重量 $G_2=20$ kN，桅杆有效高度 $l=16$ m。此管式桅杆是否可用来吊装该设备？

解：(1) 校核桅杆是否可安全使用 查表 2—15，无缝钢管的几何性质为：

$$A=117.9\ \text{cm}^2=117.9\times10^{-4}\ \text{m}^2$$

$$r=14.74\ \text{cm}=14.74\times10^{-2}\ \text{m}$$

则

$$\lambda=\frac{\mu l}{r}=\frac{1\times16}{14.74\times10^{-2}}\approx108>100$$

$$\sigma_K=\frac{\pi^2 E}{\lambda^2}=\frac{(3.14)^2\times 210\times 10^3}{108^2}=177.5\ \mathrm{MPa}$$

取安全系数 $K=2.5$，许用载荷为：

$$[G]=\frac{A\sigma_K}{K}=\frac{117.9\times 10^{-4}\times 177.5}{2.5}=837\ \mathrm{kN}$$

计算载荷 $G_j=K_1(G_1+G_2)=1.1\times(660+20)=748\ \mathrm{kN}$

$$748\ \mathrm{kN}<837\ \mathrm{kN}，即\ G_j<[G]$$

因此，此桅杆可安全使用。

（2）应用压弯应力公式计算　其计算公式如下：

$$\sigma=\frac{M}{W}+\frac{N}{\varphi A}\leqslant[\sigma] \tag{2—35}$$

式中　σ——管式桅杆产生的应力，Pa；

M——桅杆中部弯矩，N·m；

A——管式桅杆截面积，m^2；

W——截面系数，m^3；

φ——稳定系数，Q235A 钢见表 2—16。

具体计算方法与木桅杆的计算方法相同。

例题 2—2　选一管式桅杆，其规格为ϕ325 mm×8 mm，桅杆长 $l=20$ m，桅杆自重 $G=13$ kN，偏心距 $e=0.25$ m，欲倾斜吊装62.1 kN的设备，倾斜角度 $\alpha=80°$，吊具约重5 kN，桅杆脚离滑轮组的铅垂线距离 $b=3.7$ m。吊装滑轮组初选 H8—2×2，桅杆设置 5 根缆风绳，缆风绳与地面夹角均为 $\theta=30°$。试校核此桅杆（见图 2—9）。

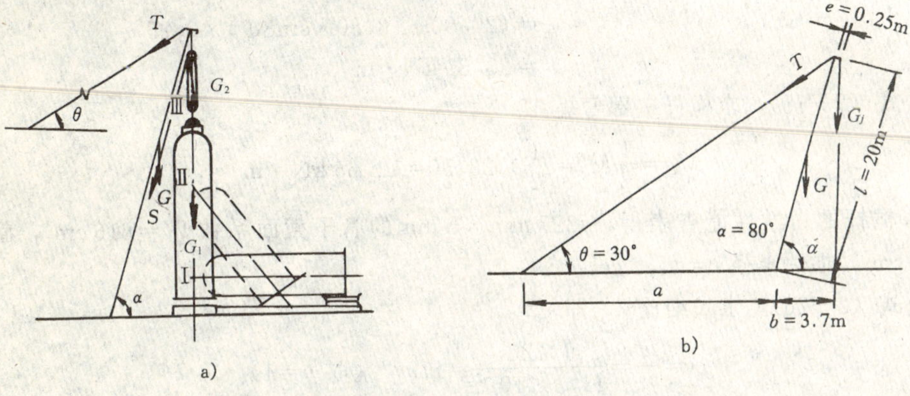

图 2—9　管式桅杆校核计算图

a）管式桅杆吊装示意图　b）管式桅杆受力计算图

解：（1）静力分析及计算

计算荷重　　$G_j=K(G_1+G_2)$　（取 $K=1.1$）

$=1.1\times(62.10+5.00)$

$=73.80$ kN

吊重对桅杆的轴向压力 N_1 由公式（2—3）得

$$N_1=G_j\sin\alpha=73.80\times\sin 80°$$

$$=72.70\ \text{kN}$$

吊装滑轮组出绳端拉力 S 产生的轴力 N_2 由公式（2—4）与（2—5）求出

$$N_2=S=\frac{G_j}{n\eta}\quad（查\ H8—2\times2\ 的\ \eta=0.9）$$

$$N_2=\frac{73.80}{4\times0.9}=20.50\ \text{kN}$$

由公式（2—9）求缆风绳张力对桅杆的轴向压力 N_3。由图 2—9 可算出 $a=30.42$ m，查 6×37+1—1 550 MPa型、直径为ϕ18.5 mm的钢丝绳 $g=12.2\times10^{-3}$ kN/m。

$$\begin{aligned}N_3&=\left[\frac{m(a+b)}{\cos\theta}g+\frac{G_j\cos\alpha}{\sin(\alpha-\theta)}\right]\cos(\alpha-\theta)\\&=\left[\frac{5(30.42+3.7)}{\cos30^\circ}\times12.2\times10^{-3}+\frac{73.8\times\cos80^\circ}{\sin(80^\circ-30^\circ)}\right]\times\cos(80^\circ-30^\circ)\\&=12.296\ \text{kN}\end{aligned}$$

由公式（2—10），求桅杆自重对桅杆的轴向压力 N_4，即

$$N_4=\frac{G}{2}\sin\alpha=\frac{13.00}{2}\sin80^\circ=6.40\ \text{kN}$$

由以上结果，求桅杆中部 C 点总轴力 N_C

$$\begin{aligned}N_C&=N_1+N_2+N_3+N_4\\&=72.70+20.50+12.296+6.4\\&=111.90\ \text{kN}\end{aligned}$$

由公式（2—13），求桅杆顶部弯矩 M_A，即

$$\begin{aligned}M_A&=(S+G_j\sin\alpha)e\\&=(20.50+73.80\times\sin80^\circ)\times0.25\\&=23.30\ \text{kN}\cdot\text{m}\end{aligned}$$

由公式（2—15），求桅杆中部弯矩 M_C

$$M_C=\frac{1}{2}M_A=\frac{1}{2}\times23.30=11.65\ \text{kN}\cdot\text{m}$$

（2）桅杆的力学性能查表得，ϕ325 mm×8 mm的管子截面系数 $W=616\ \text{cm}^3$，截面积 $A=79.7\ \text{cm}^2$，惯性半径 $r=11.2$ cm。

由公式（2—26），求长细比 λ，即

$$\lambda=\frac{\mu l}{r}=\frac{1\times20}{11.2\times10^{-2}}=179\quad（取\ \mu=1）$$

根据 $\lambda=179$，查得轴心受压构件的稳定系数 $\varphi=0.22$。

（3）管式桅杆中部截面的稳定性校核　由公式（2—25）有：

$$\begin{aligned}\sigma&=\frac{M_C}{W_C}+\frac{N_C}{\varphi A_C}\\&=\frac{11.65}{616\times10^{-6}}+\frac{111.90}{0.22\times79.7\times10^{-4}}\\&=82.57\ \text{MPa}<[\sigma]=155\ \text{MPa}\end{aligned}$$

经校核，桅杆可以安全使用。

四、金属格构式桅杆

格构式桅杆采用型钢或钢管制成桁架，截面一般呈方形。为了便于搬运和组装，分为几段，各段间用钢板连接，钢板表面可精加工，再用螺栓紧固。在桅杆顶部有缆风绳盘、吊耳，底部有底座和系挂导向滑轮的耳孔。有的底座制成球铰状，可回转360°。格构式桅杆的构造见图2—10。

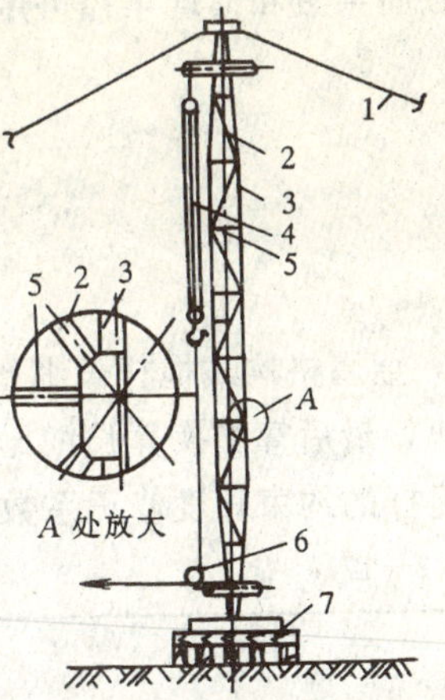

图2—10　金属格构式桅杆的构造图

1—缆风绳　2—斜缀条　3—主肢
4—起重滑轮组　5—横缀条
6—导向滑轮　7—道木堆

金属格构式桅杆的计算方法　格构式桅杆和木桅杆在计算上有相同之处，在外力的计算方法上是一致的，内力计算方法有所不同。外力的计算方法参见独木桅杆的计算法，内力计算方法按下面介绍方法进行。

1. 桅杆力学性能及计算　实际工程应用的格构式桅杆的组合截面是方形的，由4根等边角钢组成，如图2—11所示。

根据角钢型号可查得该角钢的截面面积 A、对应轴线的惯性矩 $I_x(I_y)$、角钢形心到角钢边的距离 Z_0 和对应的惯性半径 r_{y0}。

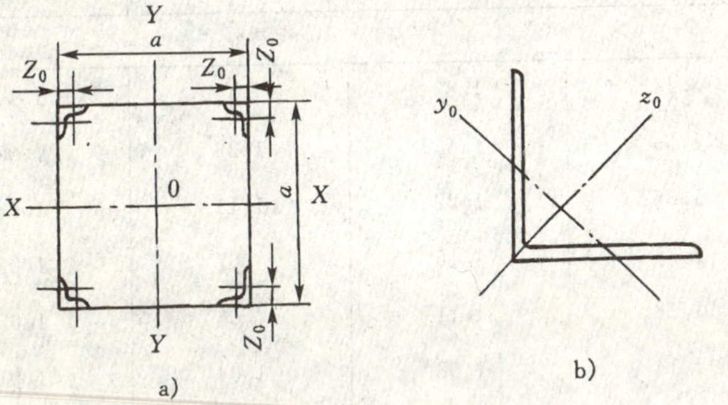

图2—11　格构式桅杆组合截面

a）组合截面形式　b）单肢截面形式

组合截面的面积 A_1 的计算：

$$A_1=mA \tag{2—36}$$

式中　A_1——组合截面面积，m^2；

m——组合截面总的角钢数，$m=4$；

A——某种型号角钢的截面积，m^2。

组合截面的惯性矩：

$$I_1=m\left[I_0+A\left(\frac{a}{2}-Z_0\right)^2\right] \tag{2—37}$$

式中　I_1——组合截面的惯性矩，m^4；

I_0——角钢对应轴线的惯性矩，m^4；

a——组合截面的外形宽度，m；

Z_0——角钢形心到角钢边的距离，m。

利用上列公式可分别求得桅杆两端惯性矩 I_{min} 和中部惯性矩 I_{max}。

截面系数和惯性半径可用下式求出：

$$W_{max}=\frac{I_{max}}{\frac{a}{2}}=\frac{2I_{max}}{a} \tag{2—38}$$

$$r_{max}=\sqrt{\frac{I_{max}}{A_1}} \tag{2—39}$$

2. 金属格构式桅杆长细比的计算　计算长细比先计算桅杆计算长度，然后根据定义求出长细比，最后算出换算长细比。

桅杆的约束长度修正系数 $\mu_1=1$，而外形修正系数 μ_2 由表 2—17 定。

表 2—17　　**对称受压桅杆计算长度修正系数 μ_2 值**

对称桅杆简图	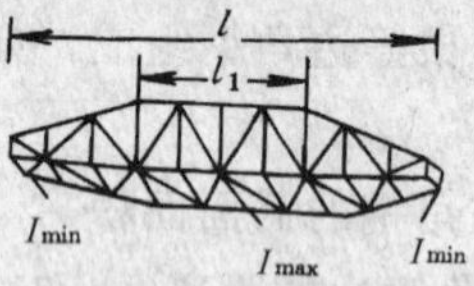				
$\frac{I_{min}}{I_{max}}$	l_1/l				
	0	0.2	0.4	0.6	0.8
	μ_2				
0.000 1	3.14	1.82	1.44	1.14	1.01
0.01	1.69	1.45	1.23	1.07	1.01
0.1	1.35	1.22	1.11	1.03	1.01
0.2	1.25	1.15	1.07	1.02	1.00
0.3	1.18	1.11	1.05	1.02	1.00
0.4	1.14	1.08	1.04	1.01	1.00
0.5	1.10	1.06	1.03	1.01	1.00
0.6	1.08	1.05	1.02	1.01	1.00
0.7	1.05	1.03	1.01	1.00	1.00
0.8	1.03	1.02	1.01	1.00	1.00
0.9	1.02	1.01	1.00	1.00	1.00
1.0	1.00	—	—	—	—

根据桅杆长度修正系数，可以确定桅杆计算长度 l_0，即

$$l_0=\mu_1\mu_2 l$$

因此，桅杆由 l_0 计算得到的长细比为：

$$\lambda=\frac{l_0}{r_{max}} \tag{2—40}$$

按《钢结构设计规范》，对照图 2—11，缀条式的、截面是方形的 4 肢格构式桅杆的换算长细比为：

$$\lambda_0=\sqrt{\lambda^2+40\frac{A_1}{A_2}} \tag{2—41}$$

式中 λ_0——换算长细比；

λ——长细比，见公式（2—40）；

A_1——组合截面面积，即单肢截面面积的 4 倍；

A_2——桅杆横截面所截垂直于 x—x 轴（y—y 轴）的平面内各斜缀条的毛截面面积之和，一般为斜缀条截面面积的 2 倍。

3. 格构式桅杆相对偏心率 实际工程中使用的桅杆是偏心受压构件，对其进行稳定性计算时，要涉及到偏心率 ε 值的计算。偏心率的计算公式为：

$$\varepsilon=\frac{M}{N}\frac{A_1}{W} \tag{2—42}$$

式中 M——偏心弯矩，一般采用压杆中间（1/3）长度范围内的最大弯矩，但不小于构件最大弯矩的一半；

N——桅杆中部截面的轴向压力，N；

A_1——组合截面面积，m^2；

W——桅杆截面系数，m^3，见公式（2—38）；

ε——偏心率。

4. 格构式桅杆的稳定性计算 根据以上分析计算，格构式桅杆受压稳定性计算方法为：

（1）先计算出桅杆计算长度 l_0。

（2）用桅杆计算长度 l_0 及主截面的参数求出长细比 λ。

（3）按 λ 求出换算长细比 λ_0。

（4）根据 λ_0 和 ε 查出稳定系数 φ_P。

（5）应用公式进行验算。

格构式桅杆偏心受压，应按下列式子计算弯矩作用平面内的稳定性：

$$\sigma=\frac{N}{\varphi_P A_1}\leqslant[\sigma] \tag{2—43}$$

式中 φ_P——格构式偏心受压构件在弯矩作用平面内的稳定系数；

N——桅杆中部轴向压力，N；

A_1——桅杆组合截面面积，m^2；

σ——桅杆实际使用时最大应力，Pa。

5. 格构式桅杆的单肢稳定性计算 单肢稳定性计算与整体稳定性计算方法相同。

（1）由弯矩换算到单肢上的压力 N_1' 为

$$N_1'=\frac{M_C}{2a_1} \tag{2—44}$$

式中 M_C——桅杆中部弯矩，N·m；

a_1——桅杆中部截面的两肢件中性轴的间距（见桅杆截面图），m。

（2）由桅杆正压力换算到单肢上的压力 N_2' 为：

$$N_2'=\frac{N}{4} \tag{2—45}$$

式中 N——桅杆中部正压力，N。

（3）单肢合成压力 N' 为：

$$N'=N_1'+N_2'$$

(4) 单肢长细比 λ' 为：

$$\lambda'=\frac{l'}{r_{y_0}} \tag{2—46}$$

式中 l'——单肢计算长度（计算截面格构间距，即节距），m；

r_{y_0}——单肢（角钢）最小回转半径，可从等边角钢截面特性表查出。

(5) 由 λ' 值查钢结构资料中轴心受压的稳定系数 φ' 值表，进行验算。其验算公式为：

$$\sigma'=\frac{N'}{\varphi' A}\leqslant[\sigma] \tag{2—47}$$

式中 σ'——单肢应力，Pa；

A——单肢截面面积，m^2；

N'——单肢受的合压力，N；

$[\sigma]$——桅杆材料的许用应力，Pa（见表 2—6）。

此外，桅杆的计算还包括缀条的计算、吊耳、缆风绳盘、底座等附件的计算。

在桅杆稳定性计算时，常用到的钢结构资料见表 2—18、表 2—19 和表 2—20。

表 2—18　　　　常用的热轧等边角钢截面特性

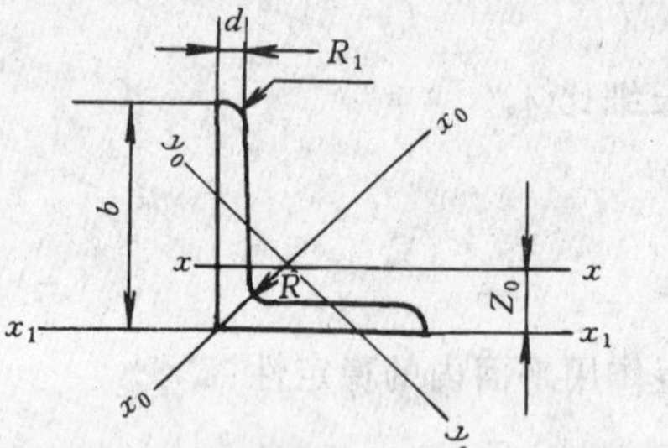

I——惯性矩　r——惯性半径

W——截面系数　$R_1=\frac{1}{3}d$

尺寸 (mm)			截面面积 (cm^2)	重量 ($\frac{N}{m}$)	$x-x$			y_0-y_0			Z_0 (cm)
b	d	R			I_x (cm^4)	r_x (cm)	W_x (cm^3)	I_{y_0} (cm^4)	r_{y_0} (cm)	W_{y_0} (cm^3)	
50	5	5.5	4.803	37.70	11.21	1.53	3.13	4.64	0.98	2.31	1.42
56	5	6	5.415	42.51	16.02	1.72	3.97	6.61	1.10	2.98	1.57
63	5	7	6.143	48.22	23.17	1.94	5.08	9.57	1.25	3.90	1.74
	6		7.288	57.21	27.12	1.93	6.00	11.20	1.24	4.46	1.78
70	6	8	8.160	64.06	37.77	2.15	7.48	15.61	1.38	5.67	1.95
75	10	9	14.126	110.89	71.98	2.26	13.64	30.05	1.46	9.56	2.22
90	12	10	20.306	159.40	149.22	2.71	23.57	62.22	1.75	16.49	2.67
100	12	12	22.800	178.98	208.90	3.03	29.48	86.84	1.95	21.08	2.91
125	12	14	28.912	226.96	423.16	3.83	41.17	174.88	2.46	35.03	3.53
	14		33.367	261.93	481.65	3.80	54.16	199.57	2.45	39.13	3.61
160	12	16	37.441	293.91	916.58	4.95	78.98	377.49	3.18	60.74	4.39
	14		43.296	339.87	1 048.36	4.92	90.95	431.70	3.16	68.24	4.47

注：本表摘自YB 166—65。

表 2—19　　Q235A 钢和 Q215A 钢轴心受压构件稳定系数 φ

λ \ ε	0	1	2	3	4	5	6	7	8
40	0.927	0.923	0.920	0.916	0.912	0.908	0.904	0.900	0.896
50	0.888	0.884	0.897	0.875	0.870	0.866	0.861	0.856	0.851
60	0.842	0.837	0.832	0.826	0.821	0.816	0.811	0.805	0.800
70	0.789	0.784	0.778	0.772	0.767	0.761	0.755	0.749	0.743
80	0.731	0.725	0.719	0.713	0.707	0.701	0.695	0.688	0.682
90	0.669	0.663	0.657	0.650	0.644	0.637	0.631	0.624	0.617
100	0.604	0.597	0.591	0.584	0.577	0.570	0.563	0.557	0.550
110	0.536	0.529	0.522	0.515	0.503	0.501	0.494	0.487	0.480
120	0.466	0.459	0.452	0.445	0.439	0.432	0.426	0.420	0.413
130	0.401	0.396	0.390	0.384	0.379	0.374	0.369	0.364	0.359
140	0.349	0.344	0.340	0.335	0.331	0.327	0.322	0.318	0.314
150	0.306	0.303	0.299	0.295	0.292	0.288	0.285	0.281	0.278
160	0.272	0.268	0.265	0.262	0.259	0.256	0.254	0.251	0.248
180	0.218	0.216	0.214	0.212	0.210	0.207	0.205	0.203	0.201
200	0.180	0.178	0.176	0.175	0.173	0.172	0.170	0.169	0.167

注：表 2—19 摘自TJ 17—74。

表 2—20　　Q215A、Q235A 钢格构式偏心压杆在弯矩作用平面内的稳定系数 φ_P

λ_0 \ ε	0	0.2	0.4	0.6	0.8	1.0	1.2	1.4	1.6	1.8	2.0	2.5	3.0	3.5	4.0	4.5
0	1.000	0.833	0.714	0.625	0.555	0.500	0.455	0.417	0.385	0.357	0.333	0.286	0.250	0.223	0.200	0.182
10	0.995	0.825	0.709	0.621	0.551	0.496	0.451	0.413	0.382	0.355	0.332	0.284	0.249	0.222	0.200	0.181
20	0.981	0.816	0.703	0.615	0.545	0.488	0.446	0.408	0.378	0.352	0.330	0.283	0.248	0.220	0.199	0.180
30	0.958	0.801	0.689	0.601	0.534	0.479	0.437	0.401	0.370	0.345	0.326	0.280	0.245	0.218	0.197	0.179
40	0.927	0.783	0.671	0.586	0.520	0.467	0.426	0.392	0.362	0.338	0.320	0.275	0.241	0.215	0.194	0.177
50	0.888	0.757	0.648	0.565	0.502	0.452	0.413	0.380	0.352	0.329	0.313	0.269	0.237	0.212	0.191	0.174
60	0.842	0.730	0.620	0.544	0.484	0.435	0.399	0.367	0.340	0.318	0.304	0.263	0.231	0.207	0.187	0.171
70	0.789	0.696	0.594	0.517	0.460	0.416	0.381	0.352	0.327	0.306	0.294	0.255	0.225	0.202	0.183	0.167
80	0.731	0.654	0.556	0.487	0.436	0.396	0.363	0.337	0.313	0.293	0.283	0.246	0.218	0.196	0.178	0.163
90	0.669	0.606	0.514	0.456	0.411	0.374	0.345	0.320	0.299	0.280	0.272	0.237	0.211	0.190	0.173	0.159
100	0.604	0.560	0.474	0.423	0.384	0.351	0.325	0.302	0.283	0.267	0.259	0.227	0.203	0.184	0.168	0.154
110	0.536	0.510	0.435	0.389	0.356	0.327	0.305	0.285	0.267	0.255	0.247	0.218	0.195	0.177	0.162	0.149
120	0.466	0.453	0.395	0.358	0.330	0.304	0.284	0.267	0.252	0.242	0.234	0.207	0.187	0.170	0.156	0.144
130	0.401	0.401	0.359	0.329	0.304	0.282	0.265	0.250	0.236	0.228	0.221	0.197	0.178	0.163	0.150	0.139
140	0.349	0.350	0.325	0.300	0.279	0.262	0.246	0.233	0.222	0.214	0.208	0.187	0.170	0.156	0.144	0.134
150	0.306	0.306	0.295	0.275	0.258	0.242	0.229	0.218	0.208	0.201	0.196	0.197	0.162	0.149	0.138	0.129
160	0.272	0.272	0.268	0.251	0.237	0.224	0.213	0.203	0.195	0.189	0.185	0.168	0.154	0.142	0.132	0.123
170	0.243	0.243	0.243	0.230	0.218	0.207	0.198	0.189	0.182	0.177	0.173	0.158	0.146	0.135	0.126	0.118
180	0.218	0.218	0.218	0.211	0.201	0.192	0.184	0.176	0.170	0.166	0.163	0.149	0.136	0.129	0.120	0.113
190	0.197	0.197	0.197	0.194	0.185	0.178	0.170	0.164	0.159	0.155	0.153	0.141	0.131	0.122	0.115	0.108
200	0.180	0.180	0.180	0.178	0.171	0.165	0.159	0.153	0.148	0.145	0.143	0.133	0.124	0.116	0.110	0.104

λ_0 \ ε	5.0	5.5	6.0	6.5	7.0	8.0	9.0	10	12	14	16	18	20	25	30
0	0.167	0.154	0.143	0.134	0.125	0.111	0.100	0.091	0.077	0.067	0.059	0.053	0.048	0.038	0.032
10	0.166	0.154	0.143	0.134	0.125	0.110	0.099	0.091	0.077	0.067	0.059	0.053	0.048	0.038	0.032

续表

ε / λ_0	5.0	5.5	6.0	6.5	7.0	8.0	9.0	10	12	14	16	18	20	25	30
20	0.165	0.153	0.142	0.133	0.124	0.110	0.099	0.091	0.077	0.067	0.059	0.053	0.048	0.038	0.032
30	0.164	0.152	0.141	0.132	0.123	0.110	0.099	0.090	0.076	0.066	0.058	0.052	0.047	0.037	0.031
40	0.162	0.150	0.140	0.131	0.122	0.109	0.098	0.090	0.076	0.066	0.058	0.052	0.047	0.037	0.031
50	0.160	0.148	0.138	0.129	0.121	0.108	0.097	0.089	0.075	0.065	0.058	0.052	0.047	0.037	0.031
60	0.157	0.146	0.136	0.127	0.120	0.107	0.096	0.088	0.075	0.065	0.057	0.051	0.047	0.036	0.030
70	0.154	0.143	0.133	0.125	0.118	0.105	0.095	0.087	0.074	0.064	0.057	0.051	0.046	0.036	0.030
80	0.151	0.140	0.131	0.123	0.115	0.103	0.094	0.086	0.073	0.064	0.056	0.050	0.046	0.036	0.030
90	0.147	0.137	0.128	0.120	0.113	0.102	0.092	0.084	0.072	0.063	0.056	0.050	0.046	0.035	0.029
100	0.143	0.133	0.125	0.117	0.111	0.100	0.090	0.083	0.071	0.062	0.055	0.049	0.045	0.035	0.029
110	0.139	0.129	0.121	0.114	0.108	0.097	0.089	0.081	0.070	0.061	0.054	0.049	0.045	0.035	0.029
120	0.134	0.126	0.118	0.111	0.105	0.095	0.087	0.080	0.069	0.060	0.053	0.048	0.044	0.034	0.028
130	0.130	0.122	0.114	0.108	0.102	0.093	0.085	0.078	0.067	0.059	0.052	0.048	0.044	0.034	0.028
140	0.125	0.118	0.111	0.105	0.100	0.090	0.083	0.076	0.066	0.058	0.052	0.047	0.043	0.034	0.028
150	0.121	0.113	0.107	0.102	0.097	0.088	0.081	0.075	0.065	0.057	0.051	0.047	0.043	0.033	0.027
160	0.116	0.109	0.103	0.098	0.094	0.085	0.078	0.073	0.063	0.056	0.050	0.046	0.042	0.033	0.027
170	0.111	0.105	0.100	0.095	0.091	0.083	0.076	0.071	0.062	0.055	0.049	0.045	0.041	0.033	0.027
180	0.107	0.101	0.096	0.092	0.087	0.080	0.074	0.069	0.060	0.054	0.048	0.044	0.041	0.032	0.026
190	0.102	0.097	0.093	0.088	0.084	0.078	0.072	0.067	0.059	0.053	0.047	0.043	0.040	0.032	0.026
200	0.098	0.093	0.089	0.085	0.082	0.075	0.070	0.065	0.058	0.052	0.046	0.042	0.039	0.032	0.026

注：对 16Mn 钢和 16Mnq 钢，应取假定长细比 $\lambda_0\sqrt{\frac{\sigma_s}{2\,400}}$代替换算长细比 λ_0。

格构式桅杆的受力情况和稳定性计算都比较复杂，为了便于选用，现将常用的格构式桅杆的起重量、起重高度、断面尺寸、缀条尺寸及单肢角钢尺寸列于表 2—21。

表 2—21　　几种格构式桅杆规格和性能

起重量 (kN)	高度 (m)	框架角钢尺寸 (mm)	横撑、斜撑角钢尺寸 (mm)	桅杆断面尺寸（mm）	
				中间	两端
200	25	4-∟75×75×10	50×50×5	650×650	350×350
200	40	4-∟90×90×12	50×50×5	900×900	600×600
250	40	4-∟100×100×12	50×50×5	1 000×1 000	700×700
300	25	4-∟90×90×12	50×50×5	900×900	600×600
300	30	4-∟100×100×12	50×50×5	750×750	450×450
300	35	4-∟100×100×12	50×50×5	1 000×1 000	700×700
350	30	4-∟100×100×12	50×50×5	1 000×1 000	700×700
400	25	4-∟125×125×14	50×50×5	1 000×1 000	700×700
400	45	4-∟125×125×12	65×65×5	1 200×1 200	800×800
450	20	4-∟125×125×12	50×50×5	1 000×1 000	700×700
450	40	4-∟160×160×12	65×65×6	1 200×1 200	800×800
500	35	4-∟125×125×14	65×65×6	1 200×1 200	800×800
500	40	4-∟160×160×12	70×70×6	1 000×1 000	800×800
500	45	4-∟160×160×14	65×65×6	1 200×1 200	800×800
550	30	4-∟125×125×14	65×65×6	1 200×1 200	800×800
550	40	4-∟160×160×14	65×65×6	1 200×1 200	800×800
600	25	4-∟125×125×12	65×65×6	1 200×1 200	800×800
650	20	4-∟125×125×12	65×65×6	1 200×1 200	800×800

五、人字桅杆的计算

人字桅杆的起重量比独脚桅杆的起重量大，而且稳定性好，便于固定和使用，移动起来也方便。

1．人字桅杆的构造及性能　人字桅杆是由两根独脚桅杆构成。圆木人字桅杆的构造如图2—12所示。

圆木人字桅杆规格及性能见表2—22。

2．人字桅杆的计算　计算简图见图2—13。

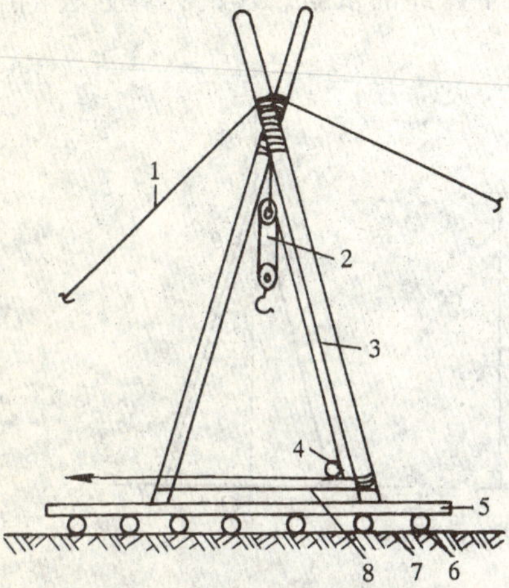

图2—12　人字桅杆的构造图

1—缆风绳　2—起重滑轮组　3—人字桅杆
4—导向滑轮　5—走台板　6—滚杠
7—垫板　8—人字桅杆底脚拉绳

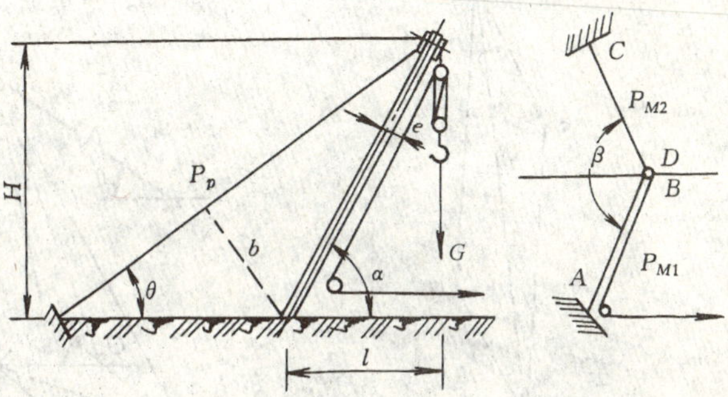

图2—13　人字桅杆的计算简图

表2　22　　**圆木人字桅杆规格及性能**

木料细端断面直径（cm）	木桅杆长度（m）				
	6.0	7.5	9.0	12.0	15.0
	起重量（kN）				
15	30	18	12	—	—
20	80	65	50	30	18
25	180	135	98	56	36
30	—	—	180	124	75

注：表列允许起重量（kN）系按新木料，且含水量一般不大于10%计算的，如材质不佳或含水量较大时，允许起重量降低。吊重时可先行试吊，进行检验。

人字桅杆采用受压兼受弯杆件的计算方法来校核强度和稳定性。人字桅杆的校核计算与独脚桅杆的校核计算不同之处是：人字桅杆的稳定性计算不仅包括纵向稳定性计算，还包括横向稳定性计算。

（1）人字桅杆的计算载荷 G_j　计算载荷 G_j 的计算方法与公式（2—2）相同，即

$$G_j=K(G_1+G_2) \qquad (2—48)$$

式中　G_1——起吊构件或重物的重量，N；

G_2——索吊具重量，N；

K——动载系数，取1.1～1.2；

G_j——计算载荷，N。

（2）起重滑轮组出绳端拉力 S　S 的计算公式与公式（2—5）相同，即

$$S=\frac{G_j}{n\eta} \tag{2—49}$$

式中　n——起重滑轮组工作绳数；

η——滑轮组效率；

G_j——计算载荷，N。

（3）作用于滑轮组的定滑轮上系结绑绳（千斤绳）的全部力 P_h　P_h 是滑轮组出端拉力 S 和计算载荷 G_j 的合力，是选择定滑轮的大小和系挂定滑轮千斤绳的依据。P_h 的计算方法，由图 2—14 所示三角关系及图 2—15 所示几何图可得：

图 2—14　S、G_j 合力图

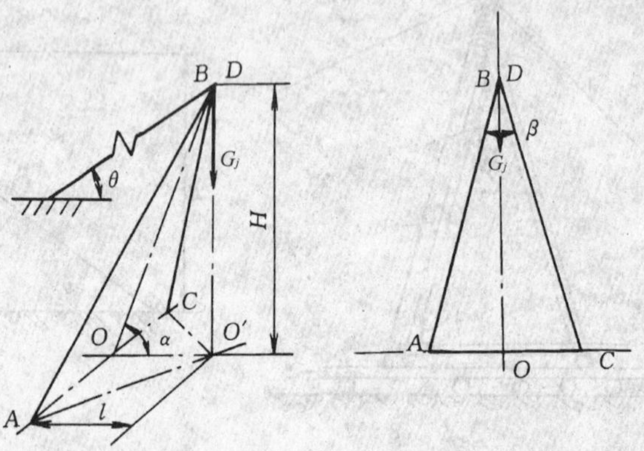

图 2—15　人字桅杆几何图

$$P_h=\sqrt{G_j^2+S^2+SG_j\cos\gamma} \tag{2—50}$$

式中　γ——G_j 与 S 所在平面内 G_j 与 S 两力的夹角。

$$\cos\gamma=\sin\alpha\cos\frac{\beta}{2} \tag{2—51}$$

式中　α——人字桅杆倾斜角度；

β——两单肢桅杆顶部搭成的夹角，一般是 25°～30°。

（4）桅杆倾斜幅度　其计算由图 2—13 几何关系可得：

$$l=H\cot\alpha \tag{2—52}$$

式中　H——桅杆顶端至地面的垂直距离，m；

α——人字桅杆倾斜角度；

l——桅杆倾斜幅度，m。

（5）缆风绳上的受力　缆风绳上的受力见图 2—13。图中 b 值的计算公式为：

$$b=H\left(\frac{1}{\tan\theta}-\frac{1}{\tan\alpha}\right)\sin\theta \tag{2—53}$$

式中　θ——缆风绳与地面夹角。

图 2—13 中，以人字桅杆两底脚连线为转轴，对人字桅杆列力矩平衡方程，可以得到：

$$P_P=\frac{G_jl+G\,\frac{l}{2}+S\cos\frac{\beta}{2}e}{b} \tag{2—54}$$

式中　G——两根桅杆的总重量，N；

P_P——缆风绳工作时的总受力，N；

b、β、e——同前。

(6) 桅杆的轴向压力　桅杆轴向压力的分析方法与单肢桅杆的分析方法相似。求轴向力时，结合图 2—13 及图 2—15，并注意人字桅杆的导向滑轮是系在 AB 杆的根部，这样 AB 杆比 CD 杆多受一轴向力 S。下面是桅杆中部轴向力公式：

1）系有导向滑轮的 AB 杆所受轴向力 P_{M_1}为：

$$P_{M_1}=\frac{1}{2}[(G_j+G)\sin\alpha+P_P\cos(\alpha-\theta)]\cos\frac{\beta}{2}+S \tag{2—55}$$

2）未系导向滑轮的 CD 杆所受轴向力 P_{M_2}为：

$$P_{M_2}=P_{M_1}-S$$

(7) 一根桅杆所承受的最大弯矩 $M_{\max}$　为了简化计算，在不考虑缆风绳与荷重于桅杆上施力点处有偏心矩时，可采取杆件由于自重所产生的力矩值：

$$M_{\max}=\frac{L}{8}\frac{G}{2}\cos\alpha \tag{2—56}$$

式中　G——两桅杆的总重量，N；

L——桅杆的长度，m；

$M_{\max}$——最大弯矩，N·m。

(8) 桅杆中部内力计算　其内力计算分为以中部截面的（纵向）稳定性计算和中部截面的强度和横向稳定合并成一式的计算。

1）桅杆（纵向）稳定性计算公式为：

$$\sigma=\frac{P_{M_1}}{\varphi A}+\frac{M_{\max}}{W}\leqslant[\sigma] \tag{2—57}$$

式中　A——桅杆中部净截面面积，m^2；

W——中部截面系数，m^3；

φ——桅杆的稳定系数。

2）桅杆强度与横向稳定性计算方法为：

$$R_c=\frac{P_{M_1}}{A} \tag{2—58}$$

式中　R_c——总面积上的压应力，Pa。

$$f=1-\frac{R_c}{\varphi[\sigma]} \tag{2—59}$$

式中　f——桅杆因弯矩作用而产生的变形影响系数。

$$\sigma=\frac{P_{M_1}}{A}+\frac{M_{\max}}{fW}\leqslant[\sigma] \tag{2—60}$$

式中　σ——受压兼受横向稳定性应力，Pa。

六、系缆式桅杆起重机的计算

1. 系缆式桅杆的构造及性能　其构造如图 2—16 所示。

起重载荷为180 kN的系缆式桅杆起重技术特性见表 2—23，起重性能见表 2—24。

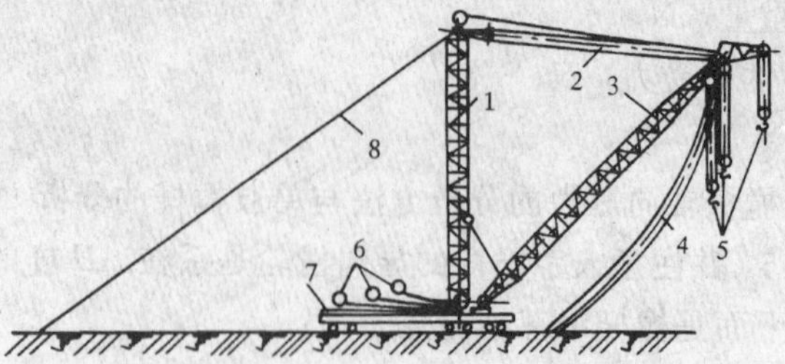

图 2—16　系缆式桅杆的构造

1—主桅杆　2—变幅滑轮组　3—起重桅杆（动臂）

4—左右摇臂滑轮组　5—起重滑轮组　6—卷扬机　7—底盘　8—缆风绳

表 2—23　　**180 kN系缆式桅杆起重机技术特性**

序号	项　　目	数值
1	最大起重能力（kN）	180
2	起重机自身重量（不包括绞车）(kN)	132
3	起重起升速度（m/min）	16～18.6
4	起重时起重桅杆起升速度（m/min）	11.4～13.3
5	旋转速度（r/min）	0.6
6	缆风绳直径（mm）	32.5
7	旋转、起重、起重桅杆用钢丝绳直径（mm）	20.5
8	起重用卷扬机牵引力（kN）	44
9	变幅用卷扬机牵引力（kN）	44
10	旋转用卷扬机牵引力（kN）	40
11	起重、变幅用卷扬机的电机功率（kW）	65
12	旋转用卷扬机的电机功率（kW）	52

表 2—24　　**180 kN系缆式桅杆起重机起重性能**

序号	起重量 G (kN)	起重幅度 R (m)	起重高度 H (m)
1	180	3.5	18.1
2	180	6.6	17.3
3	180	12.0	14.4
4	150	14.0	12.6 、
5	130	16.0	10.2
6	113	18.0	6.8

2. 系缆式桅杆的计算　系缆式桅杆起重机的计算简图如图 2—17 所示。

安装这种起重机时，必须使起重机的机座放在可靠的基础上。因此，首先得确定在起重桅杆最不利的位置时（即当起重桅杆、主桅杆轴线和所计算的缆风绳成一平面时）缆风绳的张力 T，而不采取计算起重机全部构件中受力的办法。

(1) 缆风绳张力 T 的计算　在图 2—17 中，桅杆受力对 A 点取矩，列出力矩平衡方程为：

$$\sum M_A = G_{rP} l + G_c \frac{l}{2} - Ta = 0 \tag{2—61}$$

由上式可得出缆风绳的张力计算式：

$$T = \frac{G_{rP} l + G_c \frac{l}{2}}{a} \tag{2—62}$$

式中 G_{rP}——最大重物、起重滑车组和起重桅杆头的总重量，kN；

l——起重桅杆的幅度，m；

G_c——起重桅杆的自重，kN；

a——从桅杆支点 A 至缆风绳的垂线长度（见图 2—17），m；

$$a = b\sin\theta$$

式中 θ——缆风绳与地面的夹角；

b——系缆式桅杆起重机底部中心至地锚的距离，m。

（2）起重机底座对基础的压力 P 的计算　P 是验算底座强度的依据，其计算式为：

$$P = G_k + [T + (m-1)T_1]\sin\theta \tag{2—63}$$

式中 G_k——包括所吊重物在内的起重机全部构件的总重量，kN；

m——缆风绳根数；

θ——缆风绳与地面夹角；

T_1——每一缆风绳初拉力，kN。

T_1 的大小可按起重机桅杆顶端的水平位移，大约不能超过主桅杆高度 h 的 0.5%～1%来决定。

(3)起重机起重高度 H 的计算　高度计算如图 2—18 所示。

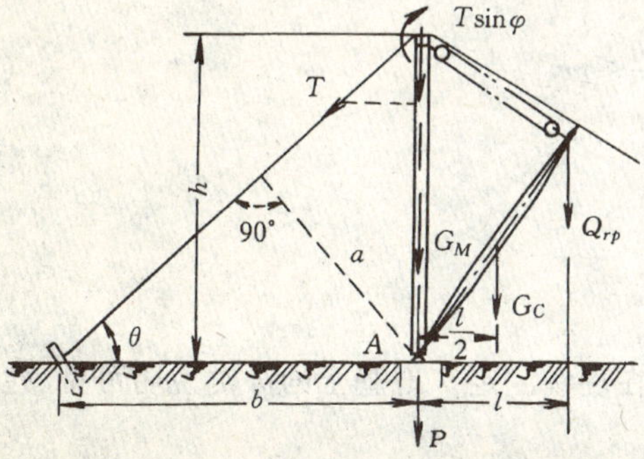

图 2—17　系缆式桅杆计算简图

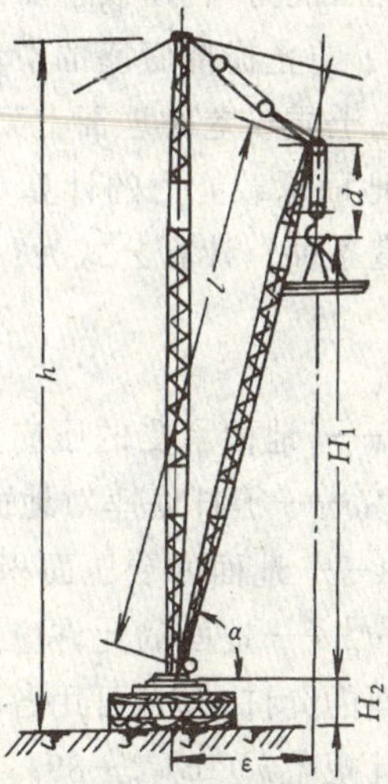

图2—18　起重高度计算图

由图 2—18 可得起重高度 H 为：

$$H = l\sin\alpha - d + H_2 \tag{2—64}$$

式中　H——起重高度，自吊钩至地面的距离，m；

l——起重桅杆的长度，m；

H_2——底座基础高度，m；

α——起重桅杆轴线与地面夹角；

d——起重滑车组的最小长度，m(包括吊钩在内)见表 2—25。

表 2—25　　滑车组拉紧时上下滑车最小间距

简　图	起重能力(kN)	滑轮轮轴间距 h(m)	拉紧状态下滑车组的长度 L(m)
	50	0.9	1.4
	100	1.1	2.2
	150	1.2	2.8
	200	1.2	2.8
	250	1.2	3.2
	300	1.2	3.5
	400	1.2	3.7
	500	1.2	3.7

七、地面承受压力的计算

1. 桅杆的临时基础　临时基础主要是将载荷从桅杆底座扩大到面积更大的地面上，防止局部土壤的沉陷和桅杆倾斜。因此，桅杆底座附近不应有积水，以防沉陷。临时基础的压土面积应根据最底层铺垫材料与地面的接触面积来计算。

临时基础所用的材料，一般有黄砂、碎石、片石、枕木、钢板、钢轨或工字钢等材料。枕木有很好的抗压能力，若横纹承压时，一般松木每平方米的允许压力约为1 400 kN。钢板承载能力很好，为了防止桅杆底座的滑动，一般在底座与钢板之间应垫一层厚薄均匀的木板或石棉板。

若在土质较差的地面上架设桅杆，通常用增大压土面积的办法来解决基础问题。

2. 地面承载能力的计算　地面承载能力的计算是以土壤的允许承载能力为依据的，即满足其强度条件。计算公式为：

$$\sigma=\frac{P_M}{A}\leqslant[\sigma] \tag{2—65}$$

式中　σ——地面承受的压应力，Pa；

P_M——桅杆底座对地面的垂直压力，N；

A——地面的受压面积，m^2；

$[\sigma]$——地面的允许应力，Pa。

地面的允许应力，可用各种触探试验器具在现场测定。地基土的分类说明可见《建筑地基基础设计规范》(GBJ 7—89)。

第三节　缆索起重机的计算

一、缆索起重机的构造及性能

缆索起重机又称为走线滑车，也是一种常见的起重机械，适用于地势起伏不平或河道等不便使用其他起重运输机械的地方。缆索起重机的构造如图 2—19 所示。

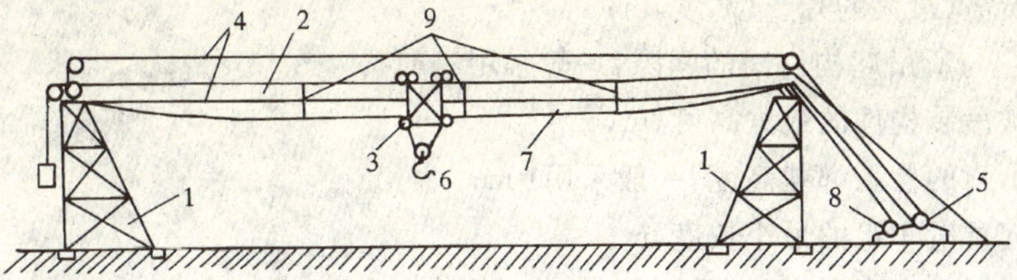

图 2—19　缆索起重机的构造

1—支柱　2—缆索　3—起重小车　4—牵引索　5—牵引卷扬机

6—起重吊钩　7—起重索　8—起重卷扬机　9—防垂器

几种缆索起重机技术性能见表 2—26。

表 2—26　　起重能力为7.5～55 kN的缆索起重机技术性能

项目		起重机的起重量(kN)			
		7.5	10	35	55
起重能力(kN)		7.5	10	35	55
跨度(m)		80	130	120	120
支柱高度(m)		19.0	24.0	35.3	37.8
吊钩起重高度(当荷重位于跨度中央时)(m)		10.0	11.0	23.0	25.5
速度(m/min)	起重	24	24	20	20
	移动小车	36	36	30	30
牵引力(kN)	电动起重卷扬机	12.5	12.5	30	30
	电动牵引卷扬机	12.5	12.5	30×2	44
起重机总重(钢索除外)(kN)		50	56	153	252
总重内包括	支柱(kN)	14	18	94	146
	机械零、部件(kN)	13	15	14	61
	卷扬机(kN)	23	23	45	45

二、缆索起重机的计算

缆索起重机的计算包括缆索起重机尺寸和受力的计算。

1. 缆索起重机尺寸的计算　其计算主要有起重机支柱高度和下垂度的计算，见图 2—20。

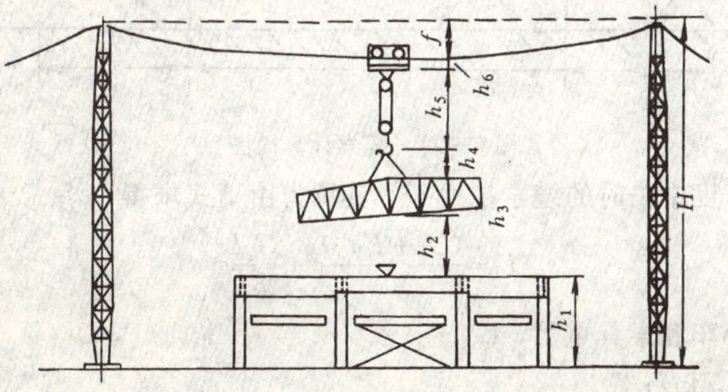

图 2—20　缆索起重机尺寸的计算图

(1)起重机支柱的最低高度计算公式：

$$H=h_1+h_2+h_3+h_4+h_5+h_6+f \qquad (2—66)$$

式中　h_1——所需(最大的)起重高度,m;

h_2——h_1 与所吊起构件间的间隙,一般采用2 m;

h_3——被吊装构件的最大高度,m;

h_4——吊索的栓系绑扎高度,一般采用1 m;

h_5——起重滑车组的最小长度,m;

h_6——起重小车净高,一般采用1 m;

f——缆索(承重索)在跨度中央的下垂度,m。

(2)缆索下垂度的经验公式

$$f=\frac{L}{15}\sim\frac{L}{20} \qquad (2—67)$$

式中　L——起重机跨度,m。

(3)缆索下垂度的验算　从式(2—67)求出的下垂度,按其两端夹角 β 进行验算,即

$$f=\frac{gL}{8H_0\cos\beta}+\frac{FL}{4H_0} \qquad (2—68)$$

式中　g——缆索每米的重量,N/m;

L——起重机跨度,m;

F——起重力,N;

H_0——绳索水平分力,N;

β——缆索与水平线间夹角(见图 2—21)。

2. 缆索起重机受力的计算　各缆索和牵引索上的拉力是选择绳索（或计算绳索安全性）的依据。作用于支柱上的力是计算支柱安全性的依据。缆索计算简图如图 2—21 所示。

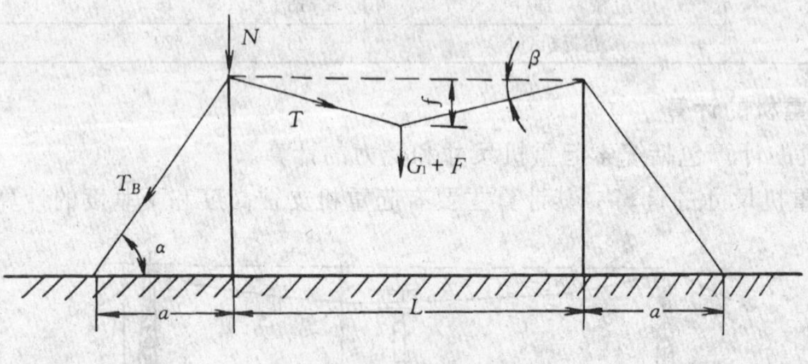

图 2—21　缆索计算简图

(1) 载荷位于跨度中央时的缆索拉力 T　其拉力由下式求得：

$$T=\frac{(G_1+F)\ L}{4f}+\frac{G_2L}{8f} \qquad (2—69)$$

式中　G_1——起重小车和索具重量，kN;

F——起重力，kN;

L——缆索起重机跨度，m;

f——缆索下垂度，m;

G_2——承载缆索总重量，kN;

T——缆索拉力，kN。

(2) 缆索的破断拉力　由缆索拉力和安全系数可算出破断拉力：

$$S_b=KT \tag{2—70}$$

式中　K——安全系数，一般取 3.5；

T——单根缆索所受拉力，N；

S_b——缆索破断拉力，N。

由 S_b 可查资料，选择缆索钢丝绳的直径。

(3) 缆索的弯曲应力　缆索不仅受到拉力，还受到由行走轮压力对缆索产生的弯曲应力。其公式如下：

$$\sigma_{弯}=\frac{G_1+F}{nA}\sqrt{\frac{E}{\sigma_{拉}}} \tag{2—71}$$

式中　G_1——起重小车和滑车组重量，N；

F——起重力，N；

n——起重小车上的车轮数；

A——缆索截面积，m^2；

$\sigma_{拉}$——缆索的拉伸应力，Pa；

E——钢丝绳的弹性模量，$E=8\times10^{10}$Pa；

$\sigma_{弯}$——缆索弯曲应力，Pa。

计算弯曲应力时，对缆索弯曲应力与拉应力之比，应符合：

$$\frac{\sigma_{弯}}{\sigma_{拉}}<1 \tag{2—72}$$

对于起重量较小或临时性用的缆索起重机可不进行弯曲验算，但预先应按要求试吊。

(4) 牵引索拉力的计算　牵引索拉力计算简图如图 2—22 所示。

1) 支持起重小车的拉力 V_1　V_1 按缆索的坡度而定：

$$V_1=(G_1+F)\sin\varphi \tag{2—73}$$

式中　G_1——起重小车及滑车组重量，kN；

F——起重力，kN；

φ——缆索坡度；

V_1——支持起重小车的拉力，kN。

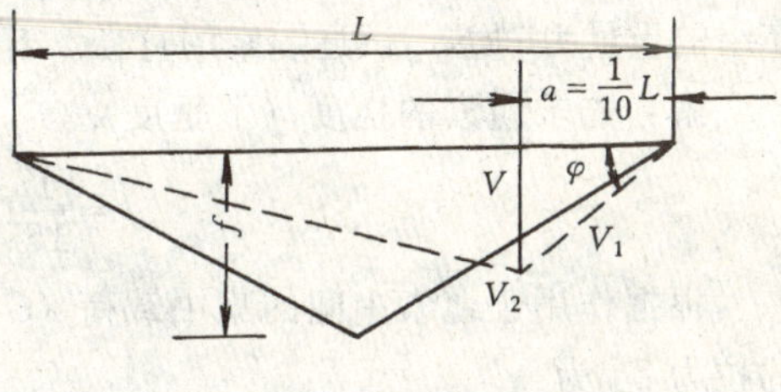

图 2—22　牵引索拉力计算简图

2)牵引小车上牵引索返回绳段的拉力 V_2　V_2 可按计算求得，但对于土建吊装用的简单起重机，可按下列值考虑：

$$V_2\approx5\ \text{kN} \tag{2—74}$$

3)索具绕过滑轮的摩擦力 V_3　作用于起重小车上车轮处、牵引索及起重索所绕过的导向滑轮处的摩擦力，可按下式：

$$V_3\approx0.15(F+G_1) \tag{2—75}$$

4) 牵引索上计算力的总和 V　作用于牵引索上计算力总和为：

$$V=V_1+V_2+V_3 \tag{2—76}$$

(5) 主缆风绳作用力 T_B　主缆风绳的作用力，可按下式计算：

$$T_B=\frac{T}{\cos\alpha} \tag{2—77}$$

式中 T——承重索的拉力（看作水平方向），N；

α——缆风绳与水平线所成的角；

T_B——主缆风绳的作用力，N。

（6）作用于支柱上的力 支柱上的力主要由缆索重力、起重小车及载荷重力、缆风绳的作用力产生。

1）缆索重力产生的压力 N_1：

$$N_1=\frac{G}{2} \tag{2—78}$$

式中 G——缆索自重。

2）起重小车及载荷重力产生的压力 N_2：

$$N_2=\frac{G_1+F}{2} \tag{2—79}$$

3）主缆风绳的垂直分力 N_3：

$$N_3=T_B\sin\alpha \tag{2—80}$$

4）辅助缆风绳（侧缆风绳）的作用力 N_4：

$$N_4=20\times2=40\text{ kN} \tag{2—81}$$

式中对于支持立柱不工作时，缆风绳的力取20 kN。

5）作用于支柱上的计算作用力总和 N：

$$N=N_1+N_2+N_3+N_4 \tag{2—82}$$

对于选择支柱截面时，还须考虑由于风力及制动力而产生的水平力。

以上介绍的计算方法及公式，在实际验算起重机某几项性能时可直接使用。

例题 2—3 有一跨度为150 m，起重能力为30 kN的缆索起重机，已知其起重小车及起重滑车组的重量为5 kN，试选缆索的直径。若系两个车轮在缆索上行走，试求钢丝绳的弯曲应力。

解：先求缆索的挠度（下垂度）

$$f=\frac{1}{15}L=\frac{1}{15}\times150=10\text{ m}$$

根据作用于缆索中间的集中载荷（G_1、F）所产生的拉力，初选钢丝绳直径。G_1、F 产生的拉力 T_1 为：

$$T_1=\frac{(G_1+F)L}{4f}=\frac{(5+30)\times150}{4\times10}=131.30\text{ kN}$$

根据使用情况，取缆索的安全系数 $K=3.5$，由 T_1 和 K，初选钢丝绳直径。查资料，选直径为30.0 mm的 6×37+1−1 700 MPa的钢丝绳，绳重量为3 211 N/m，缆索总重量 $G_2=32.11\text{ N/m}\times150\text{ m}=4\,816.5\text{ N}$。则缆索的总拉力 T 为：

$$T=\frac{(F+G_1)L}{4f}+\frac{G_2L}{8f}=\frac{(30+5)\times150}{4\times10}+\frac{4\,816.5\times150\times10^{-3}}{8\times10}=140.33\text{ kN}$$

由 T 来选钢丝绳直径，查钢丝绳规格为直径32.5 mm，6×37+1−1 700 MPa，安全系数 $K=3.5$时，许用拉力为156.14 kN＞$T=140.33$ kN，所以，选定 ϕ32.5 mm的钢丝绳。

由公式(2—71)计算缆索的弯曲应力：

$$\sigma_{弯}=\frac{G_1+F}{nA}\sqrt{\frac{E}{\sigma_{拉}}}$$

初选 $n=2$(即两个车轮时),已知 ϕ32.5 mm钢丝绳截面积 $A=4.14\ \text{cm}^2=4.14\times10^{-4}\text{m}^2$,弹性模量 $E=8\times10^6$ Pa,则钢丝绳的拉伸应力 $\sigma_{拉}$:

$$\sigma_{拉}=\frac{T}{A}=\frac{140.33\times10^3}{4.14\times10^{-4}}$$
$$=3.4\times10^8\ \text{Pa}$$
$$=340\ \text{MPa}$$

所以缆索的弯曲应力 $\sigma_{弯}$:

$$\sigma_{弯}=\frac{G_1+F}{nA}\sqrt{\frac{E}{\sigma_{拉}}}=\frac{(30+5)\times10^3}{2\times4.14\times10^{-4}}\sqrt{\frac{8\times10^{10}}{4.14\times10^8}}$$
$$=5.88\times10^8\ \text{Pa}$$
$$=588\ \text{MPa}$$

按 $\sigma_{弯}/\sigma_{拉}$ 的比值判定如下:

$$\frac{\sigma_{弯}}{\sigma_{拉}}=\frac{588}{340}=1.72>1$$

因弯曲应力大于拉伸应力，缆索受到的合应力为压应力，这样会导致钢丝绳与行走轮接触的一面鼓起，使缆索很快磨损，故使用两个车轮小车不可行。为减小弯曲应力，改为四轮小车，则

$$\sigma_{弯}=\frac{(30+5)\times10^3}{4\times4.14\times10^{-4}}\sqrt{\frac{8\times10^{10}}{4.14\times10^8}}$$
$$=2.94\times10^8\ \text{Pa}$$
$$=294\ \text{MPa}$$

此时

$$\frac{\sigma_{弯}}{\sigma_{拉}}=\frac{294}{340}=0.86<1$$

故采用四轮起重小车在 ϕ32.5 mm的缆索上行走吊装，且能安全使用。

第四节 起重机的稳定性计算

一、起重机的稳定性与稳定性安全系数

起重机的稳定性是指起重机整个机身在自重和外载荷的作用下抵抗倾覆的能力。为了保证起重机稳定，应使稳定力矩大于倾覆力矩。稳定力矩与倾覆力矩的比值，即为稳定性安全系数，其常用代号为 K_1、K_2，见表 2—27。

表 2—27 **起重机稳定性安全系数**

起重机名称	稳定性安全系数	
	K_1	K_2
履带式起重机	当考虑吊装载荷及所有附加载荷时：$K_1=\frac{稳定力矩}{倾覆力矩}\geqslant1.15$	当仅考虑吊装载荷，不考虑附加载荷时：$K_2=\frac{稳定力矩}{倾覆力矩}\geqslant1.4$

续表

起重机名称	稳定性安全系数	
	K_1	K_2
汽车式起重机	当放下支腿时：$K_1=\dfrac{稳定力矩}{倾覆力矩}\geqslant 1.333$	当不用支腿时：$K_2=\dfrac{稳定力矩}{倾覆力矩}\geqslant 1.5$
塔式起重机	当有载荷时：$K_1=\dfrac{稳定力矩}{倾覆力矩}\geqslant 1.15$	当无载荷时：$K_2=\dfrac{稳定力矩}{倾覆力矩}\geqslant 1.15$

起重机在超负荷吊装或超长臂杆、超高塔身时，均需进行稳定性验算，以保证起重机在吊装中不会发生倾覆事故或者在空负荷停放状态时也不会发生相反方向的倾覆事故。

综上所述，起重机机身稳定（包括配重）与负荷的关系可由稳定性安全系数来表示，即稳定安全系数大，起重作业就安全；反之，则不安全。当稳定安全系数值不能满足安全要求时，最有效的措施是适当增加配重，或减小回转半径，以提高起重机的稳定性安全系数值，从而达到起重机安全作业的要求。

二、塔式起重机稳定性计算

塔式起重机是建筑安装的重要起重机械之一，它在多层工业与民用建筑结构的吊装中被广泛地使用。

塔式起重机的类型较多，现以 QT_1—6 型塔式起重机为例来介绍塔式起重机的有关知识。

1. QT_1—6 型塔式起重机的构造和性能　塔式起重机主要组成部分有门架、塔身、起重臂、平衡重及悬挂平衡重的悬臂梁、操纵室、附属设备等。QT_1—6 型塔式起重机（上旋式）构造及起重特性曲线如图 2—23 所示。

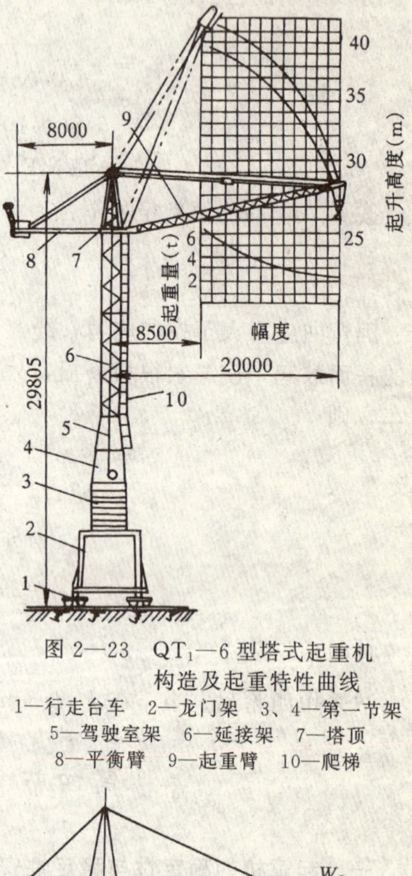

图 2—23　QT_1—6 型塔式起重机构造及起重特性曲线

1—行走台车　2—龙门架　3、4—第一节架　5—驾驶室架　6—延接架　7—塔顶　8—平衡臂　9—起重臂　10—爬梯

2. QT_1—6 型塔式起重机稳定性计算　其稳定性按工作状态与非工作状态两种情况下分别验算，前者称为“载重稳定性”；后者称为“自重稳定性”。

（1）载重稳定性计算　其计算简图如图 2—24 所示。

载重稳定性计算是以起重机的内侧支点 O 计算力矩，其计算公式如下：

$$K_1=\frac{稳定力矩}{倾覆力矩}\geqslant 1.15 \qquad (2—83)$$

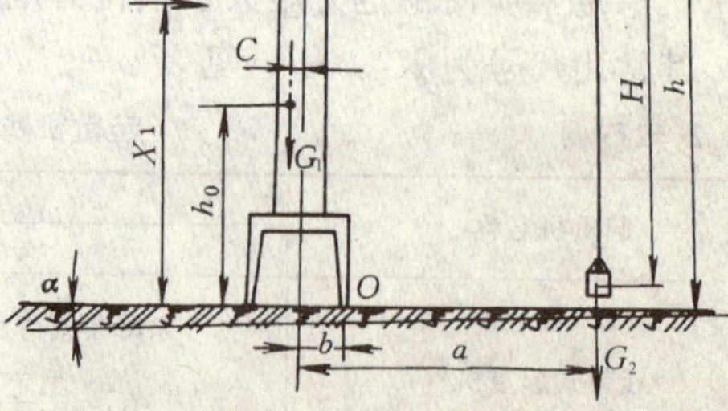

图 2—24　塔式起重机载重稳定性计算简图

$$K_1 = \frac{G_1(C-h_0\sin\alpha+b)-\dfrac{G_2 v(a-b)}{gt}}{G_2(a-b)} - \frac{W_1X_1+W_2X_2+\left(\dfrac{G_2n^2ah}{900-Hn^2}\right)}{G_2(a-b)} \geqslant 1.15 \tag{2—84}$$

式中　G_1——起重机自重,N;

C——起重机重心至旋转中心线的距离,m;

h_0——起重机重心至支承平面的距离,m;

b——起重机旋转中心线至倾覆边缘的距离,m;

G_2——最大工作载荷的重力,N;

g——重力加速度,m/s^2;

v——起升速度,m/s,当可以自由降落重物时,计算速度值取为1.5 v;

t——制动时间,s;

a——起重机旋转中心至悬挂吊重物重心的水平距离,m;

W_1——作用在起重机上的风力,N;

W_2——作用在吊重物上的风力,N;

X_1——自 W_1 作用线至倾覆点的垂直距离,m;

X_2——自 W_2 作用线至倾覆点的垂直距离,m;

h——起重臂端部至支承平面的垂直距离,m;

n——起重机的旋转速度,r/min;

H——起重臂端部至重物最低位置时的重心距离 ,m;

α——轨道倾斜角,计算时取 2°。

(2)自重稳定性计算　其计算简图如图 2—25 所示。稳定系数 K_2:

$$K_2 = \frac{稳定力矩}{倾覆力矩} \geqslant 1.15 \tag{2—85}$$

即

$$K_2 = \frac{G_1(b+C_1-h_1\sin\alpha)}{G_2(C_2-b+h_2\sin\alpha)+W_1X_1} \geqslant 1.15 \tag{2—86}$$

式中　G_1——离开倾覆边缘，在支承轮廓一边的所有起重机部分的重量(N)。一般按起重臂仰角最大时的位置考虑。通常,塔式起重机在非工作状态下,起重臂应放在最大幅度时的位置;

b——起重机回转中心至倾覆边缘(后倾覆点的距离， m;

C_1——自重力 G_1 的重心至回转中心的距离， m;

h_1——自重力 G_1 的重心高度， m;

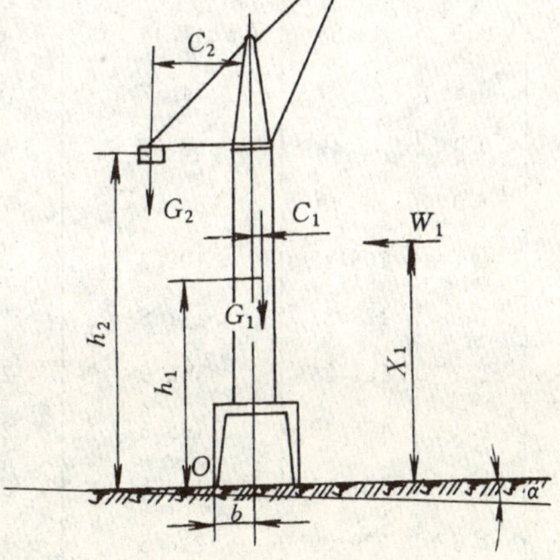

图2—25　塔式起重机自重稳定性计算简图

G_2——使起重机倾覆的所有部分重量，N；

C_2——G_2 作用线至回转中心的距离，m；

h_2——G_2 重心的高度，m；

W_1——作用于起重机上的风力，N；

X_1——W_1 作用线至倾覆点的垂直距离，m；

α——轨道倾斜角，计算时取 2°。

第五节　常用起重索具、吊具及简单机构的计算

一、钢丝绳

1. 钢丝绳的用途、性能和分类　钢丝绳是起重吊装中使用最广泛的一种索具，它的优点是：自重不大，挠性好，使用灵活，耐磨损，且能承受冲击载荷；在高速运行时运转稳定，噪声小；钢丝绳破断前有断丝预兆，整根钢丝绳不会立即断裂等。

钢丝绳按搓捻方式分为顺捻、交捻、混合捻等几种。在起重机上广泛采用交捻，因这种钢丝绳中钢丝绕成的方向和绳股绕的方向相反，所以在承载时不会扭转、松散。

钢丝绳的结构形式有多种，既有单股的，也有多股的。用于起重吊装的钢丝绳是多股钢丝（钢丝直径为 0.4～3 mm）先捻成股，再合数股围绕绳心捻制而成的多股钢丝绳。如 6×19＋1、6×37＋1 和 6×61＋1 的钢丝绳等。以 6×37＋1 而言，是由 6 股、每股 37 根钢丝加 1 个纤维绳心制成的钢丝绳。钢丝绳的主要数据可查阅国标GB 1102—74，见表 2—28。

表 2—28　　国产钢丝绳主要技术规格（GB 1102—74）

6×19＋1 钢丝绳								
直径（mm）		钢丝总断面积（mm²）	参考质量（kg/100 m）	钢丝绳公称抗拉强度（MPa）				
				1 400	1 550	1 700	1 850	2 000
钢丝绳	钢丝			钢丝破断拉力总和≮（kN）				
6.2	0.4	14.32	13.53	20.0	22.1	24.3	26.4	28.6
7.7	0.5	22.37	21.14	31.3	34.6	38.0	41.3	44.7
9.3	0.6	32.22	30.45	45.1	49.9	54.7	59.6	64.4
11.0	0.7	43.85	41.44	61.3	67.9	74.5	81.1	87.7
12.5	0.8	57.27	54.12	80.1	86.7	97.3	105.5	114.5
14.0	0.9	72.49	68.50	101.0	112.0	123.0	134.0	144.5
15.5	1.0	89.49	84.57	125.0	138.5	152.0	165.5	178.5
17.0	1.1	108.28	102.3	151.5	167.5	184.0	200.0	216.5
16.5	1.2	128.87	121.8	180.0	199.5	219.0	238.0	257.5
20.0	1.3	151.24	142.9	211.5	234.0	257.0	279.5	302.0
21.5	1.4	175.40	165.3	245.5	271.5	298.0	324.0	350.5
23.0	1.5	201.35	190.3	281.5	312.0	342.0	372.0	402.5
24.5	1.6	229.09	216.5	320.5	355.0	389.0	423.5	458.0
26.0	1.7	258.63	244.4	362.0	400.5	439.5	478.0	517.0

6×19+1 钢丝绳

直径(mm) 钢丝绳	钢丝	钢丝总断面积 (mm^2)	参考质量 (kg/100 m)	钢丝绳公称抗拉强度 (MPa) 1 400	1 550	1 700	1 850	2 000
				钢丝破断拉力总和≮ (kN)				
28.0	1.8	289.95	274.0	405.5	449.0	492.5	536.0	579.5
31.0	2.0	357.96	338.3	501.0	554.5	608.5	662.0	715.5
34.0	2.2	433.13	409.3	606.0	671.0	736.0	801.0	
37.0	2.4	515.46	487.1	721.5	798.5	876.0	953.5	
40.0	2.6	604.95	571.7	846.5	937.5	1 025.0	1 115.0	
43.0	2.8	701.60	663.0	982.0	1 085.0	1 190.0	1 295.0	
46.0	3.0	805.41	761.1	1 125.0	1 245.0	1 365.0	1 490.0	

6×37+1 钢丝绳

直径(mm) 钢丝绳	钢丝	钢丝总断面积 (mm^2)	参考质量 (kg/100 m)	钢丝绳公称抗拉强度 (MPa) 1 400	1 550	1 700	1 850	2 000
				钢丝破断拉力总和≮ (kN)				
8.7	0.4	27.88	26.21	39.0	43.2	47.3	51.5	55.7
11.0	0.5	43.57	40.96	60.9	67.5	74.0	80.6	87.1
13.0	0.6	62.74	58.98	87.8	97.2	106.5	116.0	125.0
15.0	0.7	85.39	80.27	119.5	132.0	145.0	157.5	170.5
17.5	0.8	111.53	104.8	156.0	172.5	189.5	206.0	223.0
19.5	0.9	141.16	132.7	197.5	218.5	239.5	261.0	282.0
21.5	1.0	174.27	163.8	243.5	270.0	296.0	322.0	348.5
24.0	1.1	210.87	198.2	295.0	326.5	358.0	390.0	421.5
26.0	1.2	250.95	235.9	351.0	388.5	426.5	464.0	501.5
28.0	1.3	294.52	276.8	412.0	456.5	500.5	544.5	589.0
30.0	1.4	341.57	321.1	478.0	529.0	580.5	631.5	683.0
32.5	1.5	392.11	368.6	548.5	607.5	666.5	725.0	784.0
34.5	1.6	446.13	419.4	624.5	691.5	758.0	825.0	892.0
36.5	1.7	503.64	473.4	705.0	780.5	856.0	931.5	1 005.0
39.0	1.8	564.63	530.8	790.0	875.0	959.5	1 040.0	1 125.0
43.0	2.0	697.08	655.3	975.5	1 080.0	1 185.0	1 285.0	1 390.0
47.5	2.2	843.47	792.9	1 180.0	1 305.0	1 430.0	1 560.0	
52.0	2.4	1 003.80	943.6	1 405.0	1 555.0	1 705.0	1 855.0	
56.0	2.6	1 178.07	1 107.4	1 645.0	1 825.0	2 000.0	2 175.0	
60.5	2.8	1 366.28	1 284.3	1 910.0	2 115.0	2 320.0	2 525.0	
65.0	3.0	1 568.43	1 474.3	2 195.0	2 430.0	2 665.0	2 900.0	

续表

6×61+1 钢丝绳								
直径 (mm)		钢丝总断面积 (mm^2)	参考质量 (kg/100 m)	钢丝绳公称抗拉强度（MPa）				
				1 400	1 550	1 700	1 850	2 000
钢丝绳	钢丝			钢丝破断拉力总和≮（kN）				
11.0	0.4	45.97	43.21	64.3	71.2	78.1	85.0	91.9
14.0	0.5	71.83	67.52	100.5	111.0	122.0	132.5	143.5
16.5	0.6	103.43	97.22	144.5	160.0	175.5	191.0	206.5
19.5	0.7	140.78	132.3	197.0	218.0	239.0	260.0	281.5
22.0	0.8	183.88	172.8	257.0	285.0	312.5	340.0	367.5
25.0	0.9	232.72	218.8	325.5	360.5	395.5	430.5	465.0
27.5	1.0	287.31	270.1	402.0	445.0	488.0	531.5	574.5
30.5	1.1	347.65	326.8	486.5	538.5	591.0	643.0	695.0
33.0	1.2	413.73	388.9	579.0	641.0	703.0	765.0	827.0
36.0	1.3	485.55	456.4	679.5	752.5	825.0	898.0	971.0
38.5	1.4	563.13	529.3	788.0	872.5	957.0	1 040.0	1 125.0
41.5	1.5	646.45	607.7	905.0	1 000.0	1 095.0	1 195.0	1 290.0
44.0	1.6	735.51	691.4	1 025.0	1 140.0	1 250.0	1 360.0	1 470.0
47.0	1.7	830.33	780.5	1 160.0	1 285.0	1 410.0	1 535.0	1 660.0
50.0	1.8	930.88	875.0	1 300.0	1 440.0	1 580.0	1 720.0	1 860.0
55.5	2.0	1 149.24	1 080.3	1 605.0	1 780.0	1 950.0	2 125.0	2 295.0
61.0	2.2	1 390.58	1 307.1	1 945.0	2 155.0	2 360.0	2 570.0	
66.5	2.4	1 654.91	1 555.6	2 315.0	2 565.0	2 810.0	3 060.0	
72.0	2.6	1 942.22	1 825.7	2 715.0	3 010.0	3 300.0	3 590.0	
77.5	2.8	2 252.81	2 117.4	3 150.0	3 490.0	3 825.0	4 165.0	
83.0	3.0	2 585.79	2 430.6	3 620.0	4 005.0	4 395.0	4 780.0	

2. 钢丝绳的破断拉力计算　钢丝绳的破断拉力与钢丝质量的好坏和绕捻结构有关，对其破断拉力作精确计算是困难的，只能作近似计算。其计算公式为

$$S_b=\frac{\pi d_i^2}{4}n\varphi\sigma_b=nA\varphi\sigma_b \tag{2—87}$$

式中　S_b——钢丝绳的破断拉力，N；

d_i——钢丝绳中每根钢丝的直径，mm；

n——钢丝绳中钢丝的总根数；

σ_b——钢丝的公称抗拉强度，MPa；

A——每根钢丝的断面面积，mm^2；

φ——钢丝绳中，钢丝绕捻不均匀而引起的受载不均匀系数（换算系数）：

当钢丝绳为 6×19+1 时，$\varphi=0.85$；

当钢丝绳为 6×37+1 时，$\varphi=0.82$；

当钢丝绳为 6×61+1 时，$\varphi=0.80$。

在施工现场缺少钢丝破断拉力数据时，也可用经验公式近似估算的方法：

当公称抗拉强度为 1 400 MPa时，$S_b=428\,d^2$　(2—88)

当公称抗拉强度为 1 550 MPa时，$S_b=474\,d^2$　(2—89)

当公称抗拉强度为 1 700 MPa时，$S_b=520\,d^2$　(2—90)

当公称抗拉强度为 1 850 MPa时，$S_b=566\,d^2$　(2—91)

当公称抗拉强度为2 000 MPa时，$S_b=612\ d^2$　　(2—92)

式中　S_b——钢丝绳的破断拉力，N；

d——钢丝绳的直径，mm。

为了使公式（2—90）能适用于其他公称抗拉强度的钢丝绳，也可对公式（2—90）进行修正，使其随钢丝绳强度变化而破断拉力也相应变化。如抗拉强度为1 550 MPa的钢丝绳其破断拉力的经验公式为

$$S_b=\frac{1\ 550}{1\ 700}\times 520d^2=474\ d^2$$

如公称抗拉强度为2 000 MPa的钢丝绳，其破断拉力的经验公式为

$$S_b=\frac{2\ 000}{1\ 700}\times 520\ d^2=612\ d^2$$

其他强度的钢丝绳破断拉力的经验公式也按此法计算。

3. 钢丝绳的许用拉力计算　钢丝绳在使用中，受到拉伸、弯曲、挤压和扭转的作用，为保证起重吊装作业安全，须将钢丝绳的破断拉力除以安全系数，作为钢丝绳容许受到的最大拉力，即许用拉力。其计算公式见式（2—32）。

4. 钢丝绳的选用　钢丝绳在相同直径时，股内钢丝越多，钢丝直径越细，则绳的挠性也就愈好，易于弯曲；但细钢丝捻制的绳不如粗钢丝捻制的绳耐磨损。因此，不同型号的钢丝绳，其使用范围也有所不同。6×19＋1 钢丝绳一般用作缆风绳、拉索，即用于钢绳不受弯曲或可能遭受磨损的地方；6×37＋1 钢丝绳一般用于绳子承受弯曲场合，常用于滑轮组中，作为穿绕滑轮组起重绳等；6×61＋1 钢丝绳用于滑轮组和制作千斤绳（吊索）以及绑扎吊起重物等。

另外，在选用钢丝绳时，除应考虑钢丝绳承载能力外，还应考虑滑轮或卷筒的直径，因钢丝绳不能过分弯曲，且钢丝绳的弯曲次数影响绳的疲劳强度，即影响钢丝绳的使用寿命。所以，对卷筒的直径和滑轮直径 D 有一定要求：

$$D\geqslant(16\sim25)d \qquad (2—93)$$

式中　D——卷筒或滑轮的直径，m；

d——钢丝绳的直径，m。

二、平衡梁

1. 平衡梁的形式及构造　平衡梁在起重吊装作业中是应用很普遍的一种吊具。常用的平衡梁有：管式平衡梁（见图 2—26）、钢板平衡梁（见图 2—27）、槽钢型平衡梁（见图 2—28）、桁架式平衡梁（见图 2—29）。

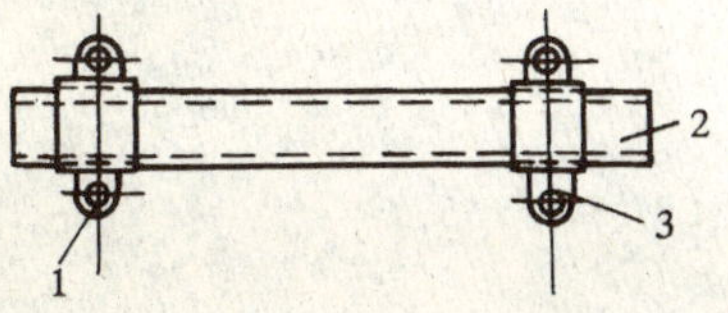

图 2—26　无缝钢管平衡梁

1—吊耳　2—无缝钢管　3—加强板

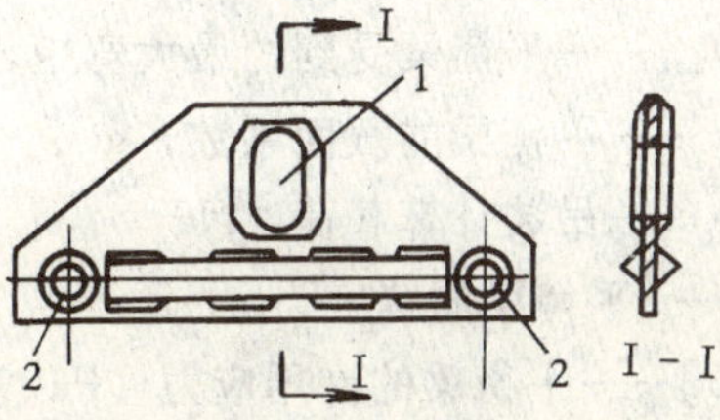

图 2—27　钢板平衡梁

1—挂吊钩的耳孔　2—挂吊索的耳孔

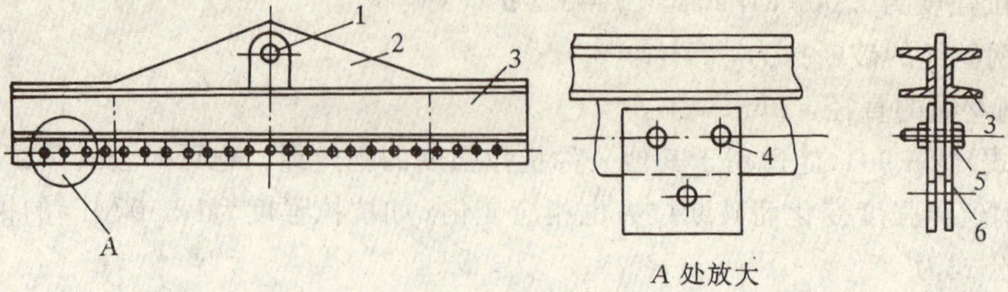

A 处放大

图 2—28　槽钢型平衡梁

1—吊耳板　2、5—钢板　3—槽钢　4—六角头螺栓带螺母　6—吊耳孔

2. 平衡梁的计算　平衡梁的计算主要是指对平衡梁的强度进行校核。

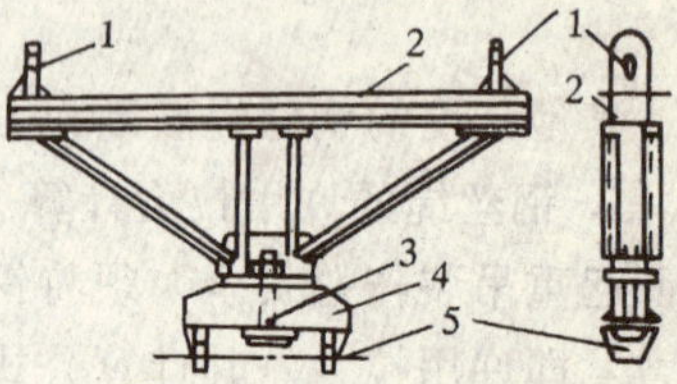

图 2—29　桁架式平衡梁

1—吊耳孔　2—桁架　3—转轴

4—横梁　5—悬挂吊索的孔

如图 2—30 所示，平衡梁的强度条件为：

$$\sigma=\frac{N}{\varphi A}\leqslant[\sigma] \qquad (2—94)$$

其中，

$$P_1=\frac{G_j}{2}\frac{1}{\sin\theta} \qquad N=P_1\cos\theta$$

式中　σ——平衡梁受到的应力，Pa；

N——平衡梁受到的轴向力，N；

A——平衡梁的断面面积，m；

φ——稳定系数，Q235A 钢无缝钢管见表 2—16；

G_j——计算载荷，N；

P_1——分支吊装绳索的受力，N；

θ——分支吊装绳索与平衡梁的夹角；

$[\sigma]$——平衡梁的许用应力，Pa。

如图 2—31 所示，平衡梁的强度条件为：

$$\sigma=\frac{M_{max}}{W}\leqslant[\sigma] \qquad (2—95)$$

其中，

$$M_{max}=\frac{1}{4}G_jl$$

式中　σ——平衡梁受到的应力，Pa；

M_{max}——平衡梁受到的最大弯矩，N·m；

W——平衡梁的截面系数，m^3；

G_j——吊装计算载荷，N；

l——平衡梁的跨度，m；

$[\sigma]$——平衡梁的许用应力，Pa。

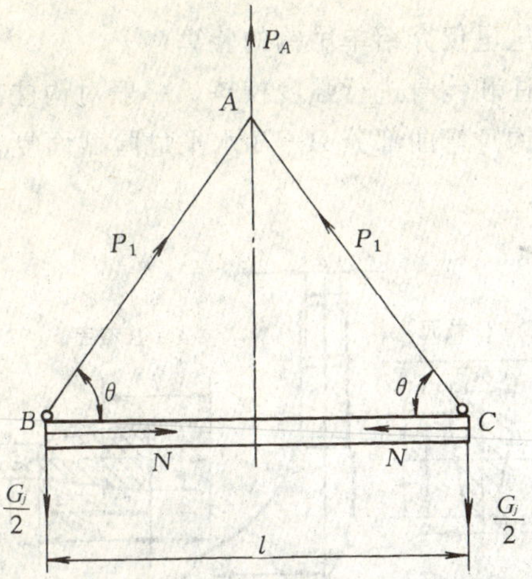

图 2—30　双分支吊装绳索、平衡梁受力简图

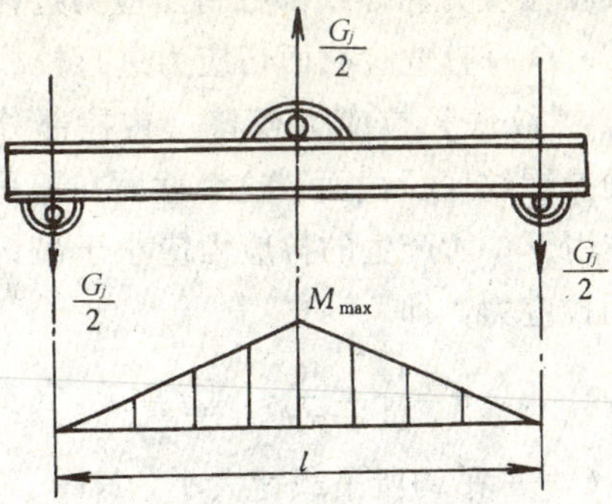

图 2—31　平衡梁受力简图

三、吊耳

起重吊装作业中常用吊耳形式有板式吊耳和管式吊耳。这里仅以板式吊耳为例进行吊耳的强度校核。

如图 2—32 所示，双吊耳对称布置在设备上。

图 2—32 中 $A—B$ 截面是吊耳的危险截面，应校核 $A—B$ 截面的抗拉强度。其强度条件为

$$\sigma=\frac{G_j}{2(b-d)\delta}\leqslant[\sigma] \qquad (2—96)$$

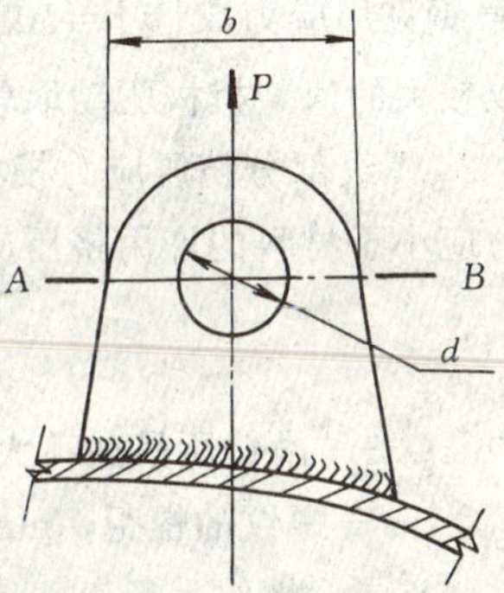

图 2—32　板式吊耳受力计算图

式中　b——$A—B$ 截面的长度，m；

d——吊耳孔的直径，m；

δ——吊耳板的厚度，m；

G_j——计算载荷，N；

σ——吊耳受到的拉应力，Pa；

$[\sigma]$——吊耳的许用应力，Pa。

另外，还须校核吊耳和设备连接处的焊缝强度。图 2—32 中焊缝为双面角焊缝，焊缝高度为吊耳薄板厚度加3 mm。其焊缝强度条件为：

$$\sigma=\frac{G_j/2}{A}=\frac{G_j/2}{2l_w\delta h}\leqslant[\sigma] \qquad (2—97)$$

式中　A——焊缝面积，$A=2l_w\delta h$，mm^2；

l_w——焊缝计算长度，按设计长度减去10 mm；

δ——焊缝宽度，mm；

h——焊缝折减系数，角焊缝取 $h=0.70$；

G_j——吊装计算载荷，N；

σ——焊缝受到的应力，MPa；

$[\sigma]$——焊缝的许用应力，MPa。

四、吊钩

吊钩按其形式的不同可以分单钩、双钩两种。这里仅介绍单吊钩的验算。

如图 2—33 所示，单吊钩的验算，主要是对钩柱和钩身进行强度校核。一般对钩柱部分螺纹底径拉应力和螺纹部分挤压应力进行校核；对钩身弯曲部分 A—B 水平危险截面复合应力和 C—D 垂直危险截面切应力进行校核。

1. 螺纹底径拉应力校核　钩柱部分最危险截面是螺纹底径截面，这个截面在起吊载荷 G 的作用下，所产生的拉应力应小于吊钩材料的许用拉应力，即

$$\sigma=\frac{G}{A}=\frac{4G}{\pi d}\leqslant[\sigma] \qquad (2—98)$$

式中 G——吊钩所吊载荷大小，N；

A——螺纹底径截面积，mm^2；

d——螺纹底径，mm；

σ——螺纹底径截面所产生的应力，MPa；

$[\sigma]$——吊钩材料的许用应力，MPa。

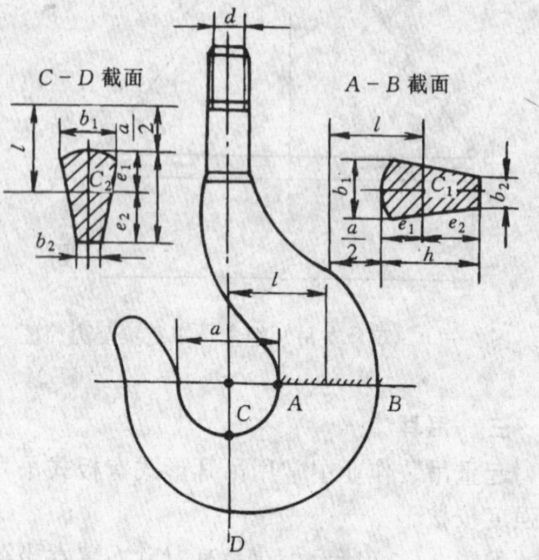

图 2—33　单钩计算简图

考虑到悬吊重物摆动所引起的附加弯曲作用，一般用降低许用应力的方法来弥补。对于 20 号钢许用应力取 $[\sigma]=50\sim80$ MPa，人力驱动取较大的值，机械驱动取较小的值。

2. 螺纹部分挤压应力校核　吊钩螺纹在吊装载荷 G 的作用下，螺纹接触面上产生的挤压应力应小于材料的许用挤压应力，即

$$\sigma_P=\frac{4Gt}{\pi(d_1^2-d^2)H}\leqslant[\sigma] \qquad (2—99)$$

式中 G——吊钩所吊载荷大小，N；

t——螺纹的螺距，mm；

d_1——螺纹大径，mm；

d——螺纹底径，mm；

H——螺母的高度，mm；

σ_P——螺纹接触面所产生的挤压应力，MPa；

$[\sigma]$——吊钩材料许用挤压应力，MPa。

考虑到螺纹接触挤压应力的不均匀性的影响，故采用较低的许用应力值。对于 20 号钢，采用 $[\sigma_p]=30\sim40$ MPa，人力驱动采用较大值，机械驱动采用较小值。

3. A—B 截面复合应力校核　通过吊钩在起吊重物时的受力情况分析，可以看出在 A—B 截面上，除了受到作用于重心 C_1 点上起吊重物的载荷 G 所引起的拉伸作用外，还受到力矩 $G\left(\frac{a}{2}+e_1\right)$ 的弯曲作用。这样 A—B 截面 A 点处产生的应力为最大拉应力，B 点处产生的应力为最大的压应力。A—B 截面上 A 点和 B 点的强度条件为

$$\sigma_A=\frac{G}{A_{AB}}\frac{2e_b}{Ka}\leqslant[\sigma_b] \qquad (2—100)$$

$$\sigma_B=\frac{G}{A_{AB}}\frac{2e_2}{K(a+2h)}\leqslant[\sigma_a] \qquad (2—101)$$

式中 σ_A——A—B 截面 A 点处的应力，MPa；

σ_B——A—B 截面 B 点处的应力，MPa；

G——吊钩所吊载荷大小，N；

A_{AB}——A—B 截面的面积，mm^2，对梯形截面 $A_{AB}=(b_1+b_2)/2h, b_1=3b_2$；

b_1、b_2——梯形截面的下底和上底的长度，mm；

h——梯形截面的高度，mm；

e_1、e_2——A—B 截面 A 点、B 点到截面中性轴的距离（对梯形截面 $e_1\approx\frac{b_1+2b_2}{b_1+b_2}\frac{h}{3}$

$e_2\approx\frac{2b_1+b_2}{b_1+b_2}\frac{h}{3}$），mm；

a——吊钩弯钩部分的钩腔直径（即吊钩弯钩内边的曲率圆半径），对梯形截面 $a=h$，mm；

$[\sigma_b]$——吊钩材料的许用拉应力，MPa；

$[\sigma_a]$——吊钩材料的许用压应力，MPa；

K——截面特性系数，$a=h$，$b_1=3b_2$ 时，梯形截面特性系数 K 值见表 2—29。

表 2—29　梯形截面形状特性系数 *K*

$\frac{h}{2l}$	0.66	0.50	0.40	0.30	0.20
K	0.156	0.079	0.046	0.029	0.017

l——A—B 截面重心 C_1 到吊钩轴线的距离，mm，$l=a/2+e_1$。

当吊钩材料为 20 号钢时，取 $[\sigma_b]=[\sigma_a]=125\sim150$ MPa，人力驱动时取大值，机械驱动时取小值。

4. C—D 截面切应力的校核　吊装载荷 G 是通过钩腔中心作用于 C—D 截面上，这时 C—D 截面上受到最大的切应力的作用，其抗剪强度条件为

$$\tau=\frac{G}{A_{CD}}\leqslant[\tau] \qquad (2—102)$$

式中 τ——C—D 截面上产生的切应力，MPa；

A_{CD}——C—D 截面面积，mm^2，$A_{CD}=\frac{b_1+b_2}{2}h$；

G——吊装载荷，N；

$[\tau]$——吊钩材料的许用切应力，MPa；

对 20 号钢许用切应力取 $[\tau]=62.5\sim75$ MPa，人力驱动取大值，机械驱动取小值。

五、卷扬机

1. 电动卷扬机牵引力的计算　在起重吊装作业中，经常采用卷扬机作牵引，电动卷扬机牵引力的计算公式为

$$S=1\,020\frac{N_H}{v}\eta_{总} \qquad (2—103)$$

式中　S——牵引力，N；

N_H——电动机功率，kW；

v——钢丝绳的线速度，m/s；

$\eta_{总}$——总效率，可取 $\eta_{总}=0.65\sim0.70$。

2. 卷扬机传动比的计算　卷扬机的传动比的计算公式为

$$i=\frac{n_1}{n_2}=\frac{T_2}{T_1} \tag{2—104}$$

式中　i——传动比；

n_1——电动机转速，r/min；

n_2——卷扬机卷筒转速，r/min；

T_1——所有主动轮齿数的乘积；

T_2——所有从动轮齿数的乘积。

3. 钢丝绳线速度的计算　钢丝绳线速度计算公式为

$$v_n=\pi D_n n_2 \tag{2—105}$$

式中　v_n——钢丝绳缠绕在第 n 层的线速度，m/s；

n_2——卷筒转速，r/s；

D_n——卷绕在卷筒上钢丝绳第 n 层的卷绕直径，m；

D_n 的计算公式为

$$D_n=D_0+(2n-1)d$$

式中　D_0——卷筒直径，m；

d——钢丝绳直径，m；

n——钢丝绳卷绕层处在第 n 层。

4. 卷扬机卷筒上缠绕钢丝绳长度的计算

第 n 层缠绕钢丝绳长度为

$$l_n=\pi D_n\frac{L}{d} \tag{2—106}$$

式中　l_n——第 n 层缠绕钢丝长度，m；

D_n——钢丝绳第 n 层的卷绕直径，m；

L——卷筒的长度，m；

d——钢丝绳的直径，m。

钢丝绳总长度（卷筒上各层钢丝绳长度之和）为

$$\begin{aligned}l&=l_1+l_2+l_3+\cdots+l_n\\&=\frac{\pi L}{d}(D_1+D_2+D_3+\cdots+D_n)\\&=\frac{\pi L}{d}\{nD_0+[1+3+5+\cdots+(2n-1)]d\}\\&=\frac{\pi L}{d}(nD_0+n^2d)\end{aligned} \tag{2—107}$$

式中　l——钢丝绳总长度，m；

L——卷筒长度，m；

d——钢丝绳直径，m；

D_0——卷筒直径，m；

n——钢丝绳卷绕的总层数。

第六节　地锚的计算

地锚又称地龙或锚碇，是用来固定卷扬机、导向滑轮、各种桅杆起重机的缆风绳以及在运输时滑轮组拖拉绳的固定等。地锚的可靠性直接关系到起重作业的安全性，中级起重工应掌握地锚的计算知识。

一、桩锚的计算

根据桩锚倾斜放入土中的方式不同，桩锚可分为埋设桩锚和打桩桩锚两种。现以埋设桩锚为例，说明桩锚的计算知识。

埋设桩锚受力如图 2—34 所示。桩锚的计算主要包括 3 个方面，即在垂直分力的作用下桩锚的稳定性，水平分力对土壤壁产生的压力以及桩锚的强度计算。

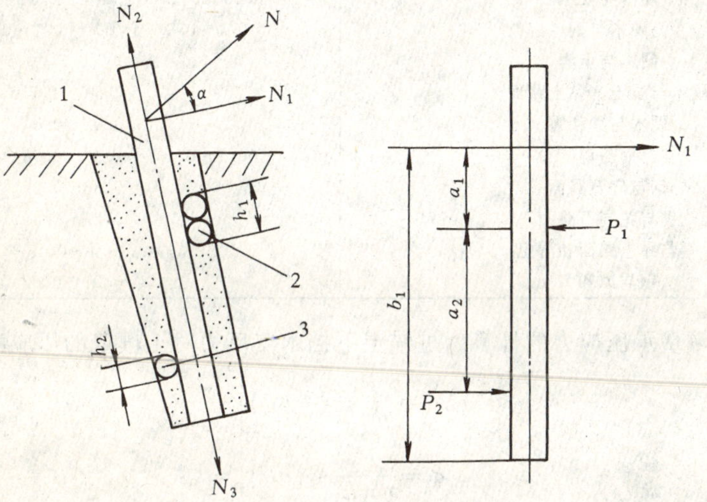

图 2—34　埋设桩锚受力分析图

1—桩锚　2—上挡木　3—下挡木

1. 桩锚的稳定性计算　根据桩锚的受力分析可知，桩锚的抗拔力（摩擦力）N_3 应大于牵引索拉力所产生的轴向分力 N_2，即 $N_3 > N_2$ 为桩锚的稳定性判断式。各力的计算公式：

$$\left.\begin{aligned} N_1 &= N\cos\alpha \\ N_2 &= N\sin\alpha \\ P_1 &= \frac{N_1(a_1+a_2)}{a_2} \\ P_2 &= \frac{N_1 a_1}{a_2} \\ N_3 &= \frac{\mu(P_1+P_2)}{K} \end{aligned}\right\} \qquad (2\text{—}108)$$

式中 N——桩锚所受到的牵引索拉力，N；

α——牵引索与桩锚垂直方向间的夹角；

N_1——桩锚的外力 N 所产生的横向分力，N；

N_2——桩锚的外力 N 所产生的纵向分力，N；

P_1——上挡处的支反力，N；

P_2——下挡处的支反力，N；

a_1——N_1 与 P_1 两力作用线间距，m；

a_2——P_1 与 P_2 两力作用线间距，m；

μ——桩锚与挡木间的滑动摩擦系数（按表 2—30 选取）；

K——抗拔安全系数，$K=1.8\sim2.1$；

N_3——桩锚安全抗拔力，N。

表 2—30　　几种不同材料间的滑动摩擦系数 μ 值表

摩擦材料	摩擦系数（μ 值）
硬木与硬木	0.35～0.55（干燥）　0.11～0.18（润滑）
硬木与钢	0.4～0.6（干燥）　0.1～0.15（润滑）
硬木与土壤	0.5
硬木与湿土、黏土路面	0.45～0.5
硬木与冰和雪	0.02～0.04
钢与钢	0.12～0.4（干燥）　0.08～0.25（润滑）
钢与碎石路面	0.36～0.39
钢与花岗石路面	0.27～0.35
钢与黏土路面和湿土	0.4～0.45
钢与冰和雪	0.01～0.02

2. 桩锚土壤壁承压应力的计算　桩锚上下挡木支反力对土壤壁的压应力，按下式验算：

$$\left.\begin{aligned}\sigma_1=\frac{P_1}{\eta h_1 L_1}\leqslant[\sigma_H]\\ \sigma_2=\frac{P_2}{\eta h_2 L_2}\leqslant[\sigma_H]\end{aligned}\right\}\qquad(2—109)$$

式中 σ_1、σ_2——分别为上下挡木对土壤壁产生的压应力，Pa；

h_1、h_2——分别为上下挡木的宽度，m；

L_1、L_2——分别为上下挡木的长度，m；

η——因压力不均匀所采用的折减系数，一般 η 取 0.25～0.33，也可按表 2—31 选取；

$[\sigma_H]$——在 H 深度时土壤的允许耐压力，Pa，见表 2—32。

表 2—31　　土层允许耐压力折减系数 η

锚桩材料		木材			钢材		
锚桩应力（MPa）		$\sigma\leqslant3$	$3\leqslant\sigma\leqslant7$	$7\leqslant\sigma\leqslant10$	$\sigma\leqslant50$	$50\leqslant\sigma\leqslant100$	$100\leqslant\sigma\leqslant150$
折减系数 η	无挡木桩锚	0.38	0.33	0.28	0.30	0.26	0.23
	有挡木桩锚	0.48	0.43	0.38	0.43	0.38	0.33

表 2—32　　作用在 2m 深土层上的允许耐压应力

土层种类	允许耐压应力 σ_H（MPa）	土层种类	允许耐压应力 σ_H（MPa）
干燥密实的中砂地	0.35	硬块砂质黏土	0.25～0.40
潮湿密实的砂地	0.30	片状砂质黏土	0.10～0.25
硬质黏土	0.25～0.60	碎　石	0.40～0.60
片状黏土	0.10～0.25		

3. 桩锚的强度验算　在外力 N 作用下，桩锚产生的弯曲应力验算公式：

$$\sigma=(\frac{N_2}{A}+\frac{N_1 a}{W})\leqslant[\sigma] \tag{2—110}$$

式中　A——桩锚横截面积，m^2；

W——桩锚的截面系数，m^3；

$[\sigma]$——桩锚的许用弯曲应力，Pa。

例题 2—4　某桅杆缆风绳桩锚采用埋设桩锚，见图 2—34。图中 $a=20°$，$N=10\,kN$，$a_1=0.9\,m$，$a_2=0.5\,m$，$h_1=h_2=0.100\,m$，桩锚为圆柱硬木，其直径为 0.200 m，抗弯许用应力 $[\sigma]=12\,MPa$，上下挡木的长度 $L_1=L_2=2\,m$。问桩锚安全抗拔力为多少？土壤壁承受的压应力为多少？桩锚的弯曲应力为多少？问桩锚是否安全？

解： 已知 $N=10\,kN$

则
$$N_1=N\cos\alpha=10\times\cos20°=9.39(kN)$$
$$N_2=N\sin\alpha=10\times\sin20°=3.42(kN)$$

(1) 求桩锚的抗拔力

上挡木支反力
$$P_1=\frac{N_1(a_1+a_2)}{a_2}=\frac{9.39(0.9+0.5)}{0.5}=26.292(kN)$$

下挡木支反力
$$P_2=\frac{N_1 a_1}{a_2}=\frac{9.39\times0.9}{0.5}=16.902(kN)$$

硬木对硬木滑动摩擦系数 $\mu=0.4$，抗拔安全系数取 $K=2$。

桩锚的抗拔力为

$$N_3=\frac{\mu(P_1+P_2)}{K}=\frac{0.4\times(26.292+16.902)}{2}\approx8.6(kN)$$

因为 $N_3=8.6\,kN>N_2=3.42\,kN$，所以抗拔安全。

(2) 求桩锚土壤壁的承压应力

取桩锚的应力折减系数 $\eta=0.38$，土壤耐压许用应力 $[\sigma_H]=0.35\sim0.60\,MPa$。

上挡木处土壤壁的承压应力

$$\sigma_1=\frac{P_1}{\eta h_1 L_1}=\frac{26.292\times10^3}{0.38\times0.1\times2}=3.46\times10^5(Pa)=0.346(MPa)$$

下挡木处土壤壁的承压应力

$$\sigma_2=\frac{P_2}{\eta h_2 L_2}=\frac{16.902\times10^3}{0.38\times0.1\times2}=2.22\times10^5(Pa)$$

$=0.222(\mathrm{MPa})$

因$\sigma_1=0.346\ \mathrm{MPa}<0.35\ \mathrm{MPa}$；

$\sigma_2=0.222\ \mathrm{MPa}<0.35\ \mathrm{MPa}$，故上下挡木处土壤壁承压安全。

(3) 求圆柱桩锚产生的弯曲应力

已知圆柱硬木直径$d=0.2\ \mathrm{m}$，则横截面积

$$A=\frac{\pi}{4}d^2=\frac{\pi}{4}\times(0.2)^2=0.0314(\mathrm{m}^2)$$

截面系数 $W\approx0.1d^3=0.1\times0.2^3=8\times10^{-4}(\mathrm{m}^3)$

桩锚的弯曲应力为

$$\begin{aligned}\sigma&=\frac{N_2}{A}+\frac{N_1a_1}{W}\\&=\frac{3.42\times10^3}{0.0314}+\frac{9.39\times10^3\times0.9}{8\times10^{-4}}\\&=1.089\times10^5+1.056\times10^7\\&=10.67\times10^6(\mathrm{Pa})\\&=10.67(\mathrm{MPa})\end{aligned}$$

因$\sigma=10.67\ \mathrm{MPa}<[\sigma]=12\ \mathrm{MPa}$，故桩锚抗弯安全。

二、坑锚的计算

坑锚是将横梁横卧在预先挖好的坑底，用千斤绳捆在横梁的一点或两点上，千斤绳的一端从坑前端的槽中引出，埋好后用土回填夯实即成。

在起重吊装作业中常用的坑锚有两种：有挡板坑锚和无挡板坑锚。

坑锚的结构及受力情况如图 2—35 所示。坑锚的计算内容基本上与埋设桩锚相同，主要考虑在垂直分力作用下坑锚的稳定性，在水平分力作用下坑锚的稳定性以及坑锚的强度校核。

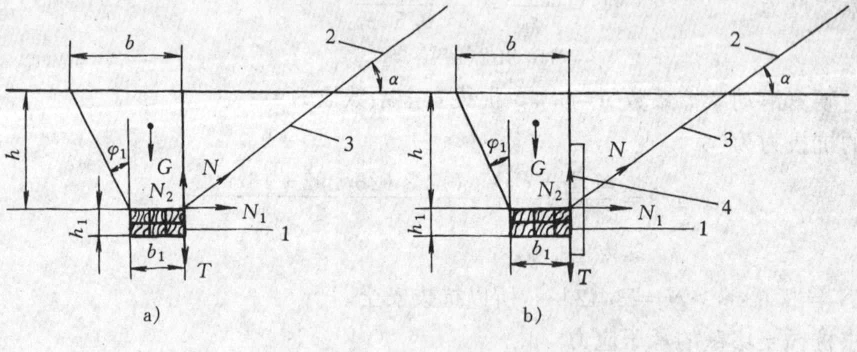

图 2—35 坑锚的结构及受力图

a) 无挡板坑锚 b) 有挡板坑锚

1—横梁 2—缆风绳 3—千斤绳 4—挡板

1. 在垂直分力作用下坑锚的稳定性 在垂直分力的作用下，坑锚的抗拔力由两部分组成，一部分为坑锚上部的埋土重量G；另一部分为坑锚与土壤摩擦力T。因此，坑锚的抗拔力F为

$$F=G+T \tag{2—111}$$

式中 G——填坑土壤重量，N；

T——坑锚与土壤摩擦力，N；

F——坑锚的抗拔力，N。

根据坑锚受力分析图 2—35，可求 G 和 T：

$$\left.\begin{aligned} G &= \frac{b+b_1}{2}hl\gamma \\ T &= \mu N_1 = \mu N\cos\alpha \end{aligned}\right\} \tag{2—112}$$

式中 h——坑锚横梁埋设深度，m；

l——坑锚横梁的长度，m；

γ——坑锚土壤容重，kN/m^3，见表 2—33；

b_1——坑锚横梁宽度，m；

b——坑锚有效压力区宽度，与土壤摩擦角 φ_0 有关，其值为 $b=b_1+h\tan\varphi_1$；

φ_1——与土壤内摩擦角 φ_0 有关的计算抗拔角；

μ——摩擦系数，对于无挡板坑锚，一般取 0.5，当地下水位较高时取 0.4，对有挡板坑锚取 0.4；

N_1——坑锚所受外力 N 在水平方向的分力，其值为 $N_1=N\cos\alpha$；

α——缆风绳与地面夹角。

表 2—33　　土壤的特性系数

土的名称		土的状态	单位容重 γ (kN/m^3)	内摩擦角 φ_0	凝聚力 C (Pa)	计算抗拔角 φ_1
黏性土	黏土	坚硬	18	18°	5×10^4	30°
		硬塑	17	14°	2×10^4	25°
		可塑	16	14°	2×10^4	20°
		软塑	16	8°～10°	8×10^3	10°～15°
	亚黏土	坚塑	18	18°	3×10^4	27°
		硬塑	17	18°	1.3×10^4	23°
		可塑	16			19°
		软塑	16	13°～14°	4×10^3	10°～15°
	亚砂土	坚塑	18	26°	1.5×10^4	27°
		可塑	17	22°	8×10^3	23°
砂性土	砾砂及粗砂	任何湿度	18	40°		30°
	中砂	任何湿度	17	38°		28°
	细砂	任何湿度	16	36°		26°
	粉砂	任何湿度	15	34°		22°

为了保证坑锚在坑中有足够的稳定性，其抗拔力必须大于外力 N 向上的垂直分力 N_2，即

$$F \geqslant KN_2$$

$$\frac{G+T}{N_2} \geqslant K \tag{2—113}$$

式中 N_2——坑锚所受外力 N 在垂直方向的分力，其值为 $N_2=N\sin\alpha$；

K——抗拔安全系数，取 $K=1.8\sim2.1$。

2. 在水平分力作用下坑锚的稳定性　即要求水平分力对土壤的压应力满足强度条件。

(1) 对于无挡板坑锚

$$\sigma=\frac{N_1}{\eta h_1 l}\leqslant[\sigma_H] \tag{2—114}$$

式中　h_1——横梁高度，m；

$[\sigma_H]$——深度 H 处的被动土压力强度（见表 2—32)，Pa；

l——横梁的长度；m；

η——因压力不均匀所采用的折减系数，见表 2—31；

N_1——外力 N 的水平分力，N。

(2) 对于有挡板的坑锚

$$\sigma=\frac{N_1}{\eta A}\leqslant[\sigma_H] \tag{2—115}$$

式中　A——挡板的挡土面积，m^2；

η——土壤压力不均匀的折减系数，见表 2—31；

其余符号同前。

3. 坑锚的强度验算　常见坑锚的强度验算有单点固定圆木坑锚的计算和两点固定的圆木坑锚的计算。

(1)单点固定的圆木坑锚计算　对单点固定的坑锚，在坑锚横木上的受力可以认为外力 N 均匀地分布在横木的全长上，见图 2—36。它的受力属于均布载荷，故它的计算最大弯矩为

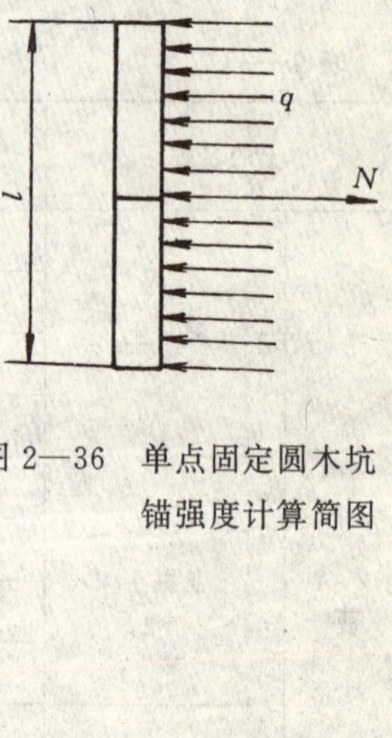

图 2—36　单点固定圆木坑锚强度计算简图

$$M_{\max}=\frac{ql^2}{8}$$

因为

$$q=\frac{N}{l}$$

所以

$$M_{\max}=\frac{Nl}{8}$$

对于圆截面的截面系数 W_1 为

$$W_1=\frac{\pi}{32}d^3\approx0.1d^3$$

若横木由几根圆木组成，则横木的截面系数为

$$W=0.1d^3n$$

因此，对于单点系结的坑锚弯曲应力验算公式为

$$\sigma=\frac{M_{\max}}{W}\leqslant[\sigma] \tag{2—116}$$

式中　q——坑锚横梁上的均布载荷，N/m；

l——坑锚横木长度，m；

N——坑锚的外力，N；

d——圆木直径，m；

n——坑锚横木的根数；

$[\sigma]$——木材许用应力，Pa。

(2) 两点固定的圆木坑锚的计算　两点固定的圆木坑锚，如图 2—37 所示，两个系结点的位置，应根据坑锚横木的各段中所产生的内力相同（等弯矩）来选取，当系结点的位置 $a=0.207l$ 的情况下为最佳。

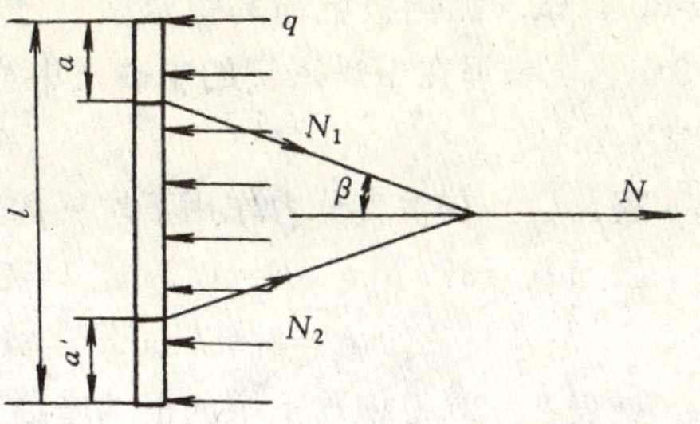

图 2—37　两点固定圆木坑锚强度计算简图

因为系结钢丝绳（千斤绳）与锚桩轴线的夹角为（$90°-\beta$），所以对锚桩有两个分力同时作用：一个是平行于锚桩轴线的分力，此分力使锚桩受压；另一个是垂直于锚桩轴线的分力，此分力使锚桩受弯。

受压分力为

因为
$$N_{1x}=N_1\sin\beta$$
$$N_1=\frac{N}{2\cos\beta}$$
所以
$$N_{1x}=\frac{N}{2}\tan\beta \qquad (2—117)$$

式中　N——坑锚所受的总拉力，N；

N_1——捆绑千斤绳所受到的力，N；

β——坑锚捆绑千斤绳与拉力 N 之间的夹角；

N_{1x}——N_1 在锚桩轴线上的分力，N。

锚桩的轴向压应力为
$$\sigma_x=\frac{N_{1x}}{A} \qquad (2—118)$$

受弯分力为

因为
$$N_{1y}=N_1\cos\beta$$
所以
$$N_1=\frac{N}{2\cos\beta}$$
$$N_{1y}=\frac{N}{2} \qquad (2—119)$$

由材料力学可知，锚桩产生的最大弯矩
$$M_{max}=\frac{ql^2}{47}\approx 0.021\,4Nl$$

对锚桩的弯曲应力为
$$\sigma_y=\frac{M_{max}}{W} \qquad (2—120)$$

作用在锚桩上的总应力为
$$\sigma=\sigma_x+\sigma_y=\frac{N_{1x}}{A}+\frac{M_{max}}{W}\leqslant[\sigma] \qquad (2—121)$$

式中　A——锚桩圆截面积，$A=n\frac{\pi}{4}d^2$，mm；

n——圆木锚桩（横木）的根数。

例题 2—5　有一台系缆式桅杆起重机的缆风绳，单根最大拉力 $N=100$ kN，与地面夹角

$\alpha=30°$，试求无挡板坑锚的稳定性？已知坑锚横梁采用ϕ377 mm×8 mm无缝钢管，长度 $l=2.9$ m，坑锚埋在干燥密实的中砂土中，埋设深度 $h=1.7$ m，抗拔角 $\varphi_1=28°$，土壤容重 $\gamma=17$ kN/m^3。

解：(1) 在垂直分力作用下坑锚的稳定性

已知 $b_1=377$ mm，$h=1.7$ m，$l=2.9$ m，$\varphi_1=28°$，所以

$$b=b_1+h\tan\varphi_1=377\times10^{-3}+1.7\tan28°=1.281(\text{m})$$

查表 2—30 得钢与土壤的滑动摩擦系数 $\mu=0.45$，则摩擦力 T 为

$$T=\mu N_1=\mu N\cos\alpha=0.45\times100\cos30°\approx38.97\ (\text{kN})$$

土壤压重 G 为

$$G=\frac{b+b_1}{2}h\gamma l=\frac{1.281+377\times10^{-3}}{2}\times1.7\times17\times2.9$$

$$=69.48\ (\text{kN})$$

外力 N 的垂直分力 N_2 为

$$N_2=N\sin\alpha=100\sin30°=50\ (\text{kN})$$

由公式（2—113）有：

$$\frac{G+T}{N_2}=\frac{69.48+38.97}{50}=2.169>K=2$$

所以，垂直分力作用下坑锚安全。

(2) 坑锚横梁的强度验算

作用在横梁上的最大弯矩为

$$M_{\max}=\frac{ql^2}{8}=\frac{Nl}{8}=\frac{100\times2.9}{8}=36.25(\text{kN}\cdot\text{m})$$

查有关资料，ϕ377 mm×8 mm无缝钢管的截面系数 $W=8.30\times10^{-4}\text{m}^3$。横梁的弯曲应力为

$$\sigma=\frac{M_{\max}}{W}=\frac{36.25\times10^3}{8.30\times10^{-4}}\approx4.37\times10^7(\text{Pa})$$

$$=43.7(\text{MPa})<[\sigma]=155(\text{MPa})$$

所以，选用的横梁有足够的抗弯强度，坑锚安全。

(3) 水平分力作用下坑锚的稳定性

由坑锚的抗弯应力 $\sigma=43.7$ MPa，查表 2—31 得土层允许耐压力折减系数 $\eta=0.30$，查表 2—32 得干燥密实的中砂地的 $[\sigma_H]=0.35$ MPa。

水平分力对土壤的压应力由公式（2—114）计算，即

$$\sigma=\frac{N_1}{\eta h_1 l}=\frac{N\cos\alpha}{\eta h_1 l}=\frac{100\times10^3\times\cos30°}{0.30\times377\times10^{-3}\times2.9}$$

$$=2.64\times10^5(\text{Pa})=0.264\text{MPa}<[\sigma_H]=0.35\ \text{MPa}$$

所以，水平分力作用下坑锚安全。

通过对坑锚的以上计算可知，坑锚可以安全使用。

三、活动地锚的计算

活动地锚又称积木式地锚，对安装现场受力不大或现场有条件时，可用钢锭等块状物体组合成，如图 2—38 所示。在垂直分力和水平分力作用下的稳定条件，取二者的最小值作为

活动地锚的许用抗拉力。

由图可知：

$$NL\sin\alpha = Gl$$

取一个安全系数 K，则

$$N = \frac{Gl}{KL\sin\alpha} \qquad (2—122)$$

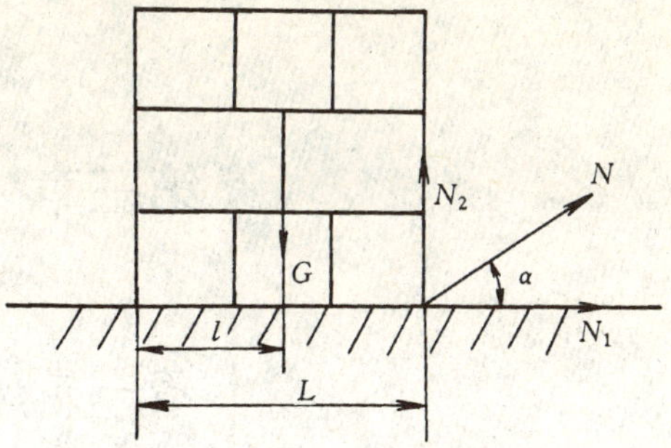

图 2—38 活动地锚计算简图

由 $\left.\begin{array}{l}\mu(G-N_2)=N_1\\ N_1=N\cos\alpha\\ N_2=N\sin\alpha\\ \text{取一个安全系数} K\end{array}\right\}$可得

$$N = \frac{\mu G}{K(\cos\alpha + \mu\sin\alpha)} \qquad (2—123)$$

式中 N——缆风绳的拉力，N；

G——活动地锚总重量，N；

K——安全系数，$K=2$；

μ——摩擦系数。

第三章　起重吊装工艺

第一节　吊装工艺的选择

一、吊装工艺选择的方法

吊装工艺的正确选择应从安装施工现场已有的机具出发，采用先进的吊装方法，力求减轻工人的体力劳动，增加一次吊装重量，缩短安装周期，确保设备吊装的安全可靠。在选择和拟订吊装工艺前，必须全面熟悉和研究吊装设备的外形尺寸、结构、重量、装置的类型、特点、场地布置、机具能力和施工队伍技术力量等各方面的具体情况，然后再选择和拟订吊装工艺。

设备吊装一般可以归纳为整体吊装、分体吊装和综合吊装三种。无论何种类型的吊装，即使是对同一类的工艺装置和重型设备，在不同的安装条件下，吊装工艺也不会千篇一律。随着现代科学技术的发展，在选用吊装工艺的同时，还要特别注意改进和完善吊装技术，大胆运用先进的检测手段，不断提高吊装工艺水平。另外，本着机具装备的现状，应更多地研究如何因地制宜地吊装中大型设备，创造先进的吊装方法，并不断地提高现有机具在吊装作业中的效率，从而保质量、促进度、降消耗，完成各项设备安装任务。

二、起重吊装场地的布置

吊装场地布置与吊装方法、吊装机具及整个工艺装置的施工布置有着密切的关系，必须根据装置总平面图上土建与安装进度要求及吊装设备的重量与高度等因素决定吊装场地的布置。

1. 平面布置　在大型石油化工、冶金等工业设备的安装工程中，由于部件既多又重，并分散在一个比较大的平面上，所以在清洗、组合以及吊装过程中，往往要作频繁的短距离运输与吊装工作。因此做好平面布置，减少运输距离与吊装、装卸的次数，提高吊装速度和消除因平面布置不合理而造成的阻塞和混乱现象，对安装工程的快速施工具有很大的现实意义。

一般平面布置是按下列原则进行的：

(1) 施工场地的布置和安排应根据施工进度、工序安排以及工程的性质而定，为各个工序的施工创造最有利的条件，并协调各施工单位，使各单位对施工中的运输、装卸及起重吊装机具合理使用。

(2) 合理安排设备堆放位置、预装配预清洗的位置、吊装前的短距离运输线路、材料堆放位置、起重机具停放的位置。目的是为了减少安装工作中设备、材料、机具的运次和运距，减少吊装次数，消除它们之间的互相阻碍与影响。

(3) 现场水、电、蒸汽和空气的供应线路连接处应合理分布。

(4) 整个施工场地的布置必须考虑到施工的安全、可靠，同时暂设工程应因陋就简，就地协作，尽量利用永久性的便利设施。临时仓库、办公室、交通运输线路、临时供电、供水及临时排水设施，必须根据工程进度及早地进行准备。

2. 吊装机具的布置　在起重吊装作业中，往往需要使用多种起重机具。对使用的机具必须进行合理布置，并绘制机具平面布置和设备运输路线示意图。机具布置的原则：

(1) 对于安装后不再移动的起重机具，如系缆式桅杆起重机，应尽量安装在被吊设备群的中心，使一些较重的设备尽可能接近起重臂工作的中心区间，从而兼顾其余临近设备、结构和工艺管道等，提高起重机具的使用率，并使动臂能回转自由，不受设备及其他障碍物的影响。

(2) 如选用自行式起重机，要预先规划运行路线，地面要夯实，倾斜度不应太大。

(3) 对于双桅杆起重机，因为在一次吊装后需要移动，不仅要考虑桅杆最初位置，还要考虑其移动路线，以尽可能缩短移动的距离。桅杆的最初位置决定于吊装程序，应该在前一个设备吊装后不妨碍后一个设备的吊装，并使桅杆易于运进工地和竖立，吊装工作结束后易于放倒和运出等情况。对于联合基础上的成组设备，可以使两桅杆与基础中心偏斜45°角。桅杆与设备间的净距应取为1～1.5 m。在整体组合吊装时，由于平台、附属管线等占空间较大，其净距可按实际情况决定。

(4) 地锚的布置。地锚的载荷应以设备最大吊装重量为基准。地锚的位置要根据桅杆的位置和高度来决定，同时还要考虑到缆风绳的角度和场内的构筑物、管道、设备、电线等有无障碍。缆风绳与地面的夹角应根据现场条件来决定，一般控制在30°～45°范围内。

(5) 卷扬机安装的位置应在场地的边缘部分，并在桅杆以外的一定距离处。当使用多台卷扬机起吊设备时，尽可能将卷扬机集中在一起，以便于管理，便于指挥者和卷扬机司机能相互呼应。卷扬机司机应能看清提升的全过程。从桅杆底座通向卷扬机上的跑绳，应采用最少的导向滑轮。一般卷扬机与最近的一个导向滑轮的直线距离不小于20倍卷扬机滚筒的长度，并使钢丝绳垂直于卷扬机滚筒轴线。要求跑绳通过处不应有任何障碍，卷扬机要用地锚固定牢固，不允许扭动。露天使用的卷扬机应设遮雨棚。

3. 设备拼装场地与二次运输路线　因整体组合吊装方法的发展，设备的吊装重量以及外形尺寸都大为增加，须在吊装场地附近设有拼装场地和确定二次运输路线。

(1) 拼装场地的确定　近年来，特别是石油化工设备的重量及其外形尺寸较重较长，不可能在制造厂组装好后运到现场，必须在吊装场地附近设有拼装场地。重型设备则以分组、分段或分片的形式运到现场，称为一次运输。设备进行组装或拼装，再运到设备的基础附近准备进行吊装，称为二次运输。

拼装场地或临时设施要根据现场拼装的设备的数量、尺寸、起吊程序等情况进行全面规划和布置。拼装场地的位置应尽可能接近于设备的基础，以减少二次运输的距离。

(2) 二次运输路线的确定　二次运输是在工地区域内的运输，需要考虑在运输线路上是否碰到管沟、埋设管线、基础、管架及其他建筑物的妨碍等。凡在运输路线上的建筑物、基础、管架、管沟、埋设管线等都要求暂缓施工或合理安排，以免拖运设备时受阻碍或破坏。

运输路线确定后，根据被运设备的重量和大小，修建临时道路或铺设临时铁路，并要在设备路线平面图中明显地标画出来。

(3) 供水、供电　有些设备组装好后在地面进行水压试验。拼装场地应设有水源和供排水设施，并尽可能利用正在建设的工厂的供排水系统。

起重吊装现场应具有足够的电力，以保证吊装过程中全部卷扬机同时启动时电流负荷的要求。

4. 机具布置及设备拖运路线图的绘制　为了检查机具布置及重型设备的拖运路线是否合理可行，应细致地绘制机具布置及重型设备拖运路线图。绘制的内容如下：

(1) 用形象易懂、突出鲜明的符号或简图标明以下内容：

1) 被吊设备的安装位置和运输路线。

2) 起重机具的种类、所在位置和移动路线。同时，必须在厂区建筑平面图上标绘出同起重与拖运路线有关的厂区铁路、公路、临时道路和有关的建筑物。

(2) 要在图上明显的位置注明图例，如铁路、公路、起重机、桅杆、卷扬机、地锚等符号。

(3) 编写说明要简单、清楚、明确。

(4) 最好能按比例绘制，若不能按比例绘制，也要形象易懂。

第二节　多机协同吊装工艺

一、多台自行式起重机吊装设备

一般吊装重型与中小型设备最合理的吊装机具是使用自行式起重机。在起重作业中常用的自行式起重机有：汽车式起重机、轮胎式起重机、履带式起重机和铁路式起重机等。

在吊装设备时，往往由于设备的重量、外形尺寸过大、设备吊装点分布的位置或设备的特殊要求，利用单台起重机进行吊装作业有所不便，或现有起重机的性能单台作业不能满足需要，必须采用两台或两台以上的起重机协同吊装。

1. 起重机的选择　起重机的选择包括单独一台起重机的选择和多台起重机组合选择。

(1) 单独一台起重机的选择（单机选择），可根据下述因素考虑：

1) 起吊设备与构件的外形尺寸、重量和安装标高等。

2) 建筑物的外形尺寸：车间内的跨度、屋架上下弦的标高、基础标高等。

3) 安装工程量、工作面与施工进度等。

4) 安装现场的情况：是否有铁路，能否保证水、电、燃料的供应。

5) 现场现有的机械与技术力量的配备情况。

6) 起重机的技术性能：起重量、起重高度和幅度等。

起重机的起重量应根据该施工现场安装的最大设备与构件来选用，并且还要根据起重机的幅度和起重机吊装时吊车的路线等做最后的核定。

起重机的幅度是根据设备的外形尺寸、在平面布置中的位置、运输道路和起重机能够接近被吊设备群的距离等来考虑。

起重机的起吊高度是根据起吊设备与构件的高度来决定的。自行式起重机的起吊高度可根据图 3—1 及下面的公式计算求得：

$$H=h_1+h_2+h_3+h_4 \tag{3—1}$$

式中　h_1——设备高度，m；

h_2——索具高度（包括千斤绳、平衡梁、卸扣等的高度），m；

h_3——设备吊装到位后悬吊时的工作间隙（可根据具体情况而定，但不应小于10 cm），m；

h_4——基础高，m。

在求得起重机所需的起吊高度以后，就可以计算满足这一起吊高度所需的起重机起重臂杆长度。可从下式求得：

$$L=\frac{(H-c)+b}{\sin\alpha} \quad (3-2)$$

式中 L——所需的起重臂长度，m；

H——所需的起吊高度，m；

c——起重臂的下轴距地面高度，m；

b——起重滑轮组定滑轮至吊钩中心的距离，可采用2.5 m；

α——起重臂的仰角。

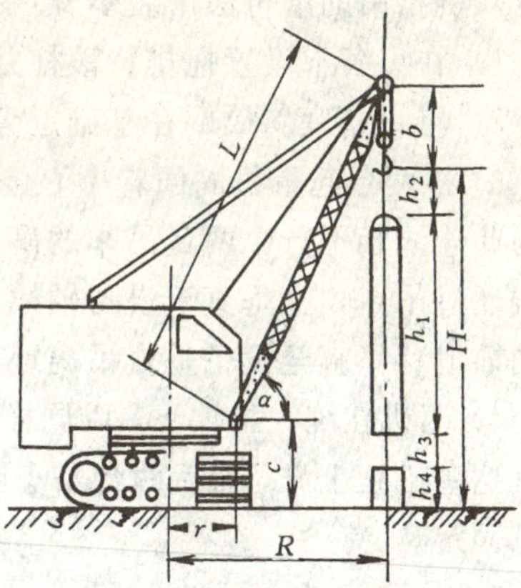

图 3—1　自行式起重机起吊高度计算简图

起重机的起重量、幅度和起重高度是互相影响的，所以在选择起重机械时，必须做综合考虑，才能选用最合适的起重机械。

(2) 多机选择　多台起重机的组合选择按下述内容考虑：

1) 任何类型的起重机，只要它们的性能符合特定吊装的条件，都可以组合在一起共同进行吊装作业。

2)应该优先考虑起升速度较为接近的机种组合。同一型号机种的组合是最佳的组合方案，因为同型号起重机的起升速度接近，而起升速度一致的吊车能保证平稳工作。

3) 选择恰当的吊机台数。常见的是两台起重机组合，3 台、4 台起重机组合抬吊有时也采用。考虑台数应注意台数越少越能保证平稳安全吊装。

选择组合起重机台数的因素除起重机起重量和所吊重物的重量外，还需考虑所吊设备或构件外形尺寸情况，尺寸小的只能两机组合，平面尺寸大或长细构件就可以选定 3 台、4 台起重机组合吊装。

2. 两台或多台起重机吊装设备与构件　用两台或多台起重机吊装设备与构件时，关键在于吊装同步的问题。因在起吊设备的过程中，由于各台起重机起升速度快慢不一致，幅度、臂杆回转和起重机所处位置的不协调等均可造成起重机的载荷分配不平均。如载荷的分配不平均就可能使其中一台起重机超载而引起事故。

(1) 双机抬吊的滑行法　滑行法的平面布置如图 3—2 所示，设备斜向布置，并注意起吊绑扎点应尽量靠近基础。

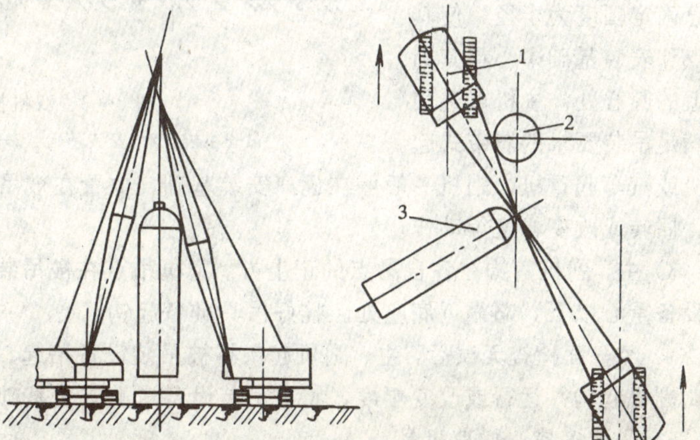

图 3—2　双机抬吊的滑行法

1—履带式起重机　2—设备安装基础　3—被吊装设备

双机抬吊的滑行法吊装步骤：

1）在设备下设置拖排、滚杠并铺设好滑行道。

2）将设备倾斜放倒在基础近旁。

3）将两台起重机的回转中心停在基础的中心与设备吊点的连线两侧，并使两机的运行方向与此连线相平行。两台吊车的吊点应在设备同一截面上的两对称点上，两机的回转中心的连线通过吊点，且垂直于设备轴线。两台吊车同时起钩，保持垂直提升，而设备尾部拖排逐渐向前滑移，直至设备垂直吊离地面为止。

4）两机在统一指挥下，以同样的运行速度向设备基础方向移动或升降吊臂，直到被吊设备到达基础正上方。然后两台吊车同时缓慢落钩，使设备在基础上就位，用仪器找平找正后，将其固定。

5）吊装完毕，撤离机具。

（2）双机递送法　递送法由滑移法演变而来。因滑移法在吊装设备下设置拖排、滚杠和走道，机具准备较麻烦、费时。双机递送法是以一台起重机为主机，另一台起重机为副机，通过双机抬吊，将被吊装设备送到安装基础上去的吊装方法。双机递送法虽然增加一台副起重机，但可省去拖排、滚杠及铺设滑行道等许多繁重的体力劳动及附属设备。双机递送法的作业现场平面布置如图 3—3 所示。

双机抬吊递送法的吊装步骤：

1)将设备平放在设备安装基础的侧面。设备顶部的起吊点距离安装基础中心最好比其底座距离安装基础中心近一些。这样可以减小主机起重臂的幅度。

2)主机进入现场应停在以已确定幅度为半径，使其吊点和安装基础中心在其圆弧上的圆心处。主机可选用能满足吊装要求的履带式起重机或汽车起重机。副机一般停在远离安装基础，放置在被吊装设备的外侧，并随时可以运行、回转或改变幅度等动作。

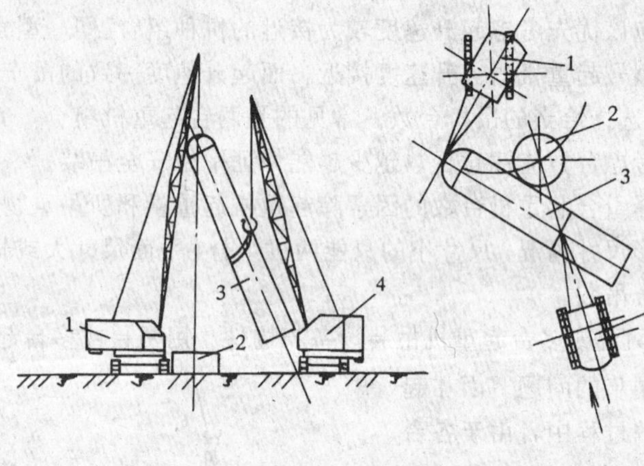

图 3—3　双机抬吊递送法

1—主机　2—安装基础　3—被吊装设备　4—副机

3）主、副机落钩在各自吊点的正上方。主机吊点在被吊装设备的顶部，副机吊点在被吊装设备重心以下，略靠近底座处。挂好吊具准备起钩。

4）经全面检查无误后，主、副机起钩将被吊装设备抬起。主机起钩并向安装基础方向回转，副机起钩并运行或改变幅度，将被吊装设备送上安装基础，找正就位，安装稳妥。

5）吊装完毕，撤离机具。

（3）双机旋转法　其吊装工艺如图 3—4a、b、c 所示。

双机抬吊旋转法吊装步骤（以吊建筑结构的柱子为例）：

1）主、副起重机同时起吊，使构件吊离地面。当副起重机吊钩绑扎点离地面的高度大于

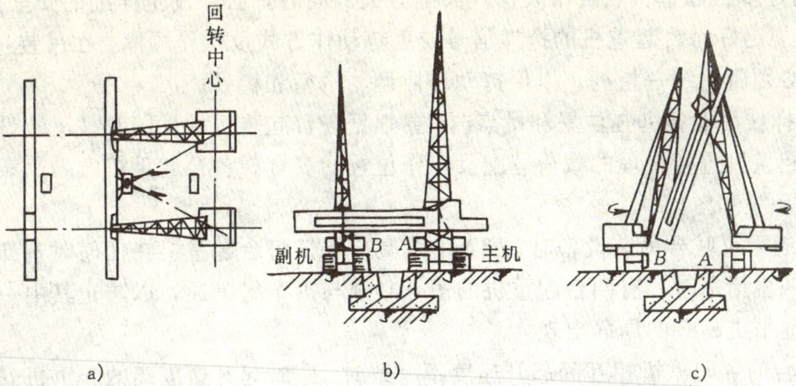

图 3—4　双机抬吊旋转法

绑扎点到柱脚的高度0.3 m时，两起重机停止提升。

2）两机起重臂同时转向杯口，副机只能旋转吊钩而不提升；主机则一面旋转，一面同时缓慢提升吊钩，直至柱子从水平变为竖直在基础上为止。

3）当柱身竖立并对准杯口时，两台起重机在统一指挥下，同时以缓慢的速度，将柱插入杯形基础。

4）对好柱子中线再摘钩，然后打下木楔作临时固定，拆除吊索。

这里介绍的双机抬吊旋转法为两吊车不变幅的旋转吊装，而旋转变幅抬吊方法的操作和指挥难度都较大，不易同步，变幅后易产生偏重，臂杆带负荷变幅不安全。所以两机不变幅的旋转抬吊法就较安全。

以上介绍的是双机吊装工艺，在其工艺中应注意操作的同步和载荷分配。同样，在双机抬吊的滑行法中，若再增加一台起重机递送，即成为三机抬吊，如图 3—5 所示。

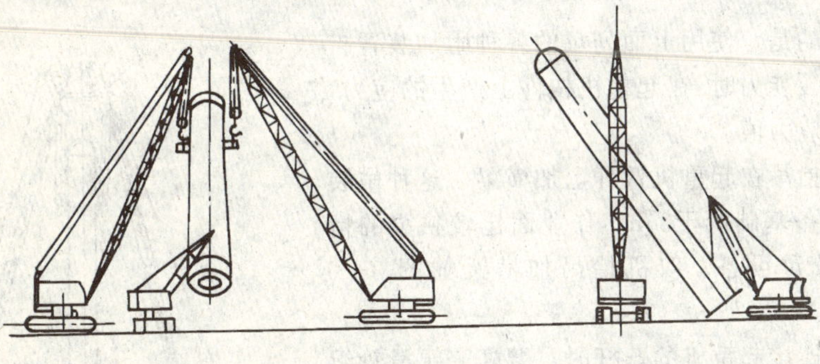

图 3—5　用三台起重机吊装塔类

三机抬吊或四机抬吊的操作方法与双机抬吊的操作方法相同。采用三机或四机协吊，同步要求更高，还应使用均衡装置，如用平衡滑轮、平衡梁来分配载荷。

（4）多台起重机协同吊装设备的安全操作　多机协吊操作上应严格遵守以下各项规定：

1）所选用的各台起重机（最好选用同类型的起重机）的性能应符合吊装作业的要求。

2）吊机位置应严格在所定幅度以内定位。

3）各吊机的起重臂杆应保持足够的距离，并考虑运转过程中是否会发生碰撞情况。

4）吊装作业之前，应对各台起重机的性能、安全装置进行全面地、认真地检查。

5）在制定多台起重机联合吊装作业实施方案的同时，必须制定详细的安全操作规程。

6）事先规定好每台起重机的指挥信号或手势动作方式及操作顺序。在吊装过程中，各台起重机司机必须听从统一指挥，以保持动作协调、平衡和稳妥。

7）在选择被吊设备绑扎位置和吊点时，要根据各台起重机的性能和被吊装设备的结构特点，对各台起重机进行合理的载荷分配及工作位置的安排。各台起重机的最大载荷不宜超过其安全起重量的80%。

8）多台起重机联合吊装设备时，配置的索具应保证每台起重机在任何时刻都能承担相应负载。如用四机抬吊时，有两台起重机的吊点必须与滑车组串通，以防止其中一台起重机不承载时，其他吊机超载的局面出现。

9）当组合的各起重机相互间起升速度不一致时，应对起升速度高的起重机安排间断停顿的过程，恰当掌握停顿的时刻和时间。应注意到由于速度快、升得高，导致所吊重物的重心向此机移动而使承载的负荷增加。所以，停顿时刻与时间应掌握在所增加的吊荷重量不得超过此机安全起重量的20%储量范围内。

10）在吊装作业中，各台起重机的起重滑轮组的倾角（滑轮组轴线与铅垂线夹角）一般不能超过3°～4°，尽可能地使滑轮组保持铅垂状态，以防造成失稳。

11）多台起重机协同吊装设备作业的指挥者，要有丰富的指挥经验；必须对吊装作业实施方案及安全操作规程十分熟悉，并能及时、正确地处理吊装作业过程中的异常情况，使整个吊装作业顺利进行。

12）其他。其他应遵照起重机使用的安全注意事项。

3. 起重机扩大吊装能力的措施　由于吊装工艺的发展，促使起重机在提高起重机能力方面采取了许多相应的措施。如自行式起重机适当增设一些附加装置，可显著提高其吊装能力。这些附加装置包括：接长臂杆、增设支腿、加大配重、在吊臂上加缆风绳、在臂杆上加支柱、加横梁等。

值得注意的是，使用上面列举的各种附加装置扩大起重机的吊装能力时，在起重机构件上产生的应力，不得超过设计应力值。

(1) 双机抬吊在起重机臂杆上加横梁　这种吊装方法适用于设备基础低于3 m、作业面比较狭窄的情况下来吊装较重设备。双机抬吊加横梁如图3—6所示。

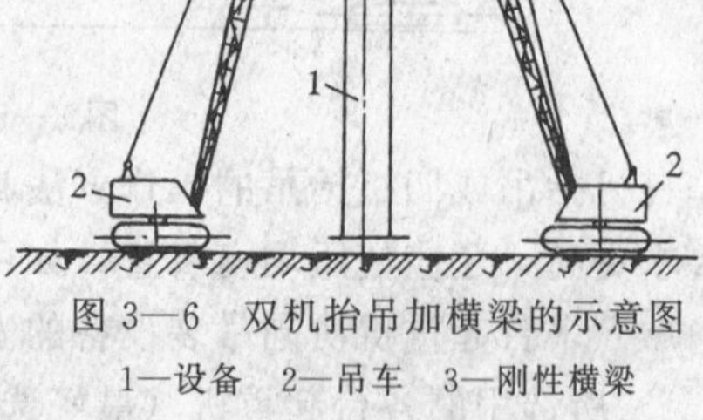

图3—6　双机抬吊加横梁的示意图

1—设备　2—吊车　3—刚性横梁

使用横梁连接起重机的臂杆时，臂杆变幅滑轮组处在放松的状态，而使起重机在吊装设备时所产生的倾覆载荷在横梁内互相抵消。所以采用横梁可以增大两台起重机的总起重能力。

起重机改装要求如下：

1）更换起重滑轮组。在起重机起重滑轮组定滑轮上，安装一副滑轮组替换原滑轮组，以满足改装后起重机起重量的要求。

2）若滑轮组改换后，起重机上的主卷扬机的容绳量不足，则可增设一台卷扬机，用双抽头的办法解决。

3）横梁用轴插接在吊臂头部装鸟嘴用的销孔中，并予以固定。

4）组装后的两台起重机中心线应和设备基础中心线重合。

吊装工艺可采用滑移吊装法，吊装前，将起重机的回转机构锁住，设备尾部用牵引绳拉住，并使起重滑轮组的倾角不超过1°。

设备就位调整稳固后，拆下吊索，将起重机上拉住臂杆的滑轮组张紧，然后打开横梁两端的紧固销轴，用副提升卷扬机将横梁吊下来。

(2) 起重机臂杆加支柱吊装设备　这种吊装方法适用于设备的高度较起重机吊钩提升高度高出较多的情况下。

起重机臂杆可架设单支撑柱或人字支柱及门形支撑架，图3—7为架设人字支柱的示意图。

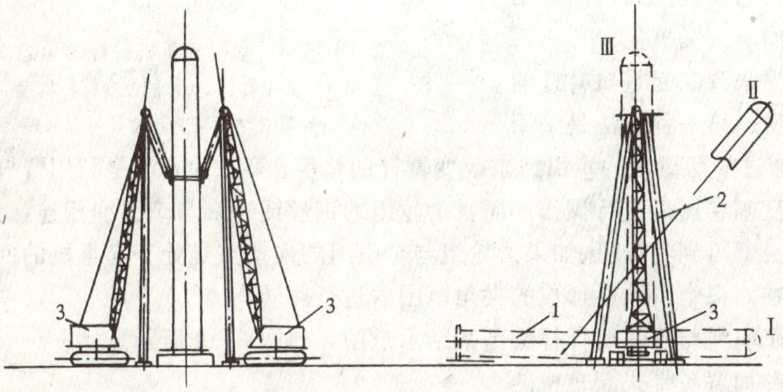

图3—7　起重机加人字支柱吊装设备

1—设备　2—人字支撑杆　3—起重机

两台起重机臂杆架设人字支柱的方法为：

先使其中一台起重机的臂杆放平，将臂杆头靠到一临时支架上，再将人字支架的连接部件紧固在起重机的臂杆头部，然后可用第二台起重机把已装配为人字支架的起重机臂杆吊起，使其臂杆与水平线成35°后，使用其本身的驱动臂杆的装置将臂杆提升起来。

第二台起重机也以同样的方法把人字支柱紧固到臂杆头部，然后用第一台已紧固人字支柱的起重机把它竖直。为保持吊装设备的同心性，人字支架顶上的心轴要对称地紧固在起重机臂杆头部。另外，支架承重时的沉降值不得超过5 mm，可用水平仪进行监测。吊装前，先把起重机上的回转部分制动住，并收紧调节臂杆的滑轮组。

这种吊装方法与起重机加横梁吊装设备的方法相同。但是，滑轮组的倾角（在臂杆所在平面内）在无风载荷情况下，不得超过3°；有条件的现场，可在起重滑轮组的系固端装上应力计，在支柱和臂杆上贴上应变片，随时观察承载情况。

起重机装上支架以后，仍可在安装现场做短距离水平转移。

(3) 起重机臂杆上系挂牵引绳吊装设备　牵引起重机的臂杆是提高起重能力常采用的方法之一。这种方法是用牵引绳来代替臂杆上的滑轮组，牵引绳紧固到远离起重机的锚桩上。此时，臂杆与牵引绳之间的角度较臂杆与臂杆上变幅滑轮组之间的角度大，起重机臂杆上的受力会大大降低，如图3—8所示。另外，牵引绳将减小吊装设备时起重机的倾覆力矩，而且能实现在较大幅度下加大起重机的起重能力。

根据安装现场的施工条件，可以采用下面三种牵引方法：

1)牵引固定的臂杆(见图3—8a)；

2) 牵引能改变幅度的臂杆 (见图3—8b)；

3)牵引能回转并能改变幅度的臂杆 (见图 3—8c)。

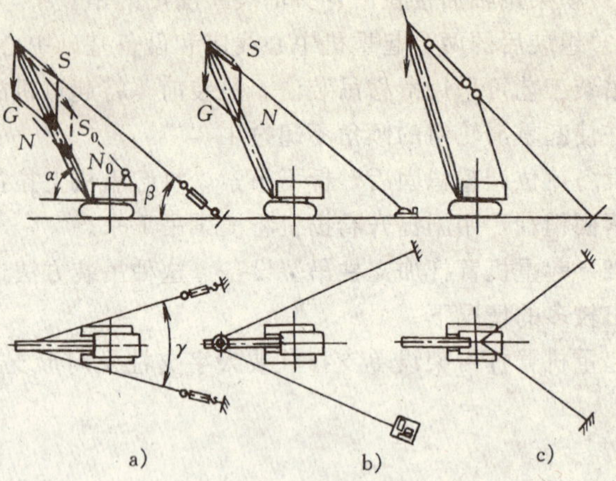

图 3—8　牵引起重机臂杆的示意图

a) 固定臂杆　b) 能改变臂杆幅度

c) 臂杆幅度可变，臂杆可以回转

牵引固定的臂杆吊装方法最简单，所用的附加装置最少。吊装时，臂杆不能移动，和固定的倾斜式桅杆一样，牵引绳可用卷扬机拉紧，然后用松紧螺栓将它固定到锚桩上。

使用牵引绳来改变起重机臂杆的幅度有两种方法：第一种方法是采用卷扬机牵引，通过平衡滑轮的牵引绳来改变臂杆的幅度。第二种方法是利用臂杆上的滑轮组，以起重机上的变幅卷扬机进行操作。而且滑轮组的钢丝绳一端与牵引绳相连，另一端则连到起重机臂杆的头部再到卷扬机。如果滑轮组与牵引绳的连接点是处于起重机的回转轴线上，那么臂杆也可以在两根牵引绳所形成的夹角范围内进行回转。

可变幅的牵引绳与起重机臂杆头部系结示意图，如图 3—9 所示。

(4) 加长并加宽履带式起重机的履带或采用支腿的方法　加长并加宽履带或采用支腿是为了减小倾覆力矩，增大复原力矩，从而提高履带式起重机的稳定性和起重能力。

(5) 后移配重或增加配重的方法　后移配重或增加配重，主要是增加吊装时的复原力矩，从而提高起重能力。使用这种方法时，必须考虑到起重机在非工作载荷情形下，如风载、上下坡等因素的影响。

(6) 加支撑圈起重装置　这种方法是采用支撑圈起重装置和人字臂架起重装置配合使用，如图 3—10 所示。

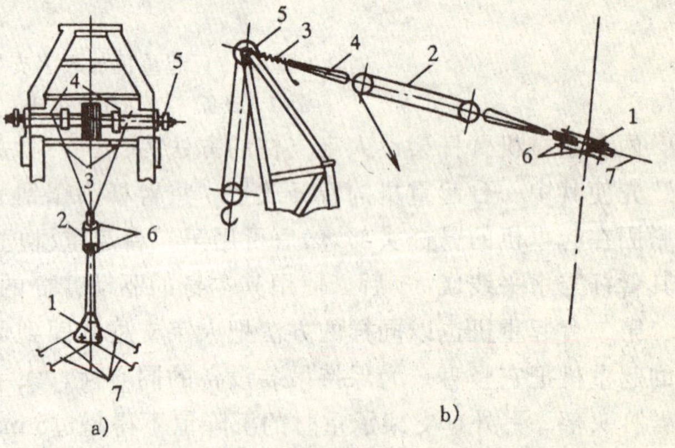

图 3—9　牵引绳(可变幅)与起重机臂杆头部系结示意图

a) 牵引绳系固到起重滑轮组的定滑轮轴上

b) 牵引绳系固到变幅系统的钢索上

1—三角形平衡板　2—牵引滑轮组　3—绳夹

4、5—系固牵引绳及变幅滑轮组的部位　6—平衡滑轮　7—牵引绳

4. 起重机使用中的常见事故分析　起重机常见事故的原因，除设备本身的故障和缺陷外，多数由操作人员和指挥人员的主观因素所造成，归纳起来有以下几点：

(1) 缺乏安全操作知识。各单位对使用起重机的司机和设备安装起重工应进行系统的安全教育，使他们明确自己的责任和合理使用方法，防止在吊物吨位不明、吊具不配套的情况下盲目蛮干，特别是挂钩方法不当、违章斜吊、凑合了事造成的事故。另外，对新工人更应加强安全教育。

(2) 由于违章作业，如非司机开车、超载、吊装作业时，车身未找平、垫实或支撑板因路基不良而下沉等造成事故。

(3) 指挥和操作人员精力不集中，误动作或失误造成事故。

(4) 机械故障。

(5) 由于起重臂倾角太大，变幅绳卡太松，制动器发生故障，均可能造成坠臂与折臂的重大事故。

(6) 因起重机重心较一般汽车高，转弯时，因速度过高而翻车。

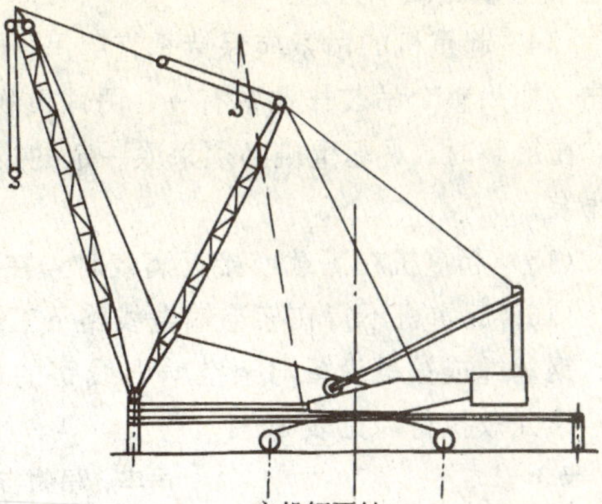

图 3—10　支撑圈起重装置

除以上分析外，因起重机设备情况、使用环境等因素不同，还可能由于其他原因造成事故。但不论何种因素引起，要避免事故，首先要思想上重视，还要有必需的防范措施。既要加强安全生产的思想教育，也要切实制定合理的规章制度，并提高机械完好率，保证安全生产，这样才能使起重机发挥较大的生产效益。

5. 起重机使用的安全注意事项　其内容如下：

(1) 起重作业中要做到“五不吊”：

手势指挥不清不吊；

重量不明不吊；

超载荷不吊；

视线不明不吊；

重心不明或捆绑不牢不吊。

(2) 吊装作业中，起重臂下严禁站人。

(3) 起重机作业现场要有畅通的吊运通道，并与附近的设备、建筑物保持一定的安全距离，不得发生碰撞。

(4) 夜间施工，现场应有足够的照明。

(5) 吊重物时，起重滑轮组应尽量保持铅垂状态，其倾角一般不能超过 $3°\sim4°$。不准在起吊过程中扳动或调整支腿，如必须找平机身时，应先将重物放下。

(6) 不准用起重机去吊拔埋在地下或冻结在地面、设备上的东西。

(7) 吊重物行驶时应平稳起步，旋转时应缓慢，不要急刹车。

(8) 吊起重物后，司机不准离开操纵室；运行中不准维修起重机。

(9) 每工作前进行一次空载试验，并检查起重机和变幅钢丝绳有无缺陷，各部机件是否灵活可靠，限位和报警装置是否灵敏有效。

(10) 遇 6 级以上风时，必须停止作业，并要卸下载荷，把起重臂放在托架上。

(11) 雨天、雪天制动器易失灵，落钩要稳要慢。

(12) 起升卷筒上的钢丝绳，在任何情况下均不得少于 3 圈。

(13) 履带式起重机应尽可能避免吊起重物行驶，若迫不得已时，应将起重臂旋转到与履带平行的方向，缓慢行进，被吊重物离地面不得超过500 mm，且起吊重量应控制在不超过允许起吊重量的 2/3 为宜。

(14) 起重机的吊索应保持垂直起吊，吊钩起落应平稳，在操作中应尽量避免紧急刹车或冲击。如果整个吊装作业中有一、两件重物超重 15%左右，而且另修改方案又不划算的情况下，在吊装时，对起重机必须采取一定的技术措施（如加配重或在起重臂上加牵引绳等），方可吊装。

(15) 起重机在满载或接近满载时，在指挥和操作上应禁止同时做两种机械动作。

(16) 起重机不得在架空输电线路下工作，在架空线路一侧工作时，不论何种情况，起重臂、钢丝绳或被吊设备与架空输电线路的最近距离应按原劳动部颁发的《机械安全管理规程》第九条执行，见表 3—1。

表 3—1　　吊车、吊物与输电线路的距离规定

输电线路电压	1 kV 以下	1～20 kV	35～110 kV	154 kV	220 kV
允许距输电线路最近距离	1.5 m	2 m	4 m	5 m	6 m

(17) 如果起重臂或吊物不慎碰到高压线时，司机首先应尽快脱开电源，若无法脱开，司机也不能惊慌失措而跳下地面。其次，现场施工人员应把危险区围好，且尽快通知有关部门切断电源；如果现场无人，驾驶员应沉着，先关好一切操纵开关，双脚并拢跳下（不能跨步行走），跳离危险区。

(18) 起重机满载时，应控制回转范围，一般要求是不宜超过 90°。

(19) 起重机应尽量避免在倾斜的场地上吊起重物旋转。起重机停妥后，其支脚应垫实，允许斜度不得大于 3°。

(20) 起重机在沟边、坡边作业时，应与坑坡边沿保持必要的安全距离，一般要求为坑深的 1.1～1.2 倍。以防因塌方而使起重机倾覆。

二、两台桥式起重机吊装设备

1. 桥式起重机的结构类型及性能　一般桥式起重机主要由吊车大梁、横梁、行走机构、小车、起吊机构和驾驶室等组成。

根据驱动方式的不同，桥式起重机分为手动和电动两类。

手动桥式起重机的提升机构采用手拉葫芦，小车和大车运行机构用曳引链人力驱动，这种起重机用于起重量不大或无电源的情况。

电动单梁起重机用于50 kN以内的起重量，它通常采用地面操纵。跨度小于10 m，可用工字梁作为主梁；跨度较大时常制成桁架梁。

起重量50 kN以上采用电动双梁桥式起重机，双梁桥式起重机的主梁多采用箱形梁，它有适当的横向刚性。电动双梁桥式起重机的工作速度较高，通常大车运行速度为 90～120 m/min，小车运行速度为 35～50 m/min。

桥式起重机是用于机器制造、加工、维修车间理想的起重机械，它运行及吊装灵活，操作方便，吊装视野较好，吊装作业平稳，常用于组装或维修安装要求较高的设备。

桥式起重机的主要性能参数有：起重量、跨度、总重、小车重及桥式起重机的外形尺寸。常见的桥式起重机性能见表 3—2。

桥式起重机可以用来吊装中小型设备，以及在大型设备安装时吊装组合件和部件等。

桥式起重机除单独使用外，还可将两台起重机联合使用。

表 3—2　　桥式起重机性能

形式	起重量(kN)		跨度(m)	起升高度(m)	重量(kN)				最大宽度(m)
					中级工作制		重级工作制		
	主钩	副钩			小车	总重	小车	总重	
单梁	160	30	19.5 31.5	12	60.2 61.3	214 315.6	65.4 66.5	223.4 325.3	5.8 6
	200	50	19.5 31.5	12	66.5 66.6	235.5 339	72.9 73.01	249 350.2	5.8 6
	320	80	19.5 31.5	12	107 107	286 403.4	113.6	294 411.4	6.3
	500	125	19.5 31.5	12	143	376.4 530.8	148	382.9 538.2	6.72 6.9
双梁	150	30	19.5 31.5	16	73.2	285 432	80	311 463	5.6 6.2
	300	50	19.5 31.5	14	98.8	353 536	128.5	404 561	5.9 6.2
	500	100	19.5 31.5	14	165.3	485 679	169.2	503 696	6.5
	1 000	200	19 31	20	350	1 050 1 450	—	—	8.8
	1 500	300	19 31	26	500	1 500 1 950	—	—	10.4
	2 500	300	22 31	18	680	1 850 2 500	—	—	10.4

2. 两台桥式起重机联合吊运一台设备　当被吊运设备重量超过一台桥式起重机的起重量时，经常采用两台桥式起重机，用平衡梁同时吊运设备的方法。但此时必须满足两个条件：

(1) 被吊运物体的重量与平衡梁重量之和必须小于或等于两台起重机的起重量之和，即

$$G+G_0 \leqslant G_1+G_2 \quad (3\text{—}3)$$

式中 G——被吊运设备的重量，kN；

G_0——平衡梁的重量，kN；

G_1、G_2——两台起重机的额定起重量，kN。

(2) 平衡梁要经过计算，必须具有足够的强度和刚度，以便通过平衡梁把载荷合理地分配给两台桥式起重机，确保吊运工作安全可靠。如果吊运物体的长度超过两台桥式起重机吊钩之间应有的距离（包括两台起重机的间距）时，则可不用平衡梁，用吊索直接挂钩起吊。

根据吊运设备的重量及吊索设置选用钢丝绳规格和平衡梁的规格等吊运工具。

吊点位置的确定：

(1) 当两台起重机起重量相等时，即 $G_1=G_2$，若采用单吊点，则吊点应选在平衡梁中点处，如图 3—11 所示。

若采用双吊点，则吊点应在平衡梁上对称布置，如图 3—12 所示。

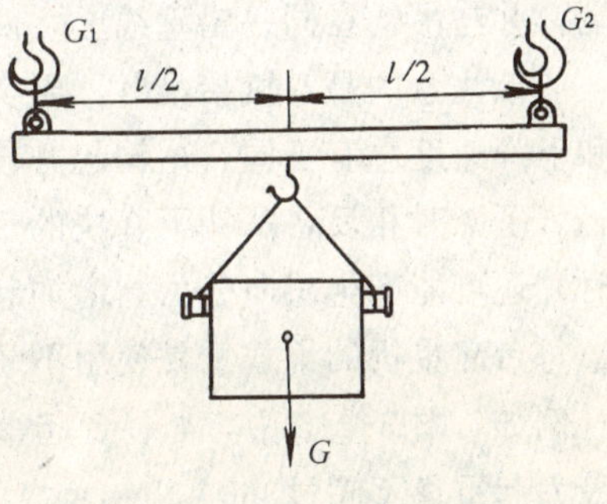

图 3—11　两台起重机起重量相等时单点起吊

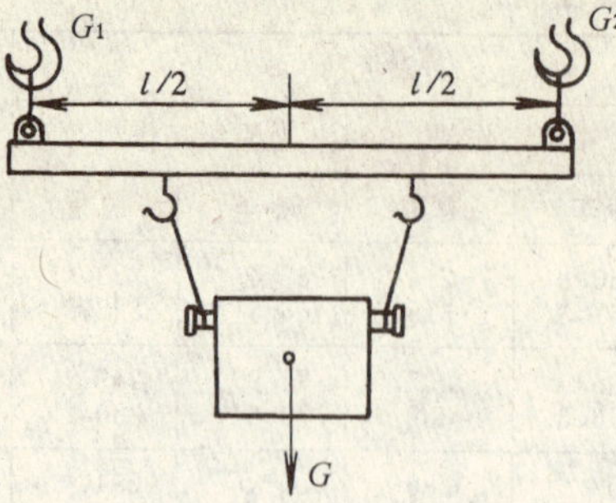

图 3—12 两台起重机起重量相等时双点起吊

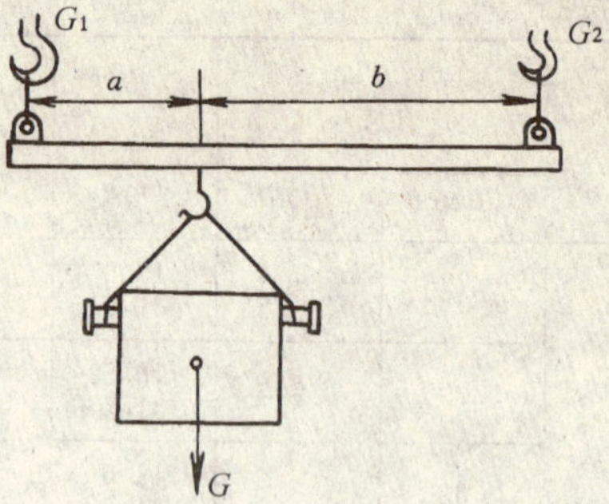

图 3—13 两台起重机起重量不等时单点起吊

(2) 当两台起重机起重量不相等时，若采用单吊点，如图 3—13 所示。则吊点应选在：

$$a=\frac{G_2l}{G} \quad 或 \quad b=\frac{G_1l}{G} \tag{3—4}$$

若采用双吊点，则两吊点中心位置 O 点如图 3—14 所示。

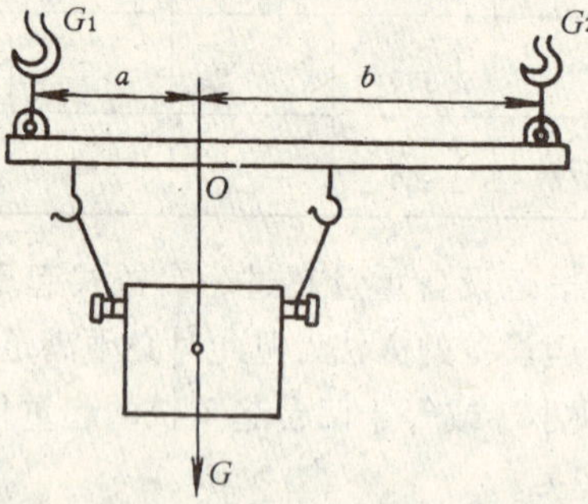

图 3—14 两台起重机起重量不等时双点起吊

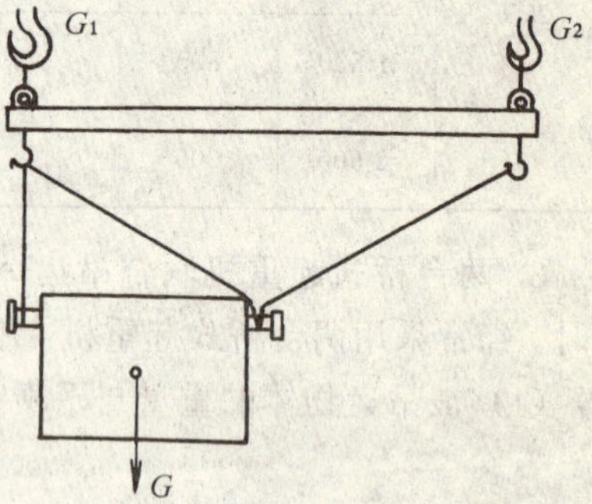

图 3—15 两台起重机起重量不等时三点起吊

图 3—14 中 O 点选在：$a=G_2l/G$ 或 $b=G_1l/G$，而两吊点应与 O 点等距。

若采用 3 个吊点，即用撑杆组成的抬吊工具，如图 3—15 所示。此时吊点应选在撑杆的两端，并与吊钩在同一铅垂线上，两台起重机的负重与设备重心到两钩的距离成反比。

应该注意的是双机抬吊时，要实现两机绝对的同步是不可能的，因为两台起重机吊钩起升和下降速度总有不同，吊钩起升较快的起重机负荷比较重，吊钩起升较慢的起重机负荷比较轻。下降时相反，吊钩下降快的负荷较轻，吊钩下降慢的负荷较重。此外，在双机抬吊设备时，还可能产生斜向分力，增加起重机的负荷。因此，为了保证吊运的安全，在双机抬吊时，每台起重机的承载量常使用不超过单机吊装时允许起重量的 90%。

例如，图 3—15 中，如一台起重量 $G_1=300$ kN和一台起重量 $G_2=100$ kN的桥式起重机，其最大起重量不超过360 kN。

操作注意事项：

(1) 起吊前要严格检查两台起重机的机械和电气部分，重点检查吊钩、钢丝绳卸扣和设备绑扎是否牢靠等。

(2) 在统一信号由专人指挥下，按吊运工艺规程进行试吊，要保证两台起重机协调和同步。平衡梁（或撑杆）必须保持水平，起重钢丝绳必须保证垂直，不准斜吊。

(3) 起重工指挥起重机司机，使起重机的任何机构均在低速下工作，以便于控制，确保协调，并要使起重机司机在同一时刻开动一种机构，不准同时开动两种机构。

(4) 在试吊时，若发现有设备绑扎不妥、平衡梁（或撑杆）不在水平位置等不稳定因素，应立即进行调整，待确认机械、电气、结构没有任何问题后，方可进行正式起吊。

(5) 在吊运过程中，为减小设备摆动，要使两台起重机吊钩两点连线与桥式起重机大车行走方向一致。

(6) 到达指定地点后，两台起重机在制动时力求平稳，不允许突然制动，防止设备在空中摆动。待设备平稳落地后，卸下捆绑设备的吊索，再将平衡梁落地。

三、多台桅杆协吊设备

多台桅杆组合吊装设备，在安装企业是极其普遍的施工方法，其机械化程度较低，一般不能同时完成空间3个方向的任意移动，大多数情况下仅能在一个垂直平面内移动。桅杆吊装设备的工艺有其独特的施工长处，主要是因地制宜，不受场地限制，且具有较大的吊装能力。设备安装起重工一般很熟悉桅杆吊装方法，有较成熟的经验。但是，用桅杆吊装，准备工作时间较长，消耗劳动力较多，特别是大型超重件的吊装。从桅杆脚基础的处理、桅杆的组对竖立、缆风绳的布置、吊具的设置到卷扬机、地锚等的设置，都要消耗较多的人力。

目前，因国内安装企业机械化配备能力较低，更主要的是国内一些技改、扩建工程现场条件的限制，在缺乏大吨位起重机械的情况下，桅杆吊装仍被普遍采用，且其吊装工艺在不断完善，新的工艺也在出现，所以，桅杆吊装法仍发挥着较大的潜力。

桅杆吊装要求工人的技术熟练程度较高，要熟练掌握各种桅杆使用方法，以及各种不同场合下组合桅杆的吊装方法。

1. 桅杆的竖立、移动和放倒　竖立桅杆可采用辅助桅杆的方法来竖立，也可采用自行式起重机或利用结构架来竖立。竖立桅杆的操作方法见本书第五章第三节中的内容。

利用自行式起重机（如履带式起重机、汽车式起重机等）竖立桅杆，操作简单，作业效率高。当起重机臂杆足够长时，按图5—37方法竖立；当臂杆比较短时，按图5—38方法竖立。

利用自行式起重机竖立桅杆注意事项：

(1) 选择起重机时，要充分满足被起吊桅杆高度和重量的要求，并要注意作业现场是否有影响起重机作业的障碍物，如屋架等。

(2) 放置桅杆底座时，应对准导向滑轮的方向。

(3) 桅杆就位时，应准确地落于桅杆底座的中心。

另外，如用已安装好的金属构件安装，起重滑轮组应系固到能承力的构件上，并应进行受力计算，确保安全。

桅杆竖立就位或吊装一个设备后将桅杆移到新的位置，都需要在竖立状态下水平移动。桅杆水平移动的方法较简单，但操作要求较高，一般采用间歇移动和连续移动两种方式。

(1) 间歇移动　在桅杆底部后方设有一套止推索具，前方设一套牵引索具。桅杆前后缆风绳一般用卷扬机控制，见图3—16。

1) 间歇移动时操作步骤：

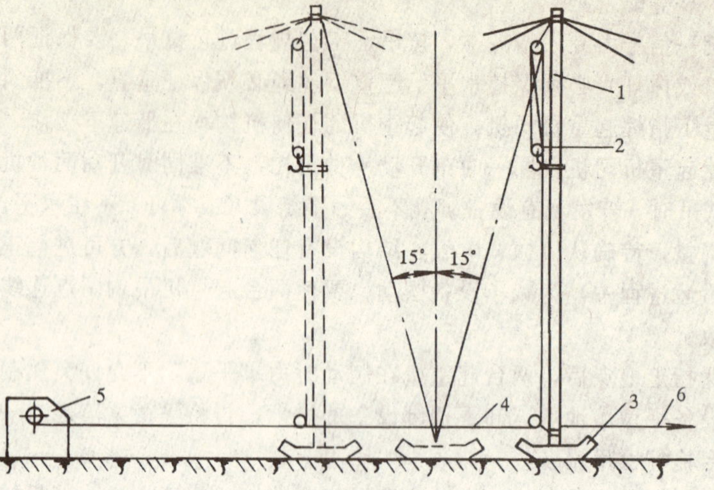

图 3—16　桅杆间歇移动方法

1—桅杆　2—滑轮组　3—拖架　4—止推索具　5—卷扬机　6—牵引索具

①先逐渐放松止推索具，相应收缩牵引索具，桅杆底脚就向前移动，使桅杆倾斜 10°～15°为止。

②放松桅杆后方缆风绳，相应收缩前方缆风绳，使桅杆向前倾斜到 10°～15°为止。

③再放松止推索具，同样应收缩牵引索具，使桅杆达到直立位置后，继续放松止推索具，相应收缩牵引索具，使桅杆向后倾斜 10°～15°为止，如此循环进行，直至桅杆移动到预定的位置。

2）间歇移动桅杆注意事项：

①要特别注意桅杆前方的缆风绳在桅杆向后倾斜时受力很大。

②桅杆底部后方必须设有一套止推索具。

③桅杆在移动过程中要分步动作，不要连续进行。

(2) 连续移动　在桅杆底脚下安设行走装置，底脚前方设一套牵引索具，桅杆前、后方的缆风绳一般用卷扬机控制，见图 3—17。

1）连续移动法操作步骤：开始移动时，先放松桅杆后方的缆风绳，相应收紧前方的缆风绳，使桅杆倾斜 3°～5°时，桅杆底部前方牵引索具可以同时动作，使桅杆保持在向前倾斜 3°～5°的状态中移动，直至移到预定位置。

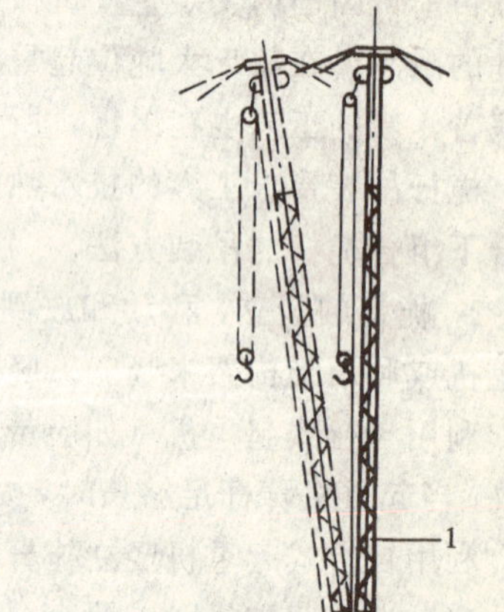

图 3—17　桅杆连续移动方法

1—桅杆　2—行走装置　3—牵引索具

2）连续移动法优点：省掉桅杆底部后方的止推索具，并可连续动作。

起重工作结束后，需放倒桅杆。放倒桅杆的顺序大致与竖立桅杆相反。如是双桅杆，则第一根桅杆用第二根桅杆放倒。动滑轮组一般固定在第一根桅杆的 2/3 高度处。桅杆底部加固封绳以防滑动。在放倒第一根桅杆的过程中，应注意避免两根桅杆的缆风绳相交而增加钢丝绳的磨损或钢丝绳被卡住。

放倒第二根桅杆时，可以利用竖立的辅助桅杆，但应尽量利用已经吊装好的设备和钢结构等。利用设备和钢结构放倒桅杆时，对被利用的设备和钢结构顶部加设 2～3 根缆风绳，以保证其稳定性，不使设备和钢结构的地脚螺栓受力。在放倒过程中，滑轮组和设备的夹角应尽量小，以减小设备的倾倒力矩，还要注意放倒的桅杆不要和已装好的机械设备碰撞。

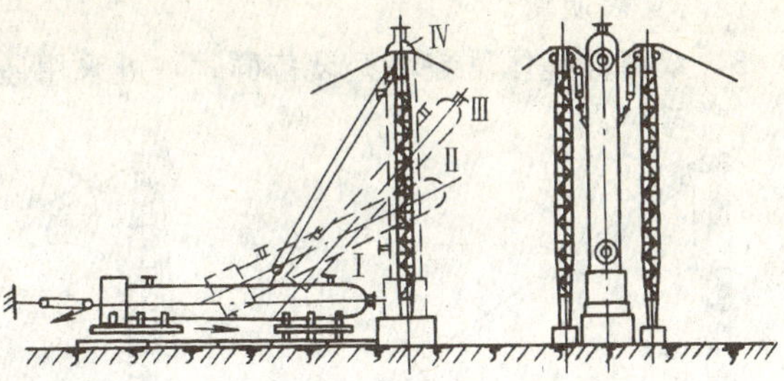

图 3—18　双桅杆滑移法吊装塔类设备

2. 双桅杆吊装设备　双桅杆吊装设备是安装工地常用的吊装方法。

（1）双桅杆滑移法吊装设备　双桅杆滑移法吊装设备是桅杆吊装中的典型吊装工艺，它适用于吊装重量、高度和直径等都较大的立式静置设备，如图 3—18 所示。

双桅杆滑移法起吊时，每根桅杆可用一台或两台卷扬机牵引，塔裙座处设置一套溜放滑轮组和卷扬机，防止塔体向前移动速度过大而造成塔体与基础的碰撞，还可设置一套底排向前驱动的牵引滑轮组和卷扬机，以调整起重滑轮组的夹角。

起吊时，应保证塔体平稳地上升，不得有摆动及滑轮卡阻和钢丝绳扭转等现象。为了防止塔体左右摆动，可先在塔顶两侧拴好控制绳索来控制。

在起吊过程中，应检查桅杆、拉索、地锚等工作情况，特别注意地锚有无松动情况产生。另外，注意桅杆底部导向滑轮不要因受水平拉力的作用而带着桅杆向前移动。

在整个吊装过程中，几台卷扬机司机要听从统一指挥，操作时互相协调，以便吊装作业安全、顺利地完成。

（2）双桅杆抬吊法使用特点

1）两根等高桅杆的中心到基础中心的距离应保持等距，否则在吊装中两桅杆的受力不相等。

2）在吊装过程中，桅杆和索具的受力随设备提升角度的变化而变化。

3）使用双抽头的滑轮组时，卷扬机启动和停车的不同步，会改变索具的受力。

4）用双桅杆分段抬吊塔类设备时，常用顺装法和倒装法，如图 3—19 和图 3—20 所示。

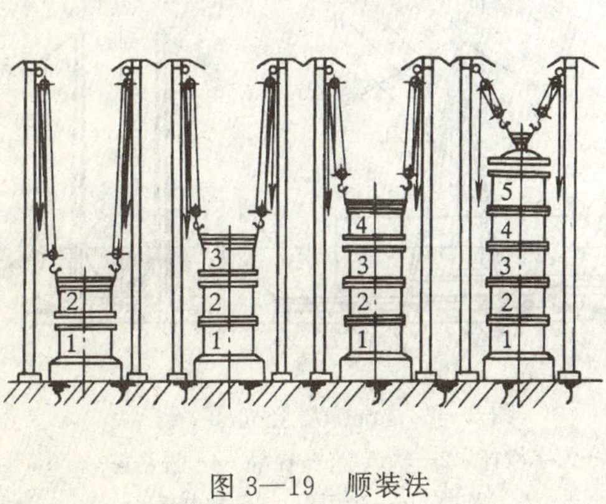
图 3—19　顺装法

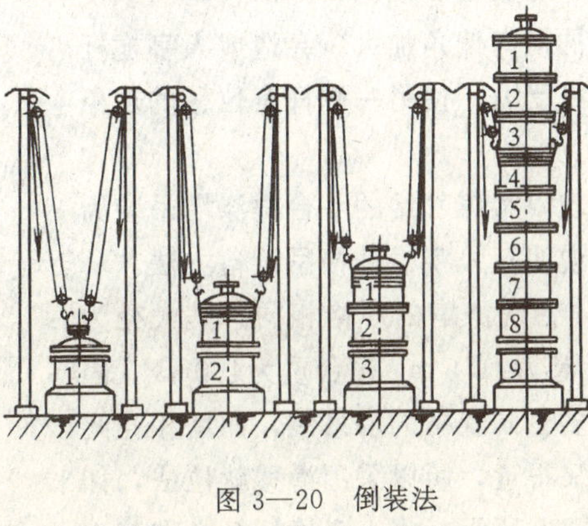
图 3—20　倒装法

顺装法要求桅杆高度超过塔体总高，总的吊装吨位很大。

倒装法的桅杆高度可低于塔体，但要求桅杆的起重量较顺装法大得多，它可减少高空作业，提高安装质量。

5）双桅杆整体吊装小型设备群时，可采用递夺吊装法，如图 3—21 所示。

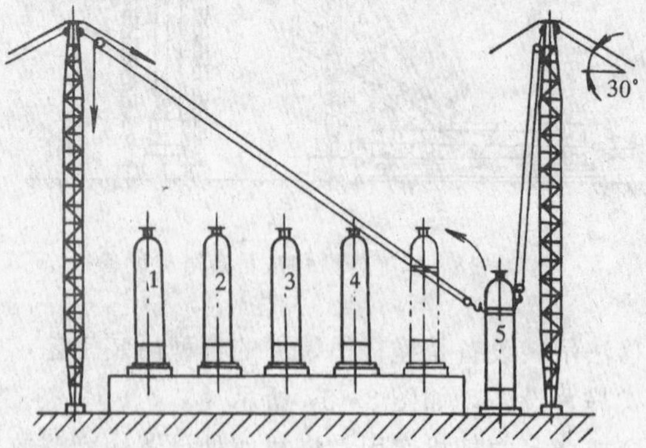

图 3—21　双桅杆递夺吊装法

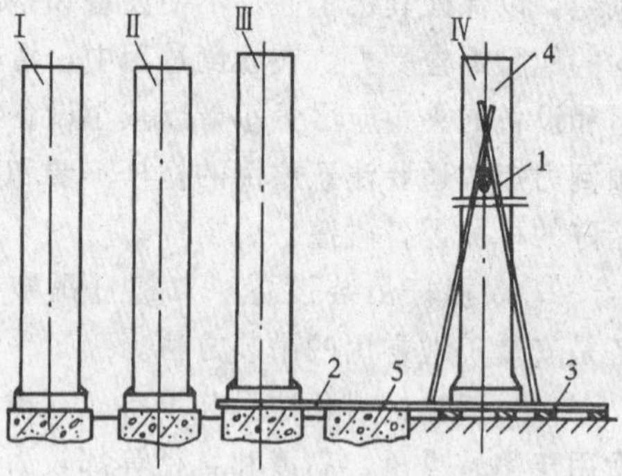

图 3—22　4 台洗涤塔滑移就位示意图

Ⅰ、Ⅱ—就位　Ⅲ—准备就位

Ⅳ—准备滑移

1—人字桅杆　2—轨道　3—枕木

4—洗涤塔　5—基础

双桅杆递夺法适用于安装中小型设备群。双桅杆整体递夺法需在设备群的基础两侧竖立两根桅杆，在起吊时，先将设备升高到一定高度，然后将一根桅杆上的滑轮组收紧，而另一根桅杆上的滑轮组放松，两滑轮组的动作应协调一致，这样一边收一边放，便可将设备在空中递夺到指定的基础上去。凡是在两根桅杆之间的所有设备都可以用此方法依次被吊装就位，而不必移动起重桅杆。

双桅杆吊装设备，除上述方面之外，还有双桅杆扳倒法整体吊装塔类等重型设备等，其吊装原理与前面介绍的用辅助桅杆竖立桅杆的原理相似。

3. 双人字桅杆抬吊物件　用两副人字桅杆吊装设备比较稳定，可抬吊重而高的设备。双人字桅杆抬吊设备方法与双桅杆（两副独脚桅杆）的抬吊设备方法是相似的。但是，双人字桅杆的吊装滑轮组的横向偏角是一个小角度，一般在 2°以内，如滑移牵引致使桅杆的横向偏角加大，会造成人字桅杆单侧杆受力，使另一侧杆有位移的现象发生。

现以某煤气站的 4 台洗涤塔吊装为例，说明双人字桅杆抬吊设备方法。

4 台洗涤塔的规格相同，其大径为 4 m，高为21.5 m，每台重为480 kN。因为是多台同规格的塔吊装，而塔相互间距离又很近，所以采用滑移就位法，如图 3—22 所示。将人字桅杆竖立在基础

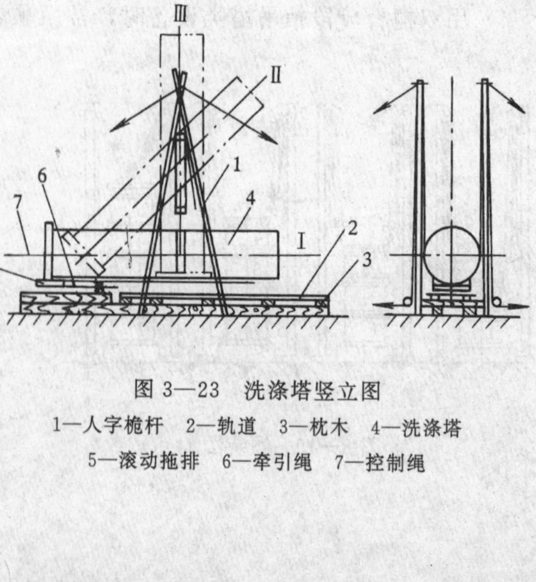

图 3—23　洗涤塔竖立图

1—人字桅杆　2—轨道　3—枕木　4—洗涤塔

5—滚动拖排　6—牵引绳　7—控制绳

场地之外，各台洗涤塔均在同向位置吊装，沿着铺设的轨道滑移就位。

洗涤塔的竖立使用直立双人字桅杆吊装法，如图 3—23 所示。先将洗涤塔运到两副人字桅杆中间，使捆绑塔体的绳扣部位在两人字桅杆中心。注意在捆绳扣处的塔外壳内圈，用枕木或钢管加固支撑，以免外壳变形。在洗涤塔的底部垫上一副滚动拖排，并在排子上系牵引绳，底部还应拴上控制绳（溜尾绳）。在起吊时，排子牵引绳随着塔体边滑起边牵引，力求保持起重滑轮组处于铅垂状态。当塔体将要立直时，会产生向前摆动，这时使用底部系的溜尾绳随着塔体的立直而逐步放出。

洗涤塔竖立后，再滑移到基础上。滑移前，塔体顶部应拴临时缆风绳，每根绳应派专人看管，防止塔倾倒。在塔底部用两个手拉葫芦对调中心，然后用千斤顶起升，抽出轨道，将塔落到基础上，再用同样方法调整标高和垂直度等。

另外，双人字桅杆也经常用来架设预制梁桥。下面简要介绍其架设方法：

在桥梁工程施工中，装配式钢筋混凝土、预应力混凝土预制梁的吊装，广泛采用的是利用双人字桅杆悬吊法（吊鱼法）和人字桅杆托梁法。

(1) 双人字桅杆悬吊（吊鱼）架设法　如图 3—24 所示。

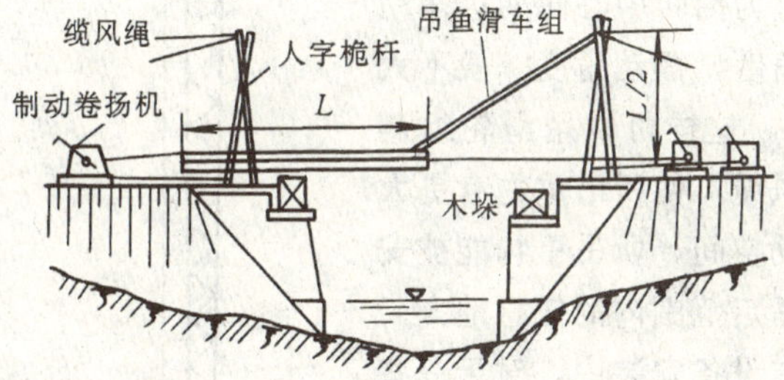

图 3—24　双人字桅杆悬吊架设法

两副人字桅杆中，一副为吊鱼滑车组，用以牵引预制梁悬吊拖曳，同时另一卷扬机则牵引前进，梁的尾端设有对岸制动卷扬机起锚绳配合作用。而另一副人字桅杆的主要用途是，当预制梁吊装就位时，吊起梁，抽离木垛，便于落梁就位，加快吊装速度。

(2) 双人字桅杆托梁架设法

双人字桅杆托梁架设法，除人字桅杆为主的起吊设备外，尚须配置托梁，以引导预制梁推进，如图 3—25 所示。

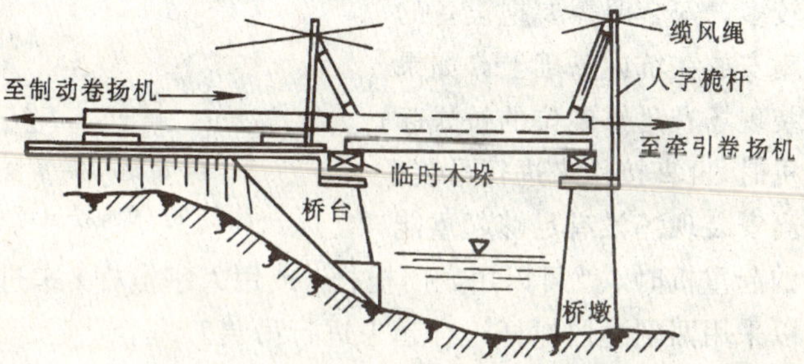

图 3—25　双人字桅杆托梁架设法

其吊装步骤：在桥梁墩台之间，先以吊点法悬吊托梁（跨度不大时可用方木梁，跨度较大时，可用工字钢梁），然后利用拖板滚筒，通过牵引卷扬机将预制梁拖移至托梁之上的架梁位置，最后由两副人字桅杆吊起预制梁，同时移去托梁，再落梁就位。

(3) 用人字桅杆架梁的注意要点

1) 采用“吊鱼”方法时，对预制梁前吊点的负弯矩，应事先进行核算，以便掌握其允许的最大外悬长度，从而不致发生事故。

2) 人字桅杆的设置，须在吊装前作周密检查；钢丝绳所连接的卷扬机，锚碇必须坚实可靠；其绑扎于人字桅杆的导向滑轮应在桅杆根脚部，并使该滑轮的钩头向下方钩牢。

3) 在吊装过程中，前桅杆的后缆风绳受力最大，须随时注意防止松动，以免发生危险。

4）预制梁的埋设件，须有足够的强度，吊环须顺受力方向埋设。

5）梁身悬出桥孔以后，须注意保持稳定，前桅杆上的吊鱼滑轮组要始终保持悬吊中的架设梁前端不下垂，牵引卷扬机也须密切配合拖拉速度，而制动卷扬机的卷扬放松，更应相应紧密协作，为此要特别注意统一指挥，统一行动。

4. 龙门桅杆吊装设备　龙门桅杆主要由两副独脚桅杆（金属管式或格构式桅杆）加上横梁组成。在横梁上安装起重滑轮组或电动葫芦。在两副独脚桅杆顶部系有缆风绳，用以固定龙门桅杆。龙门桅杆的构造如图 3—26 所示。

龙门桅杆的主要特点是起重量大，工作稳定，有较大的灵活性，吊装的重物除可以在两副独脚桅杆组成的平面内任意移动外，而且门架还可以以其底座为回转中心向两边摆动一小角度，摆动角度一般不大于 10°，这样可以用滑轮组调节缆风绳，使所吊重物有更大的活动空间，所吊重物能被安放在一定范围内的任意地方。

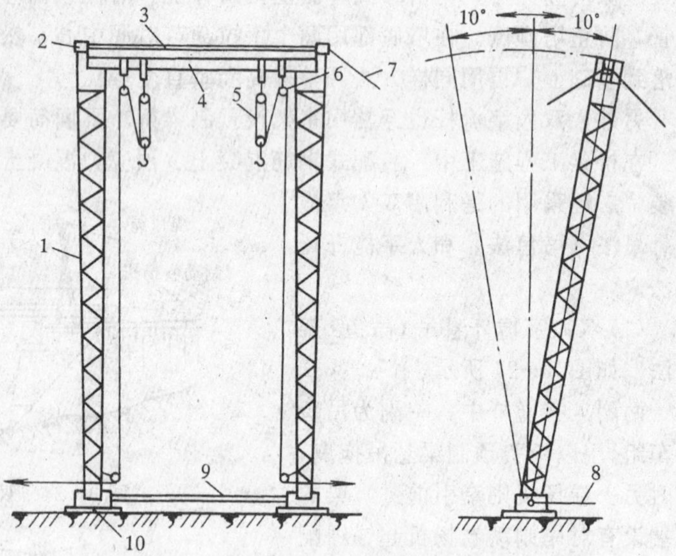

图 3—26　龙门桅杆构造图

1—桅杆　2—缆风绳　3—平缆风（刚性连接）绳
4—横梁　5—滑轮组　6—导向滑轮　7—斜缆风绳
8—横向缆风绳　9—底座连接装置　10—底座

在设备安装中，对于一些大型或重型设备，其基础在坑内较多，安装时需要把设备的底座安放在坑内基础上，如果安装现场有足够吨位的桥式起重机时，可直接用来进行吊装。但当安装现场没有足够起重能力的起重机时，就可以用龙门桅杆（或用人字桅杆）来进行吊装。对于比较重而长的重物，还可以采用两副龙门桅杆组合起来进行吊装。

在车间内架设龙门桅杆，适合于吊一些位置较低、重量较重的设备，由于搭设的龙门桅杆低于车间内的桥式起重机的运行高度，故不妨碍桥式起重机的吊运工作。

5. 缆索起重机吊装物件　缆索起重机的构造见第二章的图 2—19。

缆索起重机的缆索两端系于两独脚桅杆上，并可设在场地以外，而使缆索从高空跨越工作范围，对操作场地不受任何限制。

缆索起重机在起重能力为50 kN以下的，可供少层住宅建筑、新建和改建现有工厂车间，以及各种仓库采用。起重能力大于50 kN的缆索起重机可用来安装大型车间的结构物，以及在水工建筑中使用。

此外，在桥梁架设安装方面，也日益广泛采用缆索起重机进行无支架吊装施工和在空中跨越铁路、深谷、急流、道路运输材料等工作。

缆索起重机一般是单独地为某一固定的工地制成，因为它的结构和工作条件决定于它所服务工地的轮廓尺寸和性质。

起重能力不大的轻型缆索起重机的结构，一般可由现成的标准构件（钢丝绳、卷扬机、滑轮及滑轮组）及普通构件（小车、锚碇、桅杆等）来组成，所以施工单位现有工具即可制作安装。

某一工地架设低层建筑的缆索吊装，如图 3—27 所示。

缆索起重机的安装方法如下：

(1)首先要设置立柱基础、主、侧缆风绳地锚以及安装卷扬机机构。立柱基础和地锚的规格尺寸须经过计算，满足它们在吊装时的受力要求。

(2) 在安装位置上装配立柱，立柱的下端要予以固定，防止立柱在起吊直立过程中发生滑移。立柱的顶端要绑结好主、侧缆风绳。

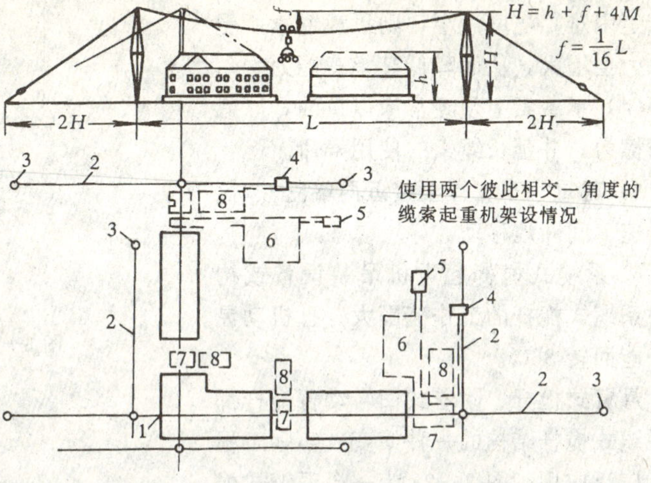

图 3—27　架设低层建筑的缆索吊装图

1—缆索起重机　2—缆风绳　3—地锚　4—卷扬机

5—卸运料容器的台架　6—备运料容器场

7—堆料场　8—材料接收场

(3) 用扳倒法扳转竖起立柱，辅助桅杆高度约为立柱高度的 1/2 左右。当立柱扳转到 60°～70°时，收紧立柱主缆风绳，用主缆风绳扳转立柱使其直立。在立柱将立直时，将侧缆风绳收紧，防止立柱后倾。

(4) 安装立柱的承重缆索、起重小车及牵引索。承重缆索松紧程度要适宜，其下挠度应为跨距的 1/15～1/20。起重小车常用双轮和四轮式的。起重小车上悬挂的起重滑轮组的走绳有两种穿设方法，一种是走绳在滑轮组中穿绕后，一端固定在滑轮组上，另一端由定滑轮引出，经过一侧立柱上的导向滑轮缠绕到卷扬机上；另一种是走绳在滑轮组中穿绕后，两端分别通向两侧立柱，一端在立柱上固定，另一端经另一立柱的导向滑轮缠在卷扬机上。前者在重物吊到空中后，当开动牵引卷扬机移动小车位置时，也要同时配合开动起重卷扬机收紧或放松起重绳索，以保持重物和起重小车间的距离不变。而后者在起重小车移动时，不用开动起重卷扬机和调整起重走绳，重物和起重小车间的距离也会保持不变。所以，在选择跨度较大的缆索起重机时，常采用第二种穿设方法，如图 2—19 所示。

牵引索绑结在起重小车的两侧，分别引向两边的立柱，其中有一根绕过立柱上的导向滑轮反过来又引向对面的立柱，即两根牵引索最后从同一根立柱上引下来，当立柱间距不大时，有时还可以将两根牵引索从正反两个方向缠到同一卷扬机的卷筒上，分别在卷筒两端排绳，当开动卷扬机后恰好一根收紧，一根放松，同步进行。也可以缠绕到不同卷扬机上，但移动小车时要注意放绳的卷扬机总要比牵引卷扬机提前动作。

缆索起重机使用注意事项：

(1) 使用前必须检查各部件是否有磨损，转动是否灵活，润滑是否良好。初设置的缆索起重机要做超负荷 10%的试验后，方可使用。

(2) 不允许同时进行重物的提升和水平移动。

（3）承载缆索应有调节其挠度的拉紧装置。若承载缆索在两根以上，还须装设平衡轮，以便及时自行调整两根（n根）缆索的松紧程度。承载缆索挠度一般应为跨距的1/15～1/20。挠度过大会造成起重小车行走困难；挠度过小，则承载缆索所受的拉力会增大，从而降低其承载能力。

（4）承载索上须经常涂以黄油，以减少摩擦力，并延长绳索的使用寿命。

（5）起重小车在行至接近两端立柱时，要低速、间断地移动。

6. 系缆式桅杆起重机吊装设备或构件　系缆式桅杆的工作范围大，且机动灵活，能回转360°。

悬臂式桅杆、附着式回转动臂桅杆都是系缆式桅杆结构的一种演变，实际工程中已广泛应用。图3—28为一台系缆式桅杆吊装4台100 kN冲天炉。系缆式桅杆立于4台冲天炉中间柱头上，桅杆长度应满足吊装4台冲天炉全部构件的要求。

吊装方法采用分段组装法。吊装前，应预先掀开一台冲天炉上的屋面板，使掀开洞口的外径大于火星扑灭器的外径即可，然后将4台冲天炉的火星扑灭器都从这个洞口吊到屋面板上去，对号摆好。待各台炉底、炉身吊装完后，即可逐台吊装火星扑灭器。在吊装密集设备群且构件较多的情况下，使用系缆式桅杆吊装是有利的，能充分发挥此种桅杆的特长。

7. 多桅杆组合吊装大型网架　大型网架可用多副独脚桅杆进行整体吊装。图3—29为用4副桅杆整体吊装某体育馆网架布置图。

某体育馆网架平面外形为长方八角形，长度为88.6 m，宽度为76.8 m，重量为3600 kN，柱顶标高为23.47 m。该网架拼装时，向北错位1.4 m，将网架吊过柱顶后，需要向南空中移位1.4 m。

使用多副桅杆吊装网架的空中移位

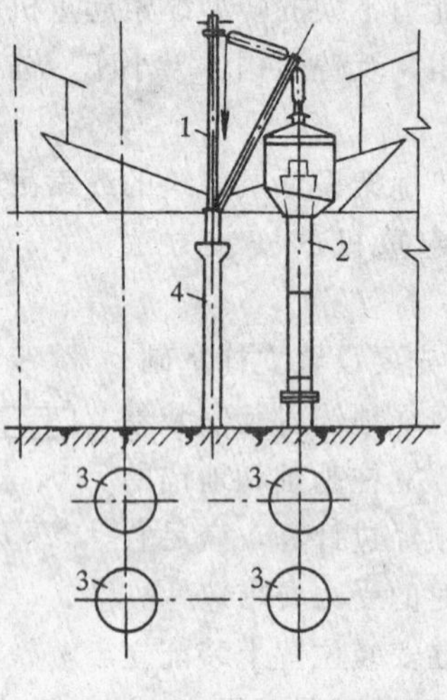

图3—28　柱头上立系缆式桅杆吊装设备
1—系缆式桅杆　2—冲天炉
3—基础　4—柱头

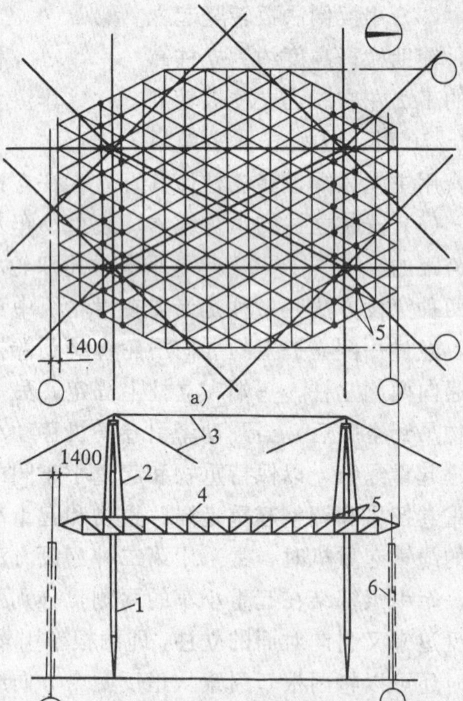

图3—29　四副独脚桅杆抬吊某体育馆网架布置图
a）平面图　b）剖面图
1—独脚桅杆　2—吊索　3—缆风绳
4—网架　5—吊点（每副桅杆8个）　6—柱子

(或旋转)的原理,是利用每副桅杆两侧起重滑轮组所产生的水平分力不等而推动网架移动的。

用4副独脚桅杆吊装网架，提升开始时，每副桅杆两侧的起重滑轮组与水平线的夹角相等，起重滑轮组的水平分力也相等，起吊中，如果各卷扬的速度一致，网架便平稳上升，在水平面上则不会发生位移或旋转。当把网架提升到高出柱顶一段距离后，同时放松各桅杆左侧的起重滑轮组（右侧的起重滑轮组保持不动），则该侧滑轮组松弛，拉力变小，因而其水平分力也变小，网架便向左移动，直至每副桅杆两侧滑轮组的水平分力相等为止。

多桅杆协吊设备或构件，其操作同步性要求更高，难度更大。为保证多桅杆协吊顺利进行，应做到4个一致：

(1) 各起重卷扬机的规格（包括卷筒直径、长度和转速）应一致。

(2) 起重钢丝绳的规格应一致。

(3) 起吊前起重钢丝绳的收紧程度及其在卷筒上的预留圈数应一致。

(4) 操作人员的操作步调应一致。

8. 使用桅杆的注意事项　使用桅杆的注意事项如下：

(1) 桅杆使用形式不同，受力情况也较复杂，须进行力的分析并进行核算。

(2) 桅杆的高度要计算好，防止因吊高达不到，设备吊不到位，造成返工。

(3) 桅杆的基础应平整坚实，不积水。

(4) 使用桅杆前应进行桅杆各部分的全面检查，桅杆的各部分构件、连接螺栓等均应符合标准，如有不妥应及时修理，否则不准使用。

(5) 卷扬机至桅杆底座处导向滑轮的距离应大于桅杆高度，如受场地限制时，其距离也不能小于8 m。

(6) 吊装设备时，要预先试吊，并确认各部分良好时，方能正式起吊。

(7) 缆风绳与桅杆顶部及缆风绳与地锚的连接应牢固可靠。缆风绳的地锚在施工过程中应自始至终有专人守护。

(8) 缆风绳跨越公路时，架空高度应不低于7 m。缆风绳与输电线的安全距离应遵守供电部门的有关规定。

(9) 装卸或起吊设备时，设备不得与桅杆碰撞。操作人员听从统一指挥，专心操作。

(10) 桅杆吊装作业范围内应设警戒线及明显的警告标志，禁止非工作人员通过。

(11) 设备吊离悬空时间不得停留过长，如需停留较长时间，应采取措施，如用枕木垛支撑。

(12) 大型吊装作业应事先编制施工方案和采取安全可靠措施，施工组织完善，人员分工明确，并有统一指挥。

(13) 严禁在6级以上的风速下进行吊装，大型吊装作业不得在5级以上的风速下进行。

(14) 回转桅杆起重臂倾斜角应符合规程。

四、不同类型起重机械组合协吊物件

在多机协吊工艺中，不但同类型的起重机械可以组合在一起协吊物件，而且不同类型的起重机械也可以组合在一起协吊物件。下面介绍几种不同类型起重机械组合协吊物件的吊装方法。

1. 桅杆与结构构架上的起重装置协吊法　利用起重桅杆和建筑构架（或其他钢结构架）上的起重滑轮组或链式起重机进行联合整体吊装也是常见的一种吊装方法，如图3—30所示。

其吊装方法：先用双桅杆滑移法，将设备吊到一定的高度，然后把挂在建筑构架上的两副起重滑轮组（或链式起重机）与设备连接起来，并逐渐拉紧，同时放松起重桅杆上的滑轮组。这样，设备就被转移到构架上去，放在安装位置上。这种吊装方法适用于设备安装在结构构架上的情况。

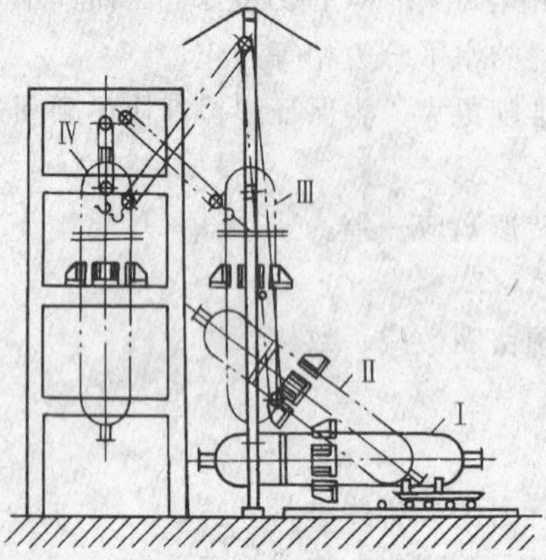

图 3—30　桅杆与结构架的起重滑轮组协吊

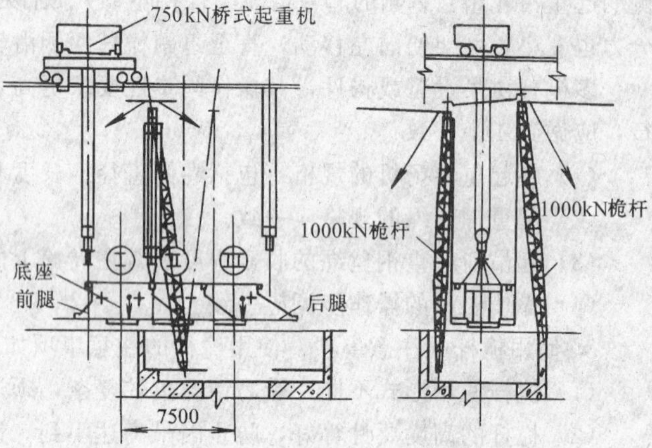

图 3—31　桥式起重机与桅杆协吊设备

2. 桥式起重机与桅杆协吊法　在厂房内吊装设备时，如果桥式起重机的起重能力不足，可以使用桅杆和桥式起重机联合协同吊装，如图 3—31 所示。

图 3—31 为某厂房内吊装锻压机底座，底座重为1 520 kN，用厂房内750 kN桥式起重机和两副1 000 kN桅杆协同吊装。由于底座悬起平移距离需7.5 m，但是桅杆最大摆动距离才4 m，故只好分为两次吊移。

其吊装步骤：先将底座运到图示“Ⅰ”的位置，使用桥式起重机吊在前腿部位，两桅杆吊在后腿部位，然后摆动两桅杆，同时移动桥式起重机配合，将底座吊移到图示“Ⅱ”的位置，这时底座前腿落在基础坑边，用枕木垫妥后，拆去桥式起重机的吊索，随即吊在底座后腿部位，至绷紧后，再拆去两桅杆的吊索，挂在底座前吊栓上。桥式起重机和两桅杆调换了前后位置后，再将底座吊起，再次摆动两桅杆，同时移动桥式起重机，平移到图示“Ⅲ”的位置，下落就位。

这种吊装方法不需要垫枕木和铺轨道，吊装速度较快。

桥式起重机与桅杆组合协吊方式应根据现场实际情况而定，如当桥式起重机起吊物件高度不够时，可在桥式起重机大车梁上立人字桅杆，人字桅杆的缆风绳拴在两头端梁上，使用卷扬机进行吊装。例如，120 000 kN锻压机的拉紧螺杆吊装就位就是在大车梁上立人字桅杆进行的，如图 3—32 所示。

其吊装步骤为：先用桥式起重机拉紧螺杆，放在基础坑内，斜靠在机身拉紧螺栓孔的旁边，并用绳子临时捆扎，防止倾倒。然后，在大车梁上立人字桅杆，将缆风绳拴在两头的端梁上，用卷扬机牵引吊装，利用人字桅杆的前后倾斜，并配合桥式起重机大车的移动，就可以调整对孔，使之就位。

3. 自行式起重机与桅杆协吊法　利用自行式起重机与桅杆联合整体吊装设备也是常用

的一种吊装方法。例如，前面介绍的双桅杆滑移法工艺中，如果把滑移的拖排改用自行式起重机协吊，此工艺就演变成一台自行式起重机与两副独脚桅杆协同吊装的三机抬吊工艺。此吊装工艺的特点是：省去拖排和滚杠等机具，节省了人力、物力，机械化程度较双桅杆滑移法高，吊装速度也较快，适合吊装重型的立式静置设备。

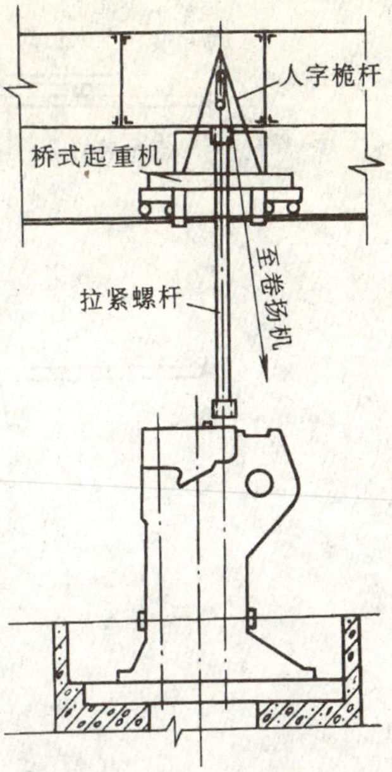

图 3—32　桥式起重机与人字桅杆协吊设备

4. 联合架桥机架设预制梁桥　联合架桥机是由龙门架、托架、导梁及附属设备所组成。在进行预制梁吊装时，不仅对大跨度构件可以简便地进行纵向架设，而且当重量在200 kN以上的重型预制梁吊装时，也能显著地发挥其效果。但在一般跨度不大、孔数不多时，则不能发挥其优点。由于成套设备虽属常备式结构，运输组装工作量大，且一次投资和用钢量较多，故对于规模较大、条件具备的工程可广泛采用。

联合架桥机的钢导梁顶面铺轨，以便托架平车运行。龙门架装有起重滑轮组，用以吊装预制桥跨。由于各部分采取金属结构拼装，有利于拆卸、运输转移。

联合架桥机的托架是用于托运龙门架，使之转运位置的专用工具，可用角钢、钢管制成，如图 3—33 所示。

龙门架有两台(或两台以上)，分别设置于桥墩、台上，用以吊装桥跨结构。龙门架上的滑轮组一般有两副，位置间距可调节，以便落梁就位，龙门架一般拼装组成，如图 3—34 所示。

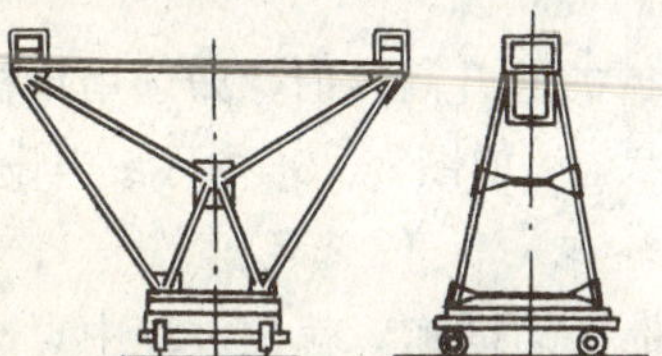
图 3—33　联合架桥机的托架

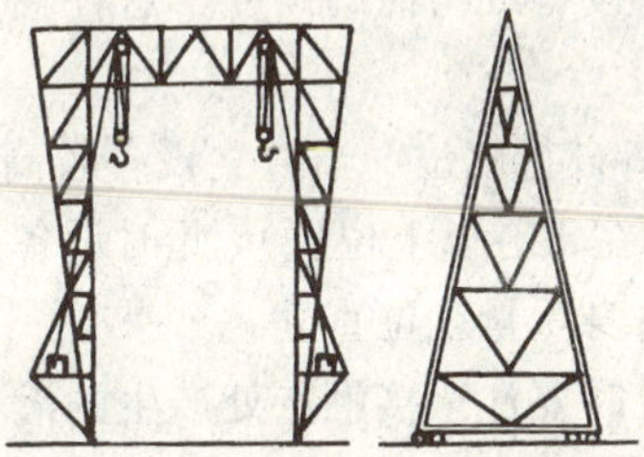
图 3—34　角钢龙门架

用导梁、龙门架和托架联合架梁法施工，如图 3—35 所示。

联合架桥机拼装、架梁注意事项：

(1) 导梁可一次分段拼装，进入墩台后开始铺轨及装置附属设备。推进导梁时，应注意前端悬臂长不得超过已拼装部分的 1/3，以资稳定。

(2) 铺轨轨距要严格掌握，以免发生掉道危险。

(3) 龙门架、托架装置必须找准纵向轴线，使架子中心线对齐。

(4) 要设置必要的临时缆风绳，以保证施工安全。

(5) 托运龙门架时，利用托架和千斤顶及起重横梁等件，顶起时，放置在托架节点上的两只千斤顶要同时顶升，顶高一致，防止倾倒。

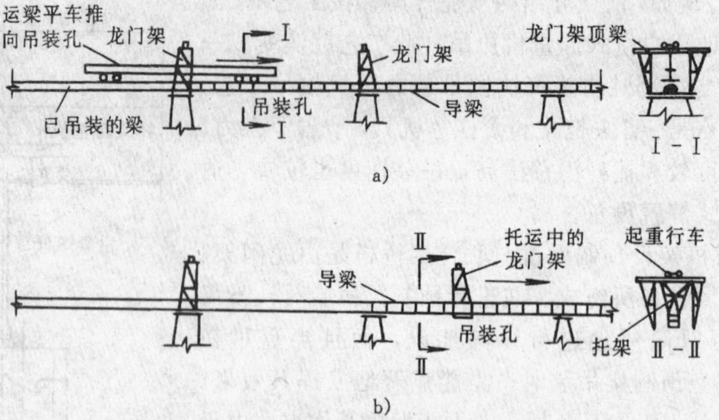

图 3—35　联合架桥机架梁布置示意图

a）龙门架、托架就位，平车载梁向前推进

b）一跨架完，龙门架正由托架向前推运中

第三节　起重吊装的就位和校正

一、起重吊装的就位

起重吊装的就位方法，应根据被吊装设备或构件的重量、外形尺寸、吊装工艺以及吊装现场情况而定。下面介绍几种吊装就位方法。

1. 直立吊装就位　设备或构件直立吊装就位是一种常规吊装方法，它要求起重机械的起升高度大于设备或构件的高度，这种就位方法简便，就位对中好，不受预埋地脚螺栓条件的限制。

2. 倾斜自行就位　当直立设备较高，超过起重机械的起升高度时，如选用单机采用侧向吊点（吊点在重心以上位置），此时设备吊离后呈倾斜状态，如图 3—36 所示。当设备就位时，设备靠其自身重量就位直立。

在就位时要注意接触点处产生的滑动，可采取止推制动措施。就位过程中，起重机械要随设备就位而调整，以保持起重滑轮组呈铅垂状态，控制设备的就位。

3. 设备倾斜用缆风绳牵引就位　设备吊起来后，呈倾斜状态（吊点与重心连线为垂线，并在就位时的支承点外），当吊钩下落时，设备有一倾复力矩 $M=Qe$，致使设备倾倒，故须用缆风绳牵引来平衡，并用缆风绳使设备就位成直立状态，如图 3—37 所示。

在就位时，一方面要注意设备支承点的滑动，还要设置反向溜放绳，以防止设备就位时的反倾。

4. 设备倾斜用底部曳引索夺正就位　设备起吊后，呈倾斜状态，在设备底部用水平曳引索曳引，使设备直立就位，如图 3—38 所示。

上述倾斜吊装就位法仅适用于细长设备或构件。

二、设备或构件的校正

设备或构件的校正就是将吊装就位后的设备或构件进行找正找平，使设备或构件的安装达到国家规范规定的质量标准。

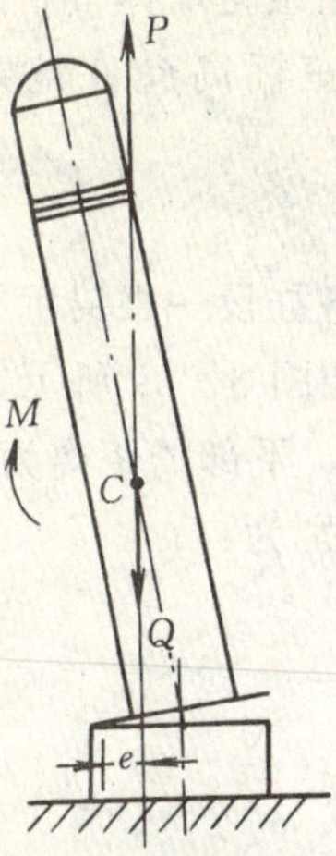

图 3—36　自行就位

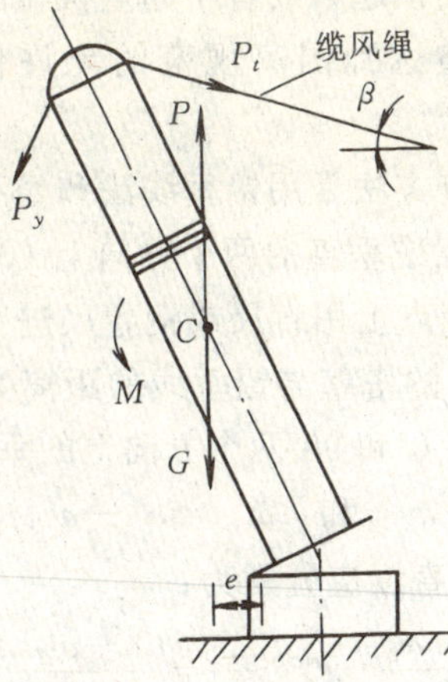

图 3—37　顶缆风牵引就位

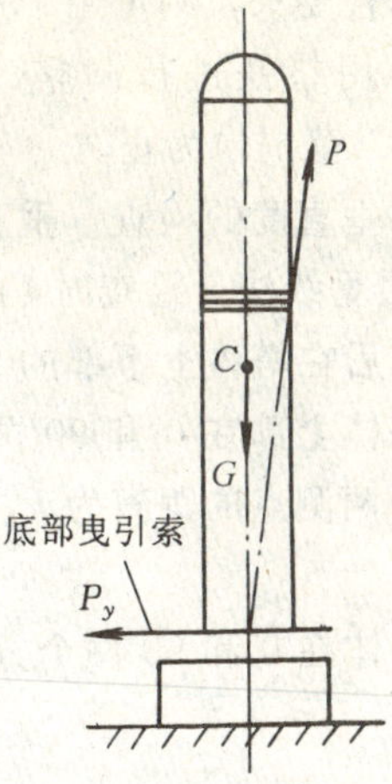

图 3—38　底部曳引就位

一般情况下，设备要求调整成水平状态（即设备的主要工作平面与水平面平行）；有些设备则要求成铅直状态（即垂直于水平面），这种把设备调整成水平或铅直状态的工作叫做设备的找平。多数运转设备除了找平之外，设备的某些零、部件和相关的零、部件之间，还有各种不同的要求，如要求成直线、平行、同轴、成某一角度等，调整这些不同要求的工作叫做设备的找正。

在安装施工中，要把设备调整到绝对平正，实际上是做不到的，而只要把设备上的某些机件和相关机件调整到规范允许的偏差范围之内，即可认为安装“合格”。

设备的找正找平工作，概括起来，主要有三点，即找中心、找标高和找水平。

一般设备（构件）找正工作应从吊装准备工作时就开始，在设备搬运到基础附近以前，应根据起重吊装机具的方向，确定设备竖立后人孔及其他管线接头的方位等；在设备上做好中心标记，以便设备就位后满足设备安装基准重合原则；测量基础的标高，一般应比设计标高低 30～50 mm，放好垫铁，以便安装设备后找正时调节；应检查基础是否清除干净，若有地脚螺栓，应检查地脚螺栓丝扣是否清洁，有无碰坏碰伤，螺栓的高度（应把垫铁的高度计入）、中心距是否符合要求。

设备移向基础，当吊升设备超过地脚螺栓的高度后，设备即可下降，使设备底座螺栓孔纳入地脚螺栓，在开始时可以把相适应的地脚螺栓纳入设备底座螺栓孔，然后利用铁棍依次把螺栓纳入孔内。为此，有时需要把设备稍微上升一点，有时也要稍微下降一点，如果急速下降则有可能把地脚螺栓弄弯，因此要特别注意。

设备的固定校正工作，应在吊装完成后立即进行，以便移动或拆卸起重机具和防止意外事故。

下面介绍有关塔类设备和钢结构的校正方法。

1. 塔类设备的校正　一般塔类设备被吊装在垫铁上之后，在起重机具（如桅杆）未拆除以前，应进行塔体的校正工作。校正工作的主要内容包括标高和垂直度的检查。

(1) 标高的检查　由于经过验收的设备，其顶端出口至底座之间的距离均为已知，所以检查设备的标高时，只需测量底座的标高即可。检查时，可用水准仪和测量标杆来进行测量。

若标高不合要求，则可用千斤顶把塔底顶起，或者用起重机械的起重滑轮组把塔体重新吊起来，然后用垫铁进行调整，直至调整达到国家规范的允许偏差（底座标高允许偏差为±10 mm）范围内为止。

（2）垂直度的检查　垂直度的检查方法常用铅垂线法和经纬仪法。

1）铅垂线法　检查时，由塔顶在互成垂直的两个方向上（0°和 90°）各挂设一根铅垂线至底部，然后在塔体上下部的 A、B 两测点上用直尺或钢卷尺进行测量，如图 3—39 所示。

设塔体上部在 0°和 90°两个方向上的塔壁与铅垂线的距离为 a_1、a'_1，下部的距离为 a_2、a'_2，上下两测点的距离为 h，则塔体在 0°和 90°两个方向上的垂直偏差分别为：

$$\Delta = a_1 - a_2 \quad \text{和} \quad \Delta' = a'_1 - a'_2$$

故塔体在 0°和 90°两个方向上的垂直度应分别为：

$$\frac{\Delta}{h} = \frac{a_1 - a_2}{h} \quad \text{和} \quad \frac{\Delta'}{h} = \frac{a'_1 - a'_2}{h}$$

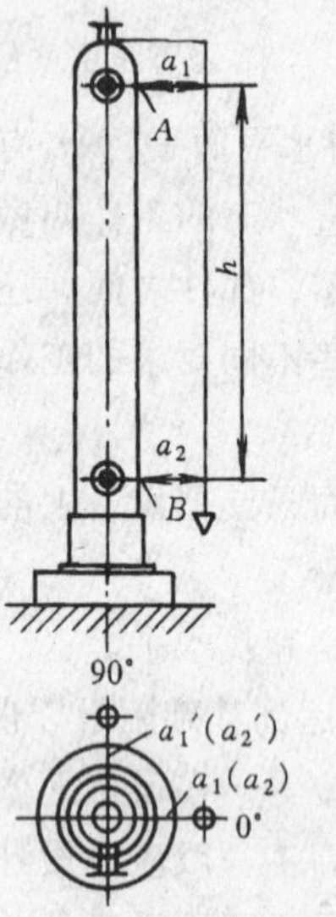

图 3—39　用铅垂线检查塔的垂直度

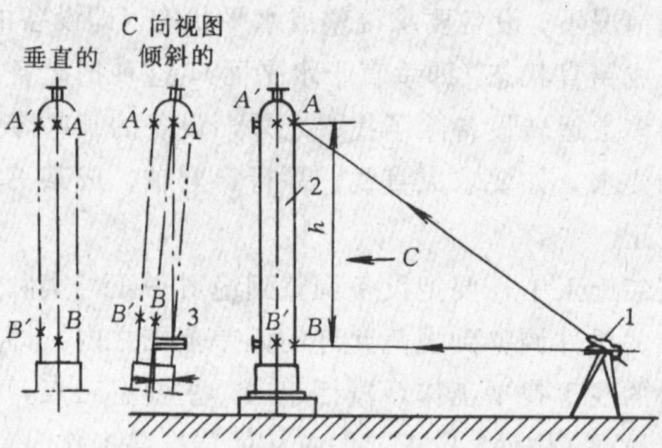

图 3—40　用经纬仪检查和测量塔体的垂直度

1—经纬仪　2—塔体

3—测量标杆　A、B、A'、B' —测量标记

此处的 Δ/h 和 Δ'/h 均应在允许值范围内。一般塔类设备的垂直度允许偏差为 1/1 000，但塔顶外倾的最大偏差不得超过15 mm。

2）经纬仪法　用此方法检查时，必须在未吊装塔体以前，先在塔体上下部做好测点标记。待塔体竖立好后，用经纬仪测量塔体上下部的 A、B 两测点。若将 A 点垂直投影下来与 B 点重合，即说明塔体垂直，若 A 点垂直投影下来不能与 B 点重合，即说明塔体不垂直，则需进行调整，如图 3—40 所示。

经纬仪法可以用测量标杆测出其偏差值 Δ，故塔体的垂直度为 Δ/h。用同样的方法检查和测量塔体另一个方向（与前一个方向成 90°）的垂直度。

当垂直度要求不高时，也可以用经纬仪来检查和测量塔体轮廓线的垂直度的方法来确定塔体的垂直度。此时，经纬仪的视线（轴线）与塔体相切。这种方法比作标记检查与测量的方法简便（因为不需要预先在塔体上作测点标记），但精确度较差（因为塔体的变形会影响测量的精确度）。

如果检查不合格，则用垫铁来调整。

校正合格后，拧紧地脚螺栓，然后进行两次灌浆，待设备精平之后，才拆离起重机具。

对于安装精度要求不高的塔类设备，只需进行初平（初步找正设备的中心、水平、标高和相对位置），对于安装精度要求较高的设备，需在初平的基础上，对设备作进一步的调整，使它达到规范的要求，即精平。精平应在地脚螺栓两次灌浆后进行，一边找平设备，一边拧紧地脚螺栓（拧紧地脚螺栓时，混凝土强度不得低于设计强度的70%）。

2. 钢结构安装校正　钢结构吊装就位后，即行脱钩。而对一些脱钩后足以引起结构本身变位、倾倒等危险时，如柱、桁架、支撑等，必须于脱钩前，使之临时固定，也就是在吊装就位的同时做好固定工作，然后方能脱钩。

最后固定位置是通过检查校正，符合设计要求，予以固定，并达到安装质量指标。

钢结构在检查校正过程中，是否细致地反复检验与测量复核，关系到整个安装工程的质量，故须认真做好此项工作。

下面介绍典型钢结构的校正方法。

(1) 柱子的校正　柱子吊装以后要做平面位置、标高及垂直度的校正。

标高的校正，要在做杯形基础的杯底抄平时同时进行。

平面位置的校正，要在就位时进行；垂直度的校正，应在临时固定后进行。

柱的校正是一件相当重要的工作，如果就位不够准确，将会影响与柱相连接的结构构件吊装的准确性，因此，必须认真对待。

柱轴线与定位轴线的校正：主要是检验柱的中心线是否与柱基的中心线对正。轴线对行、列定位轴线的允许偏差 $\Delta \leqslant 5.0$ mm。若偏差不符合要求，可放松基础螺栓，用大锤缓缓敲击纠正位置，或以千斤顶找正，或用转动杠杆校正方位。

当柱子的吊装已经脱钩后，欲移动其位置进行纠偏时，用千斤顶和附加的简单装置进行校正，如图 3—41 所示。

为使柱的中心线与柱基的中心线对正，也可用转动杠杆来校正，如图 3—42 所示。

柱垂直度的校正：柱垂直度的检查方法，是用两架经纬仪从柱相邻的两边（视线应基本与柱面垂直）去检查柱的垂直度。在缺乏经纬仪时，也可用锤球（线坠）检查。柱竖向的允

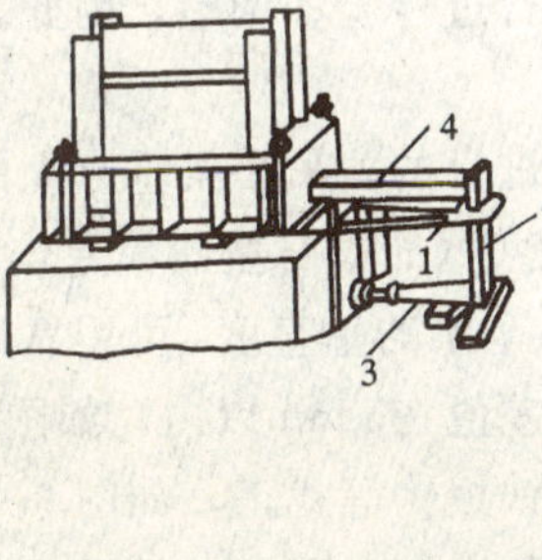

图 3—41　柱子位置的校正

1—板连钩（钩子挂住地脚螺栓）　2—钢轨杠杆

3—螺旋千斤顶　4—方木

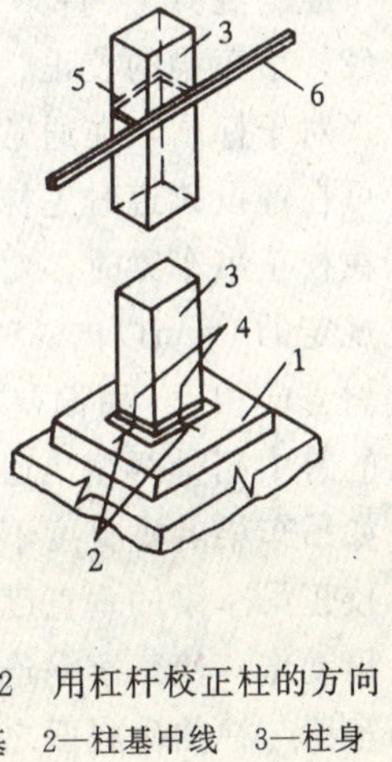

图 3—42　用杠杆校正柱的方向

1—柱基　2—柱基中线　3—柱身

4—柱的中心线　5—夹箍　6—杠杆

许偏差 Δ（柱轴线的不垂直度）值：一般当柱高为5 m或小于5 m时，Δ⩽5 mm；当柱高大于5 m小于10 m时，Δ⩽10 mm；当柱高为10 m及大于10 m时（多节柱），Δ 不超过 1/1 000 柱高，但不得大于20 mm。

单柱或双柱垂直度的检查方法可参照塔类设备的检查方法，而对安装于同一直线上的柱群检查，可用经纬仪和铁丝的二次校正法进行，如图 3—43 所示。

柱的二次校正工作应与吊装工作紧密结合，柱子横向用经纬仪校正，纵向先用经纬仪校正好两根柱子（一般可相隔 4 根），然后在这两根柱间拉紧一根铁丝（牛腿中心），据此校正两柱间的柱的偏差。

若柱的垂直度检查不合格，需进行校正。校正柱子的垂直度，可在支座下打入楔子以调整偏歪，或用拉紧缆风绳的办法使柱子上端找正，或用千斤顶校正（如图 3—44 所示）。

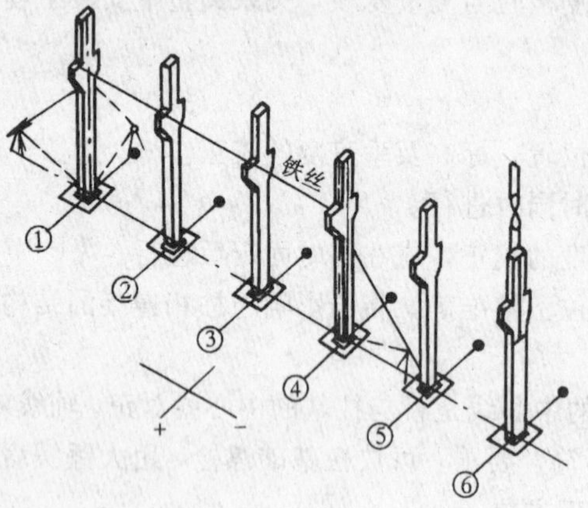

图 3—43　用经纬仪和铁丝的二次校正法

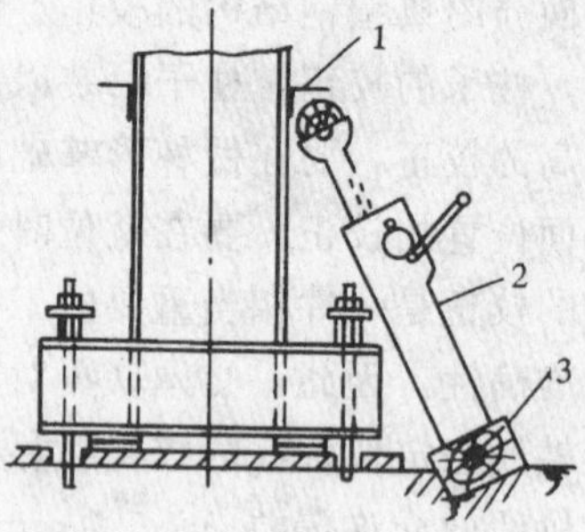

图 3—44　用千斤顶校正柱子

1—角钢　2—千斤顶　3—支撑块

柱校正后，应立即进行最后固定。最后固定的方法，是在柱脚与杯口的空隙中灌注细石混凝土。所用混凝土的标号应比基础标号高一级，并分两次灌筑：第一次灌筑混凝土至楔块下端；第二次灌筑在第一次灌筑混凝土强度达到设计强度的 25%时拔去楔块后进行。灌筑时，将杯口灌满混凝土。待第二次灌筑的混凝土强度达到设计强度的 70%以上时，拧紧地脚螺栓。

(2) 吊车梁的校正　吊车梁的校正工作，其主要内容是梁的垂直度及平面位置的检验和校正。对于标高，在通常情况下，由于吊装柱子时已进行过检验和调整，因此，如有微小误差，可在铺设轨道时先抹一层砂浆做进一步整平。

在校正吊车梁时，对其平面和垂直度的校正是同时进行的。吊车梁垂直度的偏差，应在规范规定的5 mm以内。对 T 形梁可测量梁的两端的垂直度（如本身扭曲偏差较大，可使两端的偏斜方向相反，而偏差值应在5 mm以内）。对鱼腹式吊车梁的垂直度，可用靠尺和线锤在吊车梁的跨中测量两侧，通过校正使其两侧相反方向偏斜差值在5 mm以内，如图 3—45 所示。

如吊车梁的垂直度不符合要求，可利用校正工具如铁板钩等找正，如图 3—46 所示。

校正吊车梁的垂直度时，铁板钩（卡子）等校正工具支架在需校正的梁的一端，以手摇千斤顶动作，使工字钢连带铁板钩卡住吊车梁提起，然后按需要找正位置及其高度（一般是在吊车梁与柱的牛腿面之间垫入垫铁予以调整）。

吊车梁平面位置的校正：吊车梁平面位置的校正包括梁的直线度和跨度两项。所谓直线度是指在同一纵轴线上的各梁中线在一条直线上。一般 6m 长、50kN 以内吊车梁的校正法常采用经纬仪放线法；12 m长、50 kN以上的吊车梁，常采用边吊装边校正的方法。下面以边吊装边校正为例说明校正方法。

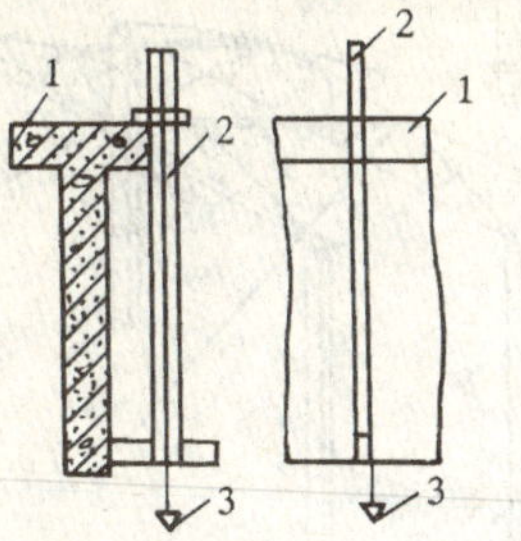

图 3—45 吊车梁垂直度的校正

1—吊车梁 2—靠尺 3—线锤

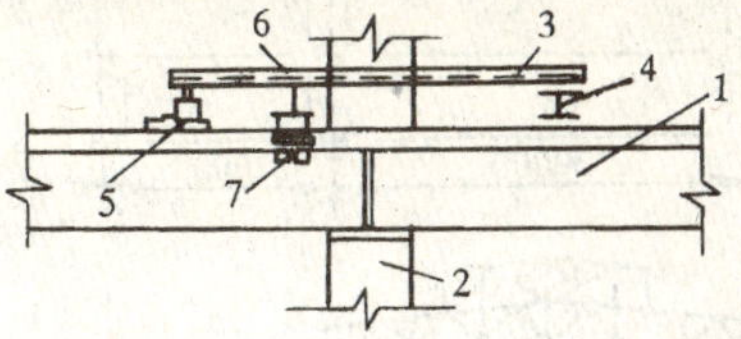

图 3—46 用铁板钩等工具校正示意图

1—吊车梁 2—柱 3—工字钢 4—支架

5—千斤顶 6—钢筋钩 7—铁板钩

边吊装边校正法，如图 3—47 所示，在厂房跨度的一端距吊车梁轴线约50 cm左右，安放经纬仪，使仪器的视线平行于吊车梁轴线，然后在一木尺上划两条短线（木尺横置于梁面）标记 A 及 B，短线距离必须和经纬仪视线距吊车梁轴线相等，吊装时随时观测木尺的 B 点（A 点对准吊车梁轴线），凡是 B 点不与经纬仪十字丝重合的，即须将吊车梁拨正。吊车梁不直线度允许偏差在 3 mm范围以内。

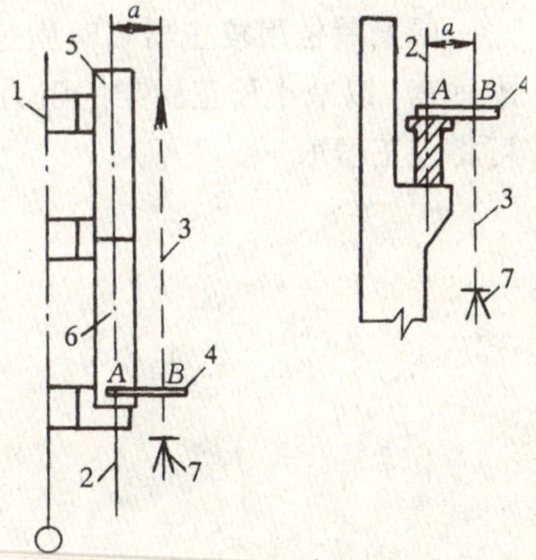

图 3—47 边吊装边校正吊车梁

1—柱轴线 2—吊车梁轴线

3—经纬仪视线 4—木尺

5—已吊装、校正的吊车梁

6—正在吊装、校正的吊车梁

7—经纬仪

吊车梁的跨度和吊车梁上的轨道间距应与吊车轮距相适应，确保正常运行。跨度测量常用钢尺（跨度在16 m以下）和弹簧秤拉测（跨度在16 m以上的大跨度），如图 3—48 所示。

在两吊车梁跨间内的任一截面的跨距最大允许偏差为±10 mm。另外，跨间的同一截面内，吊车梁顶面高差 $\Delta \leqslant 10$ mm。

吊车梁的校正直接影响到桥式起重机的正常运行和工作，为保证吊装工程质量，吊车梁的校正工作应在吊装完毕之后，最后固定之前再做一次复校。吊车梁经检查校正后予以最后固定。

(3)屋架吊装时的校正　屋架吊装时应将支座中线对准由基础中线到柱顶上的标准中线，而不是对准柱顶截面的中线。如柱顶截面中线与标准中线偏差过大时，要进行调整。第一榀屋架吊装时用缆风绳临时固定，并利用松紧缆风绳来校正其垂直度。第一榀以后的各榀屋架可用屋架校正器作临时固定和校正，如图 3—49 所示。

为消除屋架平面外曲对垂直度的影响，用挂线卡子卡在屋架上弦，以线锤检查。跨度在 24 m以下的屋架，检查跨中一点；跨度在30 m以上的检查两点。当使用两根校正器同时校正时，摇手柄的方向必须相同，快慢也应基本一致。

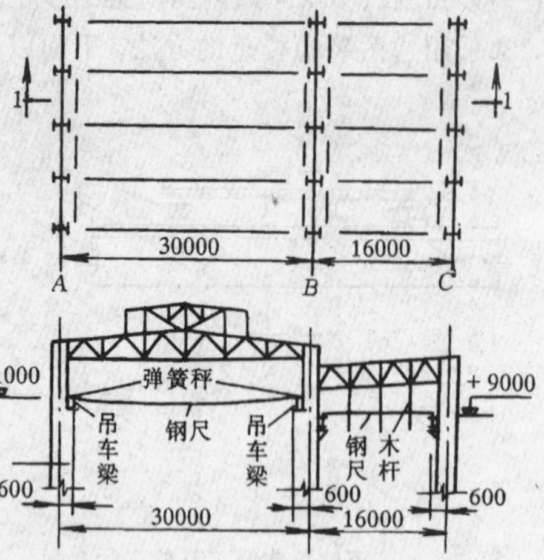

图 3—48　吊车梁和轨道距离的校测法

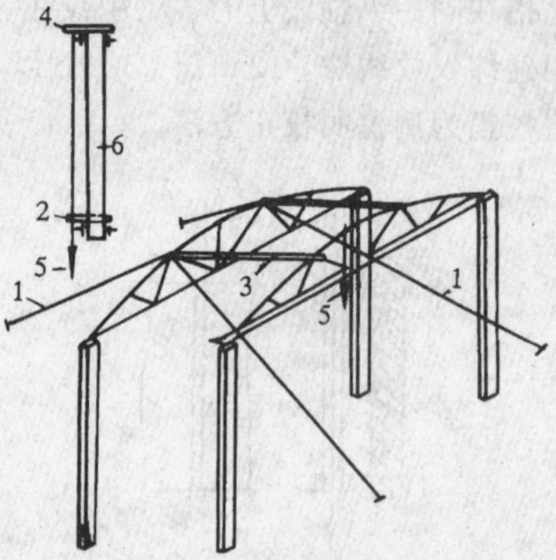

图 3—49　用屋架校正器临时固定和校正屋架

1—缆风绳　2、4—挂线木尺　3—屋架校正器　5—线锤　6—屋架

屋架就位用校正器临时固定后，应使起重机臂杆稍稍降落，使吊索与屋架就位基准面基本垂直，以减小校正屋架的阻力。当屋架经校正、最后固定并安装了若干大型屋面板以后，方可将校正器取下。

第四章　起重吊装相关知识

第一节　电工和钳工基本操作技术

一、电工基本操作技术

在起重吊装过程中，经常涉及到电气操作技术。因此，要求起重工掌握电工基本操作技术。

1. 电工工具的使用方法　电工工具可分为常用工具和常用架线工具。下面介绍几种电工工具的使用方法。

(1) 验电器　验电器是检验导线和电气设备是否带电的一种电工常用工具。验电器分低压验电器和高压验电器两种。

1) 低压验电器　低压验电器又称测电笔，有钢笔式和旋具式两种，其测电压范围为60～500 V。

低压验电器使用时，笔的握法要正确，应以手指触及笔尾的金属体，使氖管小窗背光朝向自已。当用电笔测试带电体时，电流经带电体、电笔、人体到大地形成通电回路，只要带电体与大地之间的电位差超过60 V时，电笔中的氖管就发光。

2) 高压验电器　高压验电器又称高压测电器，使用时应特别注意手握部位不得超过护环。

3) 验电器使用要点

①验电器在使用前应在确有电源处测试，证明验电器确实良好，方可使用。

②使用时，应使验电器逐渐靠近被测物体，直至氖管发亮，只有在氖管不亮时，它才可与被测物体直接接触。

③室外使用高压验电器时，必须在气候条件良好的情况下才能使用，在雪、雨、雾较大及湿度较高的情况下，不宜使用，以防发生危险。

④高压验电器测试时必须戴上符合耐压要求的绝缘手套；不可一个人单独测试，身旁要有人监护；测试时要防止发生相间或对地短路事故；人体与带电体应保持足够的安全距离，10 kV高压的安全距离为0.7 m以上。

(2) 螺钉旋具　螺钉旋具又称起子，它是一种紧固或拆卸螺钉的工具。

1) 螺钉旋具规格　一字形螺钉旋具常用的规格有50、100、150和200 mm等规格；十字形螺钉旋具专供紧固或拆卸十字槽的螺钉，常用的规格有4种，Ⅰ号适用于螺钉直径为2～2.5 mm，Ⅱ号用于3～5 mm，Ⅲ号用于6～8 mm，Ⅳ号用于10～12 mm。

2) 螺钉旋具使用注意事项

①电工不可使用金属杆直通柄顶的螺钉旋具，否则使用时容易造成触电事故。

②使用螺钉旋具紧固或拆卸带电的螺钉时，手不得触及旋具的金属杆，以免发生触电事故。

③为了避免螺钉旋具的金属杆触及皮肤或邻近带电体，应在金属杆上穿套绝缘管。

(3) 钢丝钳　钢丝钳有铁柄和绝缘两种，绝缘柄为电工用钢丝钳，常用的规格有150、175和200 mm 3种。钢丝钳可用来弯绞导线、紧固螺母、剪切导线、铡切钢丝等。

使用电工钢丝钳以前，必须检查绝缘柄的绝缘是否完好。用钢丝钳剪切带电导线时，不得用刀口同时剪切相线和零线，或同时剪切两根相线，以免发生短路故障。

(4) 尖嘴钳　尖嘴钳的头部尖细，适用于在狭小的工作空间操作。

尖嘴钳的用途如下：

1) 带有刃口的尖嘴钳能剪断细小金属丝。

2) 尖嘴钳能夹持较小螺钉、垫圈、导线等元件。

3) 在装接控制线路板时，尖嘴钳能将单股导线弯成一定圆弧的接线鼻子。

(5) 断线钳　断线钳是专供剪断较粗的金属丝、线材及电线电缆等用。

(6) 剥线钳　剥线钳是用于剥削小直径导线绝缘层的专用工具。使用剥线钳时，将要剥削的绝缘长度用标尺定好后，即可把导线放入相应的刃口中，用手将钳柄一握，导线的绝缘层即被割破自动弹出。

(7) 电工刀　电工刀是用来剖削电线线头、切割木台缺口、削制木榫的专用工具，使用时应将刀口朝外剖削，剖削导线绝缘层时，应使刀面与导线成较小的锐角，以免割伤导线。

(8) 冲击钻　主要用来冲打砌块和砖墙等的木榫孔和穿导线的墙孔，通常可冲打直径6～16 mm的圆孔。

另外，叉杆、架杆、转杆器、紧线器和导线垂弧测量尺等是架线用的工具。

2. 导线的连接及绝缘的恢复　电工必须学会用电工刀或钢丝钳来剖削绝缘层，进行导线的连接及绝缘层的恢复。

(1) 导线线头绝缘层的剖削　不同类型的导线线头绝缘层的剖削方法略有不同。

1) 塑料硬线绝缘层的剖削　心线截面为4 mm^2及以下的塑料硬线，一般用钢丝钳剖削；心线截面大于4 mm^2的塑料硬线，可用电工刀来剖削绝缘层。

2) 塑料软线绝缘层的剖削　塑料软线绝缘层只能用剥线钳或钢丝钳剖削，不可用电工刀剖削。

3) 塑料护套线绝缘层的剖削　塑料护套线绝缘层必须用电工刀来剖削。

4) 橡皮线绝缘层、花线绝缘层、铅包线绝缘层的剖削可用电工刀来剖削。

(2) 导线的连接　导线的绝缘层剖削后，可进行导线的连接。

1) 铜心导线的连接　当导线不够长或要分接支路时，就要将导线与导线连接。常用导线的心有单股、7股等多种，连接方法随心线的股数不同而异。

①单股铜心导线的直接连接方法：先把两线头的心线成X形相交，互相绞绕2～3圈，然后扳直两线头，最后将每个线头在心线上紧贴并绕6圈，用钢丝钳切去余下的心线，并钳平心线的末端。

②单股铜心导线的T字分支连接：将支路心线的线头与干线心线十字相交，使支路心线根部留出约3～5 mm，然后缠绕支路心线，缠绕6～8圈后，用钢丝钳切去余下的心线，并钳平心线末端。

对于7股铜心导线的连接，可把7股心线按2、2、3根分成3组（或按3、4根分成两组），分别进行连接。

另外，铜心导线接头处还可采用锡焊。截面为10 mm^2及以下的铜心导线接头，可用150 W

电烙铁进行锡焊；16 mm^2及其以上的铜心导线接头，应用浇焊法。

2）铝心导线的连接　由于铝极易氧化，且铝氧化膜的电阻率很高，所以铝心导线不宜采用铜心导线的方法进行连接，铝心导线常采用螺钉压接法和压接管压接法连接。螺钉压接法适用于负荷较小的单股铝心导线的连接，而负荷较大的多根铝心导线的直线连接可采用压接管压接法。

3）线头与接线桩的连接　在各种用电器或电气装置上，均有接线桩供连接导线用。常用的接线桩有针孔式和螺钉平压式两种。

①线头与针孔式接线桩头的连接：若单股心线与接线桩头插线孔大小适宜，只要把心线插入针孔，旋紧螺钉即可，若单股心线较细，则要把心线折成双根，再插入针孔，若是多根细丝的软线心线，须先绞紧，再插入针孔，切不可有细丝露在外面，以免发生短路事故。

②螺钉平压式接线桩头上接线：若是较小截面单股心线，则须把线头弯成羊眼圈，羊眼圈弯曲的方向应与螺钉拧紧的方向一致。较大截面单股心线与螺钉平压式接线桩头连接时，线头须装上接线耳，由接线耳与接线桩连接。

（3）导线绝缘层的恢复　导线的绝缘层破损后，必须恢复，导线连接后，也须恢复绝缘。恢复后的绝缘强度不应低于原有绝缘层。通常用黄蜡带、涤纶薄膜和黑胶带作为恢复绝缘层的材料。

绝缘层的恢复要点：

1）用在380 V线路上的导线恢复绝缘时，必须先包缠1～2层黄蜡带，然后再包缠一层黑胶带。

2）用在220 V线路上的导线恢复绝缘时，先包缠一层黄蜡带，然后再包缠一层黑胶带，也可只包缠两层黑胶带。

3）绝缘带包缠时，不能过疏，更不允许露出心线，以免造成触电或短路事故。

3. 墙孔的錾打及木榫的削制和安装　导线穿越墙壁和用木榫作支持时，均要錾打墙孔。导线穿越墙须经过穿墙套管；木榫必须牢固地嵌进木榫孔内，以保证安装质量。

木榫通常采用干燥的细皮松木制成，其形状应按照使用场所用电工刀削制。

木榫安装时，应与墙面垂直；木榫尾部不准打烂，尾部应打得与墙面齐平，不能突起或陷进过多。

另外，在砖墙或水泥上安装线路或电气装置还可用膨胀螺栓的方法来固定。膨胀螺栓安装前必须先钻孔，孔的直径及长度应与膨胀螺栓的大径及长度相同。

4. 导线线径的测量　单股导线及多股绞线的直径可用游标卡尺或千分尺测出。绞线的截面面积可按下式计算：

$$A=0.785\,nd^2$$

式中　n——绞线的股数；

d——绞线的每股直径；

A——绞线的截面面积。

5. 电气设备运行安全知识　电气设备运行安全知识如下：

（1）对于出现故障的电气设备、装置和线路，不能继续使用时，必须及时进行检修。

（2）必须严格遵照操作规程进行运行操作，合上电源时，应先合隔离开关，再合负荷开关。分断电源时，应先断开负荷开关，再断开隔离开关。

（3）在需要切断故障区域电源时，要尽量缩小停电范围。有分路开关的，要尽量切断故障区域的分路开关，尽量避免越级切断电源。

(4) 电气设备一般都不能受潮，要有防止雨、雪和水侵袭的措施。电气设备在运行时会发热，要有良好的通风条件，有的还要有防火措施。有裸露带电体的设备，特别是高压设备，要有防止小动物窜入造成短路事故的措施。

(5) 所有电气设备的金属外壳，都必须有可靠的保护接地。

(6) 凡有可能被雷击的设备，都要安装防雷装置。

二、钳工基本操作技术

在设备安装过程中，钳工操作的工作量较大。下面介绍钳工操作的一般知识。

1. 划线　划线操作是以专用工具在工件表面上划出准线并打上冲眼。

(1) 选择划线基准　基准是划线的根据，划线是从基准开始的。选定划线基准应尽量与图样上的设计基准一致。一般平面划线选两个基准。

(2) 平面划线　平面划线的方法与制图法相似，即在工件表面上划出几何图形。划线时，使用划线针、两脚规、直尺和角尺等工具。

(3) 立体划线　立体划线时，要使工件的基面或对称主轴线之一与划线台的平面互相平行。工件的位置用装有划线针的划线盘检查几个点，根据高度表用划线针在每一个尺寸上划好水平线。

垂直划线及倾斜划线可采用 90°角尺及角度规。

(4) 冲眼　置放样冲时要看准位置，先将样冲外倾，使尖端对正线的正中，然后再将样冲直立冲眼，同时手要握紧。

2. 锯削　锯削是用手锯分割原材料或加工工件的操作。

锯削操作方法：

(1) 工件夹持　工件一般夹在台虎钳钳口左侧，锯缝应尽量靠近钳口且与钳口侧面保持平行，夹持要紧固，但也要防止过大的夹紧力将工件夹变形。

(2) 起锯方法　起锯分远起锯和近起锯两种方法。起锯时，为保证在正确的位置上起锯，可用左手拇指靠住锯条，起锯时加的压力要小，往复行程要短，速度要慢，起锯角约在 15°左右。一般厚型工件要用远起锯，薄型工件宜用近起锯。

(3) 锯削速度和压力　锯削速度以每分钟 20～40 次为宜，锯削软材料可快些，硬材料要慢些。

锯削硬材料压力可大些，否则锯齿不易切入，造成打滑；锯削软材料，压力要稍小些，否则锯齿切入过深，会发生咬住现象。但是，不管何种材料，锯削时，当朝前推锯的时候，对锯弓要施加压力，而在朝后拉时，不但不需加压力，还应把锯弓微微抬起，以减少锯齿的磨损。当工件快锯断时，压力应减小，要用手扶住悬在台虎钳外的一段，以免工件落下造成工伤事故及摔坏工件。

锯削时，应尽量使用锯条的全长，但注意不要碰到弓架的两端。一般一次往复的距离不小于锯条全长的 2/3。

锯断棒料、管子、条料、薄板等材料时，首先在原材料或工件上划出锯削线，然后进行锯削，锯削时要始终使锯条与所划的线重合。

3. 錾削　是用手锤敲击錾子对工件进行切削加工的一种方法。

錾削方法如下：

薄板料的切断可以夹在台虎钳上进行。工件的錾切线要夹持得和钳口平齐。板料夹持要十分牢固，以防止板料松动。錾切时，錾子刃口绝不能平对着板料錾切。

錾削较厚材料时，可以在各个方向先錾出凹痕，然后再打断。

对于大型板料的切断（厚度在4 mm以下），可以用软衬铁垫在铁砧上或平板上从一面錾开。錾切前，应划出切断线，錾子刃口距切断线2 mm左右（加工余量）起錾，錾断后的材料不应该有翘曲和錾损切断线的现象。

在錾削钢件和铜件时，为了使工件的表面光洁，除磨出适当的錾子楔角和掌握一定的后角外，还可用机油或乳化液进行润滑。

在錾油槽的时候，錾切的方向要随着曲面、圆弧而变动，但是切削角度不变。錾好后，边上的毛刺要用刮刀或砂布修除。

4. 锉削　用锉刀对工件表面进行切削加工，使工件达到图样所要求的尺寸、形状和表面粗糙度，这种加工方法称为锉削。

在装配机械时，常遇到的锉削操作有：

（1）锉削基础架、基础板、机架、减速器壳体、轴承等的支撑面，以保证上述机件的紧密贴合。检验时，用样板涂色来检验或是用塞尺检验。

（2）锉削软垫片互相结合的零件表面。

（3）锉削零件表面，以清除毛刺、斑痕和其他缺陷，并将不平处锉平。

锉削分为深锉（锉掉金属表层厚度0.2 mm以上）和浅锉（锉掉厚度不超过0.1 mm）。深锉时，使用油石、粗锉刀；浅锉时，使用细锉刀和油光锉刀、什锦锉刀。

加工各种材料的机件表面时，宜使用交叉锉纹的第1级和第2级标准锉刀；加工软金属（巴氏合金、铅等）时使用单纹锉刀。锉刀的横截面形状根据锉削的工件表面形状选用。

锉平面时，必须交叉方向进行锉削。检验平面锉平程度可采用涂色法或用靠尺贴在锉削的部位上，用塞尺或以光缝法检查。

锉削两个互成角度的平面时，先要锉精度较高的一面，然后再锉另一面。检验互成的角度时，应以精度高的一面为准，用90°角尺靠合检验。

在安装工程上，锉削操作也常使用电动和风动带软轴的砂轮机和机动锉。

5. 钻孔　钻孔是利用钻头在工件上加工出孔的工作。钻孔使用钻床、手持风钻或电钻等工具。

钻床钻孔最好使用麻花钻。随着钻孔直径的加大，所需的垂直压力就更大。因此，直径在30 mm以上的孔通常先用小钻头来钻（钻头直径约等于应钻孔径的0.2～0.4倍），然后再用第二把钻头钻成所需的直径。

使用手持风钻和电钻钻孔时，不宜用过大压力，以避免钻头吃刀过深。钻深孔时，应时常把钻头抽出来清除金属屑。在钢、黄铜及轻质合金上钻孔时，一定要使用切削液。

钻孔时，将钻头对准中心样冲眼进行试钻，试钻出来的浅坑应保持在中心位置，如有偏移要及时校正。当试钻达到孔位要求后，即可压紧工件完成钻孔。

钻孔安全注意事项：

（1）操作钻床时，不可戴手套，袖口要扎紧，必须戴工作帽。

（2）钻孔前，要根据所需的钻削速度，调节好钻床的速度。

（3）工件必须夹紧，孔将钻穿时，进给力必须减小，以防止钻头折断，或使工件随钻头转动造成事故。

(4) 开动钻床前，应检查是否有钻夹头钥匙或斜铁插在转轴上，工作台面上不能放置量具和其他工件等杂物。

(5) 不能用手和棉纱头或嘴吹来清除切屑，要用毛刷或棒钩清除，尽可能在停车时清除。

(6) 停车时，应让主轴自然停止，严禁用手捏刹钻头。

6. 攻螺纹和套螺纹　攻螺纹是用丝锥在孔中切削出内螺纹；套螺纹是利用板牙在圆杆上切削出外螺纹。

(1) 攻螺纹操作方法

1) 划线，钻底孔（底孔直径应比丝锥螺纹小径略大），底孔孔口应倒角，通孔应两端倒角，便于丝锥切入，并可防止孔口的螺纹崩裂。

2) 攻螺纹前，工件夹持位置要正确，应尽可能把底孔中心线置于水平或垂直位置，便于攻螺纹时掌握丝锥是否垂直于工件平面。

3) 先用头锥起攻，丝锥一定要和工件垂直，可一手用掌按住绞杠中部用力加压，另一手配合作顺时针旋转；或两手握住绞杠均匀施加压力，并将丝锥顺时针旋转。攻入 3～4 圈后，不要再在绞杠上加压，两手把稳绞杠，均匀用力顺着推扳绞杠旋转。

4) 攻螺纹时，必须按头锥、二锥、三锥顺序攻削至标准尺寸。攻螺纹时要常倒转，以利排屑，或经常退出丝锥，排除切屑。

5) 攻螺纹时要加注切削液。攻钢件时用机油，攻铸件时可加煤油。

(2) 套螺纹操作方法

1) 将圆柱体（或圆柱管）端部倒成 15°～20°的锥体，且锥体的小端直径略小于螺纹小径。

2) 工件用台虎钳夹持，套螺纹部分尽可能接近钳口，夹持须牢固可靠。

3) 起套时，一手用掌按住绞杠中部，沿工件的轴向施加压力，另一手配合作顺向切进，转动要慢，压力要大，并保证板牙端面与工件轴向的垂直度。当板牙旋入 3～4 圈时，不要再施加压力，顺着旋转方向均匀地推扳绞杠柄，还要经常倒转断屑。

4) 在钢件上套螺纹时，要加切削液。一般可用机油或较浓的乳化液。

7. 胀管　胀管就是将管端插入管孔内，用胀管器使管端扩大，产生永久变形，从而达到使管端与管孔牢固联结的目的。胀管的实质是将管端在管孔内进行冷态扩张。

小直径（4～10 mm）的黄铜管或铜管采取手工胀管。胀管时，把管端从壁板起向外胀开 1.5～2.5 mm。

手工转动胀管时，管壁挤压到壁板锥体上，随后以冲心錾和小锤把管子贴附处密封起来。

直径超过10 mm的管子采用电动或风动的带成形胀珠的专用胀管器进行胀管。为了达到密封并保持管壁有足够的厚度，必须使管板上的孔直径与管子外径相适应。

施胀时，挤压力必须逐渐加大，胀珠用工业凡士林、黄干油或气缸油加以润滑。

8. 校正和弯曲　校正是消除材料不应有的弯曲、扭曲和翘曲等缺陷的工艺过程。校正有两种方法，即机械校正和手工校正（或按冷校正和热校正）。

弯曲是把材料按需要弯成所需要形状的工艺过程。只有塑性好的材料才能进行弯曲。弯曲可分为热弯和冷弯两种。

此外，安装钳工还应掌握基础放线、设备就位、设备的找平找正、零部件的拆卸、清洗和装配、调整与试运转等基本操作。

第二节　班组管理知识

一、班组管理的基本内容

班组是企业最基本的生产单位，它是企业各项工作的落脚点。从完成施工任务、保证安全施工、实现各项经济指标、提高经济效益以及记录基本生产活动的各种原始统计资料等，都要靠班组贯彻实施。

班组管理的基本内容有以下几个方面：

1. 根据企业的方针、目标和工程处、施工队或项目承包班子下达的施工生产计划，有效地组织生产活动，保证优质、安全、低耗、高效地完成施工任务。

2. 抓好质量和安全管理工作，经常进行质量意识和安全意识教育，建立健全一系列行之有效的规章制度，并认真执行。

3. 加强班组材料、机具设备及能源的管理，搞好文明施工。落实岗位经济责任制，做好经济核算工作，努力提高经济效益。

4. 建立健全劳动组织和劳动管理制度，做好班组成员的工资发放和奖金分配工作，解决班组成员实际困难，确保职工劳动积极性的充分发挥。

5. 组织班组成员参加政治、文化、技术、业务学习，不断提高班组成员的个人素质和群体素质。广泛地开展技术革新、技术练兵和提合理化建议活动，努力培养“多面手”和能工巧匠。

6. 实行民主管理，发挥职工的主人翁作用。组织班组积极开展劳动竞赛，进行比、学、赶、帮、超活动。

二、班组施工计划管理

班组要完成施工生产任务，既要靠技术，也要靠计划管理。班组就是通过加强计划管理来保证生产任务的实现。

1. 班组施工准备工作　班组施工准备工作主要是熟悉有关技术资料，查看施工现场，配齐并检查机具，接受技术交底（包括质量、安全交底），接受施工任务书以及供货计划安排等内容。

2. 班组施工进度计划的编制　根据施工任务，编制班组施工进度计划。把施工任务按天分工落实到每个作业小组和每个工人。

施工项目的综合进度计划，普遍采用网络计划。对于班组，虽不强求采用网络计划，但应了解整个施工项目的网络计划，知道本班组在整个施工中的地位，在此基础上编制施工进度计划。

3. 班组施工计划的实施和控制　施工计划编制好后，通过施工任务书，把质量、安全、降低成本等各项指标落实到个人，同个人的日常工作和物质利益紧密地连在一起，从而调动工人的积极性，保证施工计划的顺利进行。

在施工过程中，计划和实际不协调时，需要通过及时而有效的调整，使施工过程的进展得到全面控制。

三、班组质量管理

班组质量管理是企业质量保证体系的基础环节和落脚点。安装企业的班组质量管理大多数是现场性质的质量管理。

1. 班组质量管理的方法　班组质量管理方法，可以归纳为以下几个方面：

(1) 建立健全班组内部质量责任制，做到班组人人有专责，工作项项有质量管理要求，并严格执行。

(2) 坚持标准，即按质量设计标准或内控标准，严格执行工艺标准要求。

(3) 抓好重点，即对影响质量的关键因素进行重点管理。

(4) 认真进行质量控制、检查。

(5) 坚持文明施工，保持良好的工作环境。

(6) 坚持"三不"放过，即质量事故原因找不出来不放过，当事人和群众没有受到教育不放过，没有防范措施不放过。

(7) 落实经济效益，即质量和工资、奖金分配挂钩。

(8) 开展 QC（质量管理简称）小组活动，增强质量意识，熟练掌握操作技能，以适应质量的要求，不断提高质量水平。

(9) 管理好班组质量内业资料，如各种质量检查、分析、评比资料及质量责任资料等。

2. 全面质量管理的基本知识　全面质量管理是60年代发展起来的一门新的科学管理技术，简称 TQC。TQC 是保证企业优质、高效、低消耗，取得好的企业和社会经济效益的一种科学管理方法，也是加强班组建设的重要方法。

(1) 全面质量管理的特点　全面质量管理具有全面性、全员性、科学性和服务性。全面性，即对产品质量、工序质量和工作质量进行全面管理。全员性，即全面质量管理是全体职工的本职工作，人人都得参加管理。科学性，即产品质量是干出来的，不是检查出来的，一切用数据说话，按科学程序办事，实事求是，预防为主，防检结合。服务性，即质量第一，一切为了用户，下道工序就是用户。

(2)PDCA 循环法　PDCA 循环法是提高产品质量的一种科学管理工作方法。它的每一次循环，都会把质量管理推向一个新的高度，是全面质量管理必须采用的工作方法。

PDCA 循环法的四个阶段：

1) 计划阶段(P)　P 阶段的内容：分析现状，找出问题；分析产生质量问题的因素；找出影响质量的主要因素；针对主要因素，制定对策、措施。

2) 执行阶段(D)　D 阶段的工作是执行对策或措施。

3) 检查阶段(C)　C 阶段的工作是检查工作效果。

4) 处理阶段(A)　A 阶段的工作是巩固已取得的成绩，并实行标准化，将遗留问题转入下期循环。

PDCA 循环法是一种周期性的管理活动，不能期待只1个周期循环，问题就解决了，一般要经过 3～5 周期才能奏效。

四、班组安全管理

由于建筑安装施工的特点是流动性大，工作条件差，露天作业多，高空、立体交叉作业，因而具有不安全因素，所以建筑安装企业的安全施工管理十分重要。

班组的安全管理工作，是消除施工过程中各有害因素，为防止伤亡事故所进行的管理工作。此工作包括安全管理和安全技术：

1. 安全管理制度　班组要贯彻安全管理制度，即安全生产责任制、安全教育制度、安全检查制度、事故处理制度。

2. 安全技术　班组要贯彻执行安全技术，即安全技术措施、安全操作规程和安全技术考核。

安全工作是全员工作，人人有责。班组成员的职责如下：

(1) 自觉遵守各种安全制度和操作规程。

(2) 按规章规定，合理使用工具、设备和防护用品。

(3) 坚决向违反安全生产制度的不良倾向作斗争。

(4) 服从指挥，加强团结。

(5) 每天班前须检查工具、机械、安全帽、安全带，检查工作现场是否安全等。

(6) 对新任务没交底或不懂操作知识时，应拒绝施工。

五、班组机具管理

班组所有机具应由专人负责管理。个人机具由个人负责保管，并做好登记。

机具要做好维护、检修及性能鉴定等工作，对特别易于磨损的零件应准备足够的备品件。

机具操作人员必须达到本工种技术标准要求的水平，在实际操作中做到“三好”、“四懂”、“四会”。

1. “三好”　即机具要管好、用好、维修好。管好，是要求管好自己使用的机具，保持完整无损，不丢失，不损坏。用好，就是严格遵守操作规程，不超负荷使用等。维修好，就是要求做好机具日常维护和小修工作，及时发现和排除一般性故障、隐患。

2. “四懂”　即操作人员在使用本机具时要懂原理、懂构造、懂性能、懂用途。

3“四会”　即会操作、会检查、会保养、会排除故障。会操作，熟悉机具的结构原理和性能特点，掌握机具操作规程和安全规程，取得操作证后方能独立操作。会检查，懂得检查要领，能熟练使用各种检测工具和仪器。会保养，操作者应做到班前润滑，班后清扫，保证机具内外整洁，达到无油污、无碰伤、无锈蚀、无四漏（水、电、气、油）。会排除故障，能鉴别机具异常现象的部位，能排除一般故障。

六、班组经济核算

班组经济核算是以班组为单位，对生产中的消耗和成本进行核算。它主要是通过对班组施工活动全过程进行预测、分析、比较和核算，提出改进措施，控制班组生产经营，从而达到降低成本，取得最佳经济效益的目的。

1. 班组经济核算的内容和形式　安装企业班组经济核算的内容可多可少，要结合班组施工实际而定，通常有以下内容：

(1) 工程量指标　主要以进度为指标进行核算。

(2) 工程质量指标　通过合格率、返修率和废品率三个指标进行考核。

(3) 消耗指标　主要指材料消耗和机具消耗的水平，将规定的定额、限额、降低额、降低率等与实际消耗水平进行对比考核。

(4) 劳动指标　用出勤率、工时利用率和劳动生产率进行考核。

(5) 机械设备指标　主要考核机械设备的完好率及机械设备的使用率。

(6) 安全生产　考核班组安全生产的情况。

班组经济核算的形式有四种：单项指标核算、价值综合指标核算、自计盈亏核算、承包合同核算。

2. 班组经济核算的方法　班组经济核算所采用的方法，一定要简便易行。安装企业班组经济核算主要以施工任务书为依据和用分项指标进行核算。

（1）以施工任务书为依据进行核算　施工任务书和限额领料单是班组核算考核工料消耗的依据，其计算方法如下：

1）按工种分部或分项工程分别核算用料，班组核算公式为：

$$材料节(超)数量=材料限额-实际消耗量$$

$$辅助材料节(超)数量=材料限额-实际用材料额$$

2)按工种分部或分项工程分别核算用工数,核算公式为：

$$工日节(超)数量=定额工日-实际用工日$$

（2）用分项指标进行核算　分项指标及核算方法如下：

1）产量指标　根据下达的任务书，计算出产量指标，再与实际相比，考核完成产量计划的百分比。其计算方法为：

$$施工计划完成率=\frac{施工实际完成数}{施工计划数}\times100\%$$

2)劳动指标　一般是以工时为单位进行核算,考核出勤率、工时利用率、劳动效率等指标。

3）质量指标　质量指标指合格率和返修率，计算公式为：

$$合格率=\frac{合格品件(点)数}{合格品件(点)数+不合格品件(点)数}\times100\%$$

$$返修率=\frac{返修品总数量\times次数}{合格品数量+返修品数量}\times100\%$$

4）消耗指标　消耗指标是指原材料、辅助材料、燃料、能源、工具等的消耗水平。其计算方法如下：

$$\begin{matrix}原材料耗用量变动对\\单位工程成本的影响\end{matrix}=\left(\begin{matrix}单位产品原材\\料实际耗用量\end{matrix}-\begin{matrix}单位产品原材\\料消耗定额\end{matrix}\right)\times原材料计划单价$$

3. 班组经济活动分析　班组经济活动分析是在班组经济核算的基础上进行的，通过对班组经济核算的资料进行分析、研究，及时准确地发现施工和管理工作中存在的问题，找出原因，提出改进措施，以取得更大的经济效益。

（1）班组经济活动分析的形式和步骤　班组经济活动分析有 4 种：日常分析、定期分析、综合分析和专题分析。

班组经济活动分析的一般步骤为：提出问题→搜集资料→对比分析→提出解决措施。

（2）班组经济活动分析的方法和内容　经济活动分析的方法很多，有比较法、因素分析法、动态分析法、平衡法、指数法、差额分析法、图表法、时均数法等。一般班组常用的方法有：比较法、因素分析法和动态分析法。

班组经济活动分析主要有以下内容：

1）施工计划完成情况分析。

2）劳动计划完成情况分析。

3）材料供应和消耗情况分析。

4）班组机具使用情况分析。

5）工程质量分析。

6）安全事故分析。

第二部分 技能要求

第五章 起重吊装实际操作

第一节 系缆式桅杆起重机

一、系缆式桅杆起重机的构造和性能

系缆式桅杆起重机的构造如图 5—1 所示。

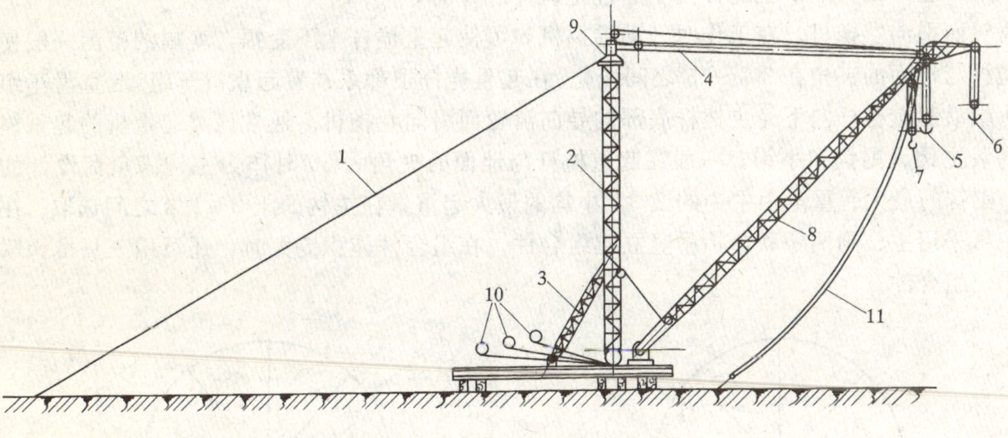

图 5—1 系缆式桅杆起重机示意图

1—缆风绳 2—主桅杆 3—斜撑 4—变幅滑车组 5—主钩 6—副钩
7—小钩 8—起重桅杆 9—主桅杆帽顶 10—卷扬机 11—左右摇臂绳滑车组

它由主桅杆、起重桅杆、斜撑、缆风绳及地锚、起重滑车组、吊钩、变幅滑车组、底盘、卷扬机构和操作室等部分组成。

这种起重机的主桅杆通过对多根缆风绳松紧程度的调节，使其固定成垂直位置。起重桅杆通过变幅滑车组的作用，可倾斜任意一个角度，并可与主桅杆一起旋转。系缆式桅杆起重机的主要优点是：

(1) 钢材用料少，造价低。

(2) 结构简单，容易制造，且在短期内即可造好并投入使用。

(3) 能绕主桅杆旋转 360°，可使重物在空间内任意搬动。

(4) 能完成多种动作，如回转、载荷升降、回转臂变幅，从而使用的选择范围大。

1. 起重机顶部结构 顶部结构如图 5—2 所示。

它是由一个铸造的或用几层钢板焊接而成的圆盘，该圆盘边缘向下弯曲，以适应缆风绳的方向。距边缘一定距离的圆周上有许多上孔，以便用卸扣和缆风绳连接起来，缆风绳的根数一般为 6～8 根，在特殊情况下，可增加到 12 根。缆风绳的布置方式根据主桅杆与起重桅杆的长度比例不同可分为两种：一是圆周等分布置，起重桅杆可在此 360°范围内旋转，一般用于主桅杆长度大于起重桅杆长度；二是在 240°范围内等分布置，起重桅杆可在不设缆风绳的 120°范围内旋转，一般适用于起重桅杆长度大于主桅杆长度，多数采用起重桅杆是主桅杆长度的 1.2～1.5 倍，如图 5—3 所示。缆风绳与地面的夹角一般为 25°～45°。圆盘固定在桅杆顶部的转轴上，当桅杆转动时，转轴随之转动，而圆盘则保持不动。为减少圆盘与转轴之间的摩擦和磨损，通常都装有耐磨性较高的青铜套，并用黄油加以润滑。在桅杆顶部还有用于固定滑车组的连接件，起重桅杆的顶部与主桅杆顶部之间用变幅滑车组连接，变幅滑车组的出头端沿主桅杆向下穿过主桅杆底部的导向滑轮而引向卷扬机。在工作时开动卷扬机，可使起重桅杆上下变幅，变幅的范围一般使起重桅杆与地面的夹角在 30°～75°之间变化。在起重桅杆顶部系挂着起重滑车组，起重滑车组的出头端沿起重桅杆向下经主桅杆底部的导向滑轮而引向卷扬机。通常该类起重机的起重桅杆顶部装主钩、副钩和小钩。一般在起重桅杆与地面的夹角为 60°时作为主钩满负荷设计的依据，副钩的最大起重量为主钩的 2/3，小钩的最大起重量在主钩的 1/3～1/8 之间选取。在吊装中可采用主、副两钩联合抬吊竖立起组合件，在组合件体积庞大时，还可用三只吊钩联合抬吊一组合件。

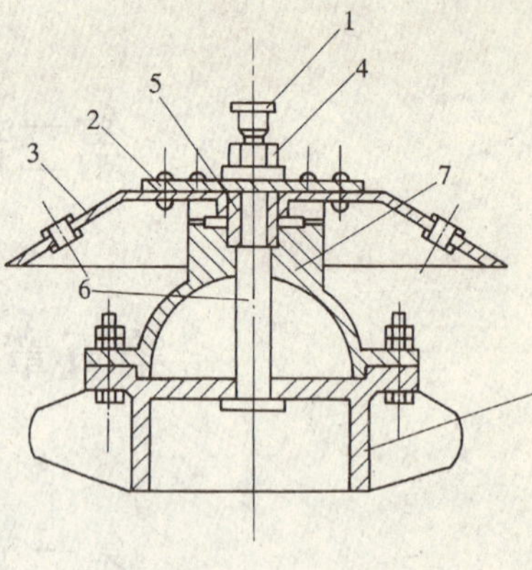

图 5—2　桅杆顶部结构

1—油杯　2—垫圈　3—圆盘
4—固定螺帽　5—轴套　6—转轴
7—轴套座　8—主桅杆上盘

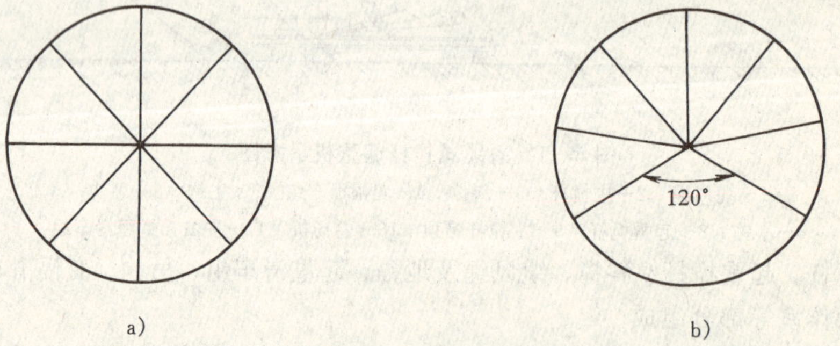

图 5—3　缆风绳布置

a）360°范围内等分布置　b）240°范围内等分布置

2．底盘　主桅杆和起重桅杆的底部都固定在底部转盘上，因而底座必须能承受住起重机自重和吊物的重量，其次主桅杆上缆风绳的拉力引起的垂直分力也作用于底座上，因此，底座是系缆式桅杆起重机的重要承载部分。起重能力越大，作用于底座上的载荷也越大。又因为起重桅杆载荷形成一偏心距，加之全部缆风绳的松紧程度不一样，主桅杆很难处于垂直位置，而使底座产生一水平分力，所以，底座结构必须坚固耐用，能承受各种外部载荷。底座的结构一般如图 5—4 所示。

二、系缆式桅杆起重机技术规格

施工现场，有时根据实际条件需设计符合作业要求的系缆式桅杆起重机来进行吊装作业。在设计系缆式桅杆时，要对桅杆进行验算。设计桅杆的高度和大小，主要从所吊重物的重量和最大高度来考虑。设计余量较大，虽然安全，覆盖面宽，但却不经济，竖立也比较困难。设计余量不足，起吊能力不够，且易使设备碰杆，达不到吊装的需要。所以，在制做一台系缆式桅杆起重机时，要以现场条件、设备大小、安装位置的最大高度等多方面因素综合考虑。下面介绍几种不同起重量的系缆式桅杆起重机的结构及性能，供设计和现场选用参考。

1. 起重量为180 kN、起重桅杆长度为20 m的系缆式桅杆起重机　如图 5—5 所示。

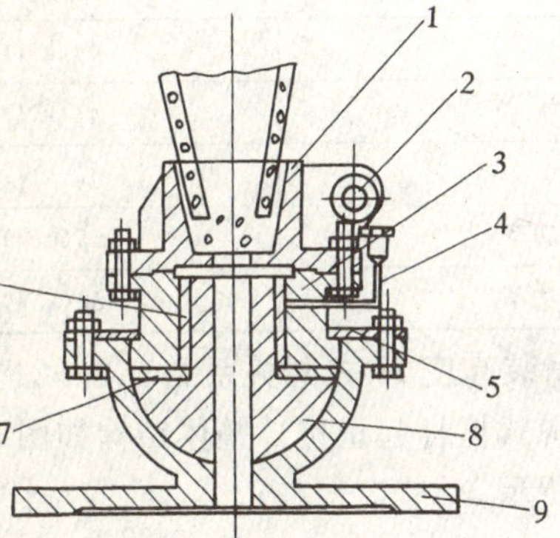

图 5—4　系缆式桅杆起重机底部支承结构示意图

1—端套　2—起重桅杆铰接座　3—环套　4—油管　5—盖板　6—铜套　7—铜垫片　8—底座　9—底座板

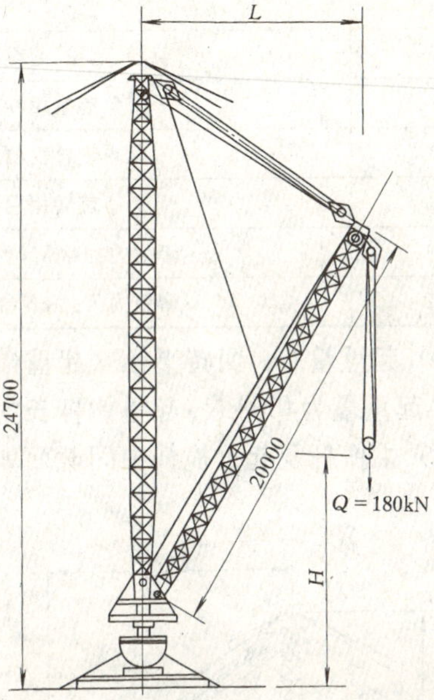

图 5—5　起重量为180 kN、起重桅杆长20 m的系缆式起重机

(1) 主桅杆及起重桅杆中间截面如图 5—6 所示。

(2) 变幅滑车组钢丝绳的布置如图 5—7 所示。

(3) 起重滑车组钢丝绳的布置如图 5—8 所示。

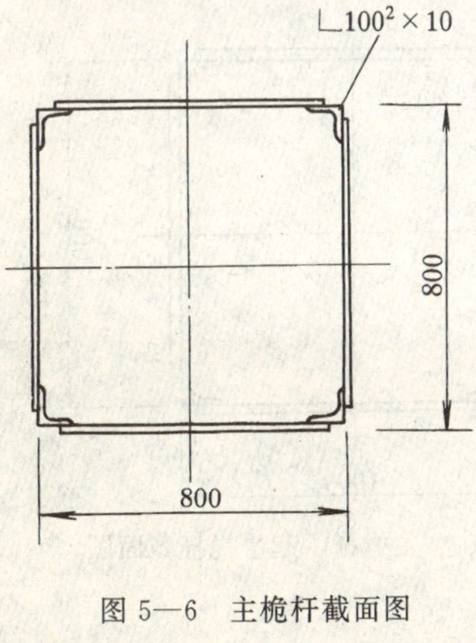

图 5—6　主桅杆截面图

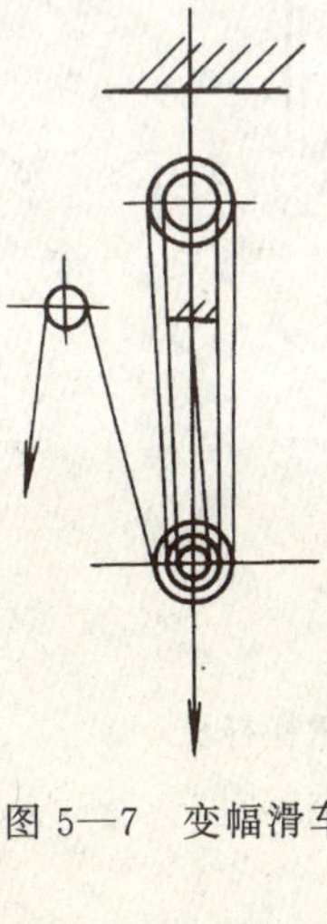

图 5—7　变幅滑车组

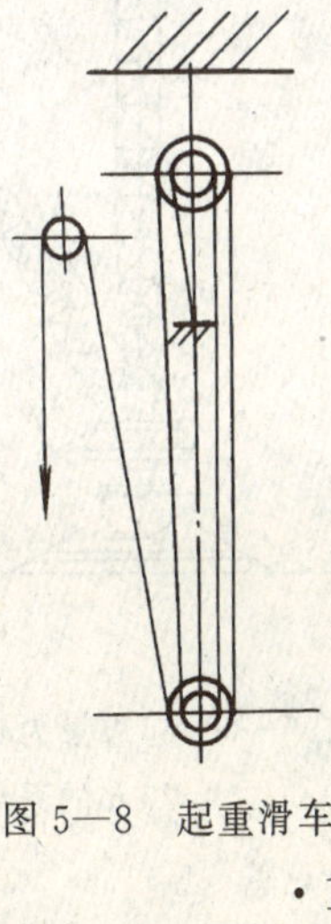

图 5—8　起重滑车组

（4）桅杆的技术特性见表 5—1。

表 5—1　　180 kN 系缆式起重机技术特性

序号	名　　称	数　值
1	最大起重量	180(kN)
2	起重机本身重量(不含卷扬机)	132(kN)
3	起重机起升速度	16～18.6(m/min)
4	起重时起重桅杆起升速度	11.4～13.3(m/min)
5	旋转速度	0.6(r/min)
6	缆风绳直径	32.5(mm)
7	旋转、起重、起重桅杆用钢丝绳直径	21.5(mm)
8	起重用卷扬机牵引力	44(kN)
9	起重桅杆变幅用卷扬机牵引力	44(kN)
10	旋转用卷扬机牵引力	40(kN)
11	牵引力为44 kN卷扬机用电动机功率	65(kW)
12	牵引力为40 kN卷扬机用电动机功率	52(kW)

（5）起重量 G、回转半径（起重幅度）R 与吊装高度 H 之间关系见表 2—24。

2. 起重量为400 kN、起重桅杆长为27 m的系缆式桅杆起重机　整体结构如图 5—9 所示。

（1）主桅杆及起重桅杆中间截面如图 5—10 所示。

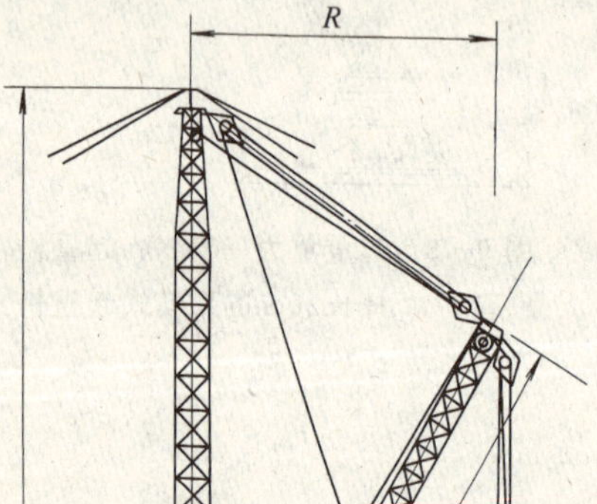

图 5—9　起重量为400 kN、起重桅杆长 27 m的系缆式起重机示意图

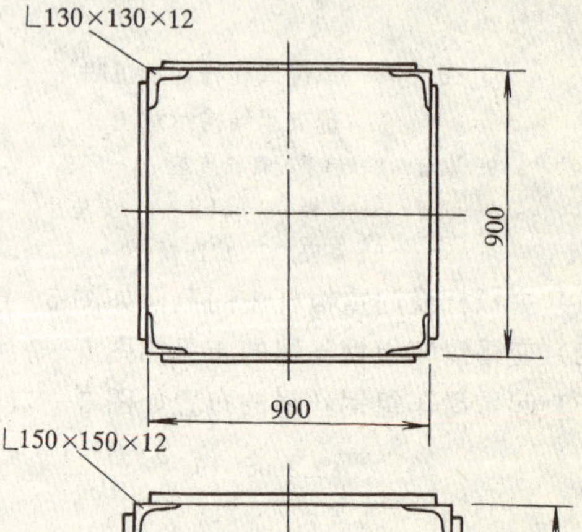

图 5—10　主桅杆、起重桅杆截面图

(2) 起重桅杆变幅滑车组钢丝绳的绕法如图 5—11 所示。

(3) 起重滑车组钢丝绳的绕法如图 5—12 所示。

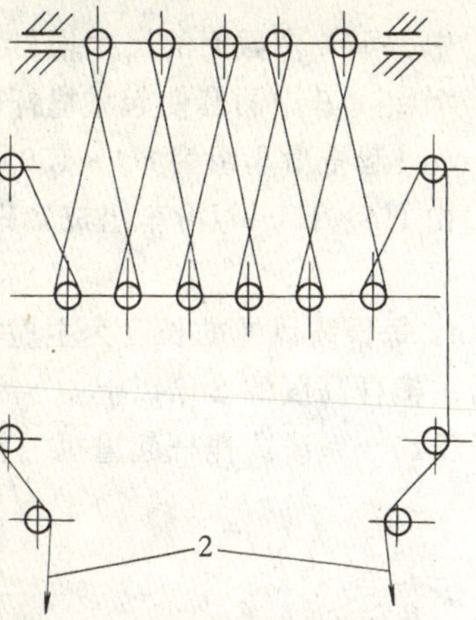

图 5—11　变幅滑车组钢丝绳绕法

1—ϕ21.5 mm钢丝绳　2—至卷扬机跑绳

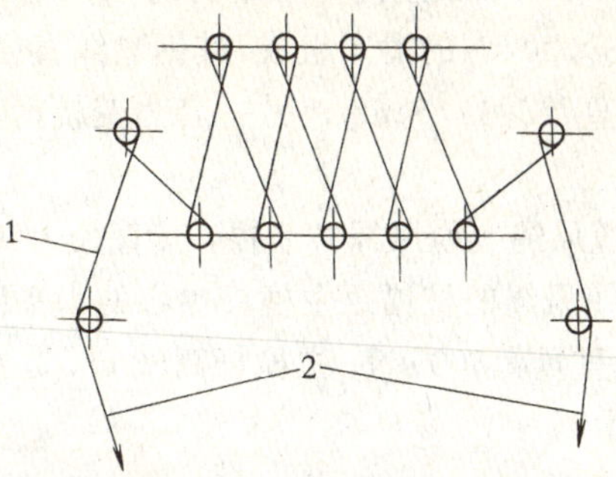

图 5—12　起重滑车组钢丝绳绕法

1—ϕ21.5 mm钢丝绳　2—至卷扬机跑绳

(4) 技术特性见表 5—2。

表 5—2　400 kN系缆式起重机技术特性

序号	名　称	数　值
1	起重桅杆幅度(R)在10 m时的起重量	400(kN)
2	起重桅杆幅度(R)在最小时	2.2(m)
3	起重钩最大升起高度(H)(底面算起)	24(m)
4	起重、起重桅杆变幅滑车组用钢丝绳直径	21.5(mm)
5	缆风绳直径	37(mm)
6	起重机重量(包括索具,不含卷扬机)	277(kN)
7	起重桅杆、起重用卷扬机(双卷)的起重量	2×55(kN)

(5) 起重量 G、回转半径 R 与吊装高度 H 之间的关系见表 5—3。

表 5—3　400 kN系缆式起重机技术特性

序号	G(kN)	R(m)	H(m)
1	400	5	23
2	400	10	21.7
3	300	15	19.2
4	220	20	15.2
5	170	25	8.4

3. 起重量为150 kN、起重桅杆长度为40 m系缆式桅杆起重机　整体结构如图 5—13 所示。

(1) 主桅杆　主桅杆高45 m，由 5 节组成，节间用螺栓连接。框架主体由∟100 mm×100 mm×12 mm的等边角钢焊接而成。中间截面尺寸为800 mm×800 mm，上下部截面尺寸均为300 mm×300 mm，斜撑用∟65 mm×65 mm×8 mm的等边角钢制作。

(2) 起重桅杆　起重桅杆长40 m，由 4 节组成，节间用螺栓连接。框架主体用∟100 mm×100 mm×12 mm等边角钢焊接而成。起重桅杆上、中、下 3 个截面的尺寸均与主桅杆相同。

(3) 滑车组和钢丝绳　整个机构中，共有 4 套滑车组，其中两套使起重桅杆回转之用，滑车组由 H8×30 kN的滑车组成，其钢丝绳直径为13 mm；起重滑车组为 H4×150 kN的滑车组，其钢丝绳直径为17.5 mm；另一套为变幅滑车组，由 H4×150 kN滑车组成，钢丝绳直径为15.5 mm。

(4) 缆风绳　缆风绳共 9 根，其直径为28.5 mm，每根缆风绳的长度为主桅杆长度的 2.5 倍左右。缆风绳的桩锚距主桅杆中心的水平距离为主桅杆高度的 2 倍以上。

4. 起重量为300 kN、主桅杆高50 m、起重桅杆长45 m系缆式桅杆起重机　整体结构如图 5—14 所示。

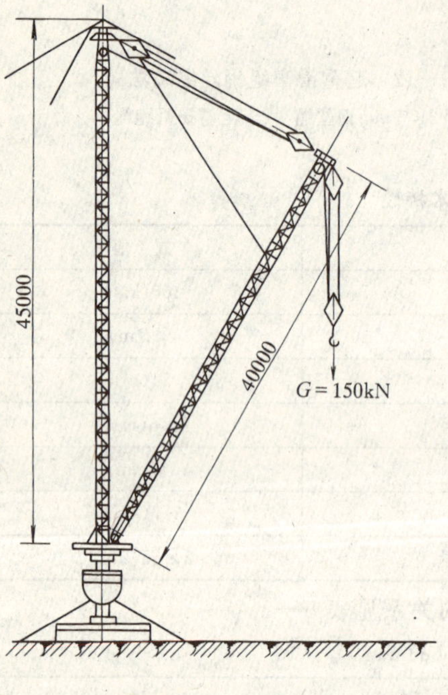

图 5—13　起重量为150 kN、起重桅杆长40 m的系缆式桅杆起重机示意图

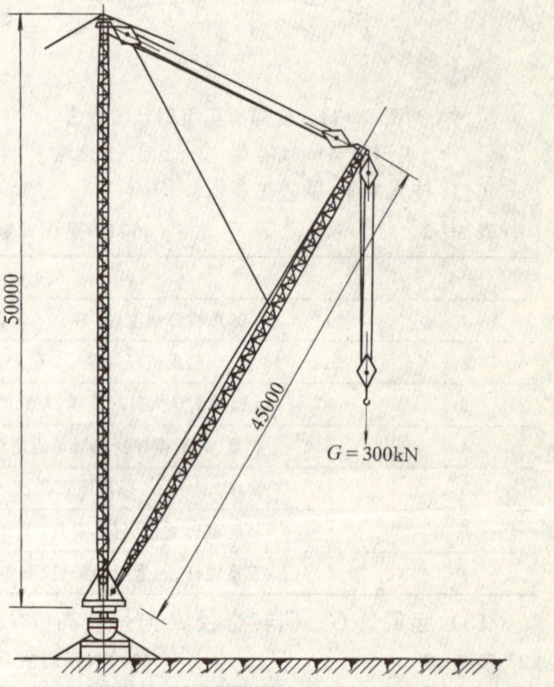

图 5—14　起重量为300 kN、起重桅杆长45 m的系缆式桅杆起重机示意图

(1) 主桅杆和起重桅杆　主桅杆由 6 节组成，框架主体由∟的120 mm×120 mm×12 mm的等边角钢焊接而成，中间截面尺寸为900 mm×900 mm，桅杆的上、下截面尺寸为550 mm×550 mm，斜撑为∟75 mm×75 mm×8 mm的等边角钢。起重桅杆由 5 节组成，其各部分尺寸均与主桅杆相同。

(2) 滑车组与钢丝绳　起重桅杆的变幅及起重选用 H4×300 kN的滑车组，钢丝绳直径均为19.5 mm，缆风绳共 9 根，每根缆风绳的直径为32.5 mm，缆风绳的长度约为主桅杆高度的 2.5 倍左右。

(3) 卷扬机　采用双卷30 kN和双卷20 kN的卷扬机各一台。

5. 起重量为350 kN、主桅杆高64 m、起重桅杆长58 m的系缆式桅杆起重机　整体结构如图 5—15 所示。

(1) 主桅杆及起重桅杆　主桅杆由 10 节组成，起重桅杆由 9 节组成，两桅杆的断面尺寸一样，中间截面尺寸为1 200 mm×1 200 mm，桅杆的上下部截面尺寸为800 mm×800 mm，框架主体用∟150 mm×150 mm×12 mm的等边角钢焊接而成，斜撑采用∟90 mm×90 mm×10 mm的等边角钢。

(2) 滑车组及钢丝绳　起重及变幅滑车组均为 H5×400 kN的滑车组，其钢丝绳直径为21.5 m；起重桅杆回转用的滑车组为 H3×100 kN的滑车组，其钢丝绳直径为15.5 mm；缆风绳共 13 根，其直径为34.5 mm。固定起重机底座用 6 套 H4×150 kN的滑车组，其钢丝绳的直径为15.5 mm，其底座固定布置的情况如图 5—16 所示。

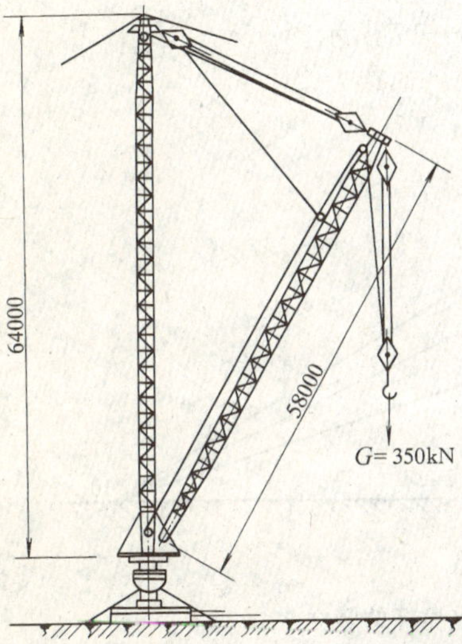

图 5—15　起重量为350 kN、起重桅杆长58 m的系缆式桅杆起重机示意图

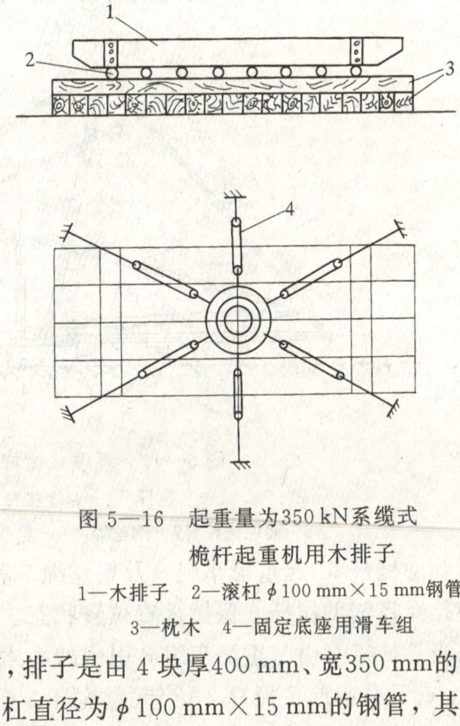

图 5—16　起重量为350 kN系缆式桅杆起重机用木排子

1—木排子　2—滚杠 ϕ100 mm×15 mm钢管
3—枕木　4—固定底座用滑车组

这种底座只有在起重机需要移动时才采用，排子是由 4 块厚400 mm、宽350 mm的道木连成一整体。排子下面设有固定数量的滚杠，滚杠直径为 ϕ100 mm×15 mm的钢管，其长度比排子的宽度长150～200 mm。滚杠下面铺设两层枕木。

(3) 卷扬机　起重及变幅用50 kN的双卷卷扬机一台，起重桅杆的回转用20 kN的双卷卷扬机一台。

三、系缆式桅杆起重机的立、拆、移方法

1. 系缆式桅杆起重机安装前的准备工作　安装前的准备工作是非常重要的。准备工作的好坏直接关系到起重机安装过程中能否做到既快又好。现将安装前的准备工作分述如下：

(1) 确定起重机安装位置，并根据安装位置布置固定起重机底盘的地锚、缆风绳和摇臂滑车组的地锚。地锚位置一般先用石灰在地面标出，然后进行挖掘和埋设工作。

(2) 处理好安装起重机的基础。在确定的起重机安装位置上铺设30 cm厚的块石，再在块石上铺设10 cm厚的小石子，以此作为基础。在基础上搭设搁置底盘的枕木架。搭设枕木架的面积要根据主桅杆和起重桅杆共同对地面作用的垂直力及地面承压力进行计算确定。在铺设枕木架时必须留出安放千斤顶的位置，以便在移位时用千斤顶顶升起重机底盘后，在其下铺设滚杠拖板或滑块等，用卷扬机牵引移位。

（3）对系缆式桅杆起重机各部件做一次全面检查，如检查转动部分的磨损情况，磨损严重时应进行加工处理；检查钢丝绳是否符合要求，安装连接的螺栓数量是否齐全，螺栓丝扣是否有损坏，电气装置是否符合技术规范等。

（4）高空作业的工具、工具袋等都应准备齐全，对不能放进工具袋的工具应用细棉纱绳扣系牢固。

2. 系缆式桅杆起重机的安装方法　整个起重机安装分成底盘（包括卷扬机、操作室等）、主桅杆、起重桅杆三大部分。底盘部分一般是利用移动式起重机械进行安装并找正固定牢。下面着重介绍起重桅杆和主桅杆的竖立。

（1）起重桅杆的竖立　起重桅杆的竖立方法如图 5—17 所示。

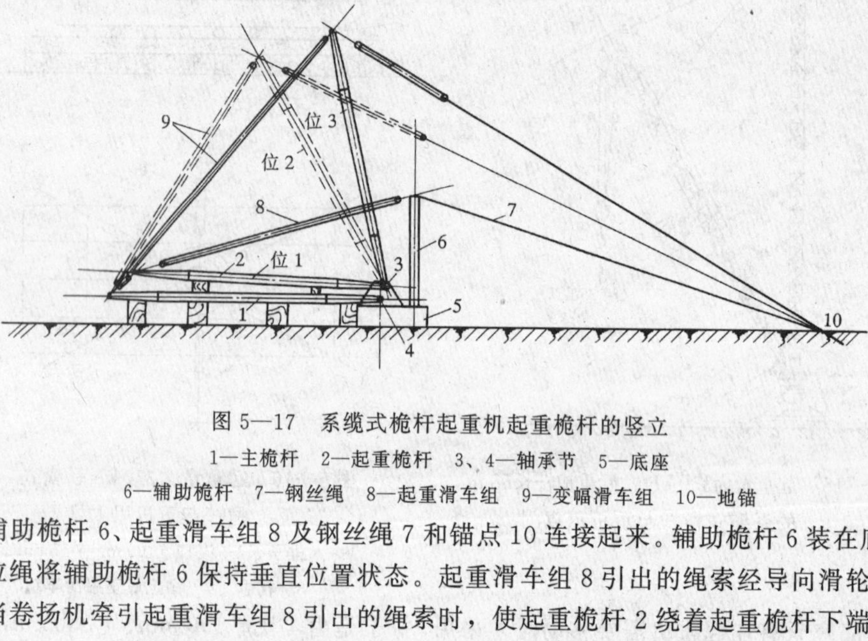

图 5—17　系缆式桅杆起重机起重桅杆的竖立

1—主桅杆　2—起重桅杆　3、4—轴承节　5—底座

6—辅助桅杆　7—钢丝绳　8—起重滑车组　9—变幅滑车组　10—地锚

将辅助桅杆 6、起重滑车组 8 及钢丝绳 7 和锚点 10 连接起来。辅助桅杆 6 装在底座 5 上，通过拖拉绳将辅助桅杆 6 保持垂直位置状态。起重滑车组 8 引出的绳索经导向滑轮连接至卷扬机，当卷扬机牵引起重滑车组 8 引出的绳索时，使起重桅杆 2 绕着起重桅杆下端的轴承节 3 转动，就可升起起重桅杆 2，当起重桅杆 2 提升到位 3 时，可用临时拖拉绳将起重桅杆 2 左右稳定好，然后再竖立主桅杆 1。

（2）主桅杆的竖立　主桅杆的竖立如图 5—18 所示。

用起重桅杆 2 的提升卷扬机拉起重桅杆的变幅滑车组 9 引出的绳索，使主桅杆 1 绕着轴承节 4 转动（见图 5—17），即可升起主桅杆 1。在升起时用起重桅杆的滑车组 9（该滑车组的两滑轮靠得最近时为止），再由起重滑车组 8 绞起主桅杆到垂直状态为止。然后用拖拉绳拴牢（见图 5—18）。这时可拆除辅助桅杆 6 及辅助钢丝绳 7，并可进行下一步工作，如装好转盘及进行载荷试验。

3. 系缆式桅杆起重机的移动　移动方法如图 5—19 所示。

在移动前，应将起重桅杆抬起至最高极限位置，并用钢丝绳将其与主桅杆绑扎在一起，然后沿移动方向设置一套移动滑车组 4，定滑轮系在锚点 5 上，动滑轮系在底盘上。移动滑车组

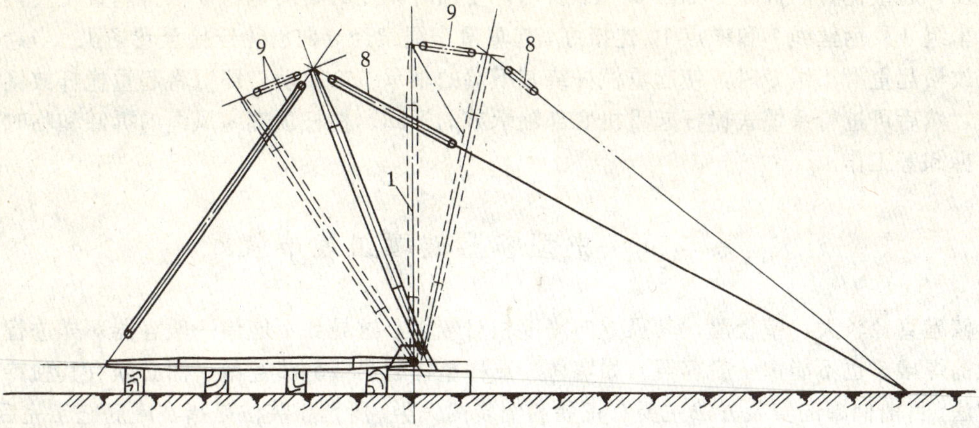

图 5—18　系缆式桅杆起重机主桅杆的竖立示意图

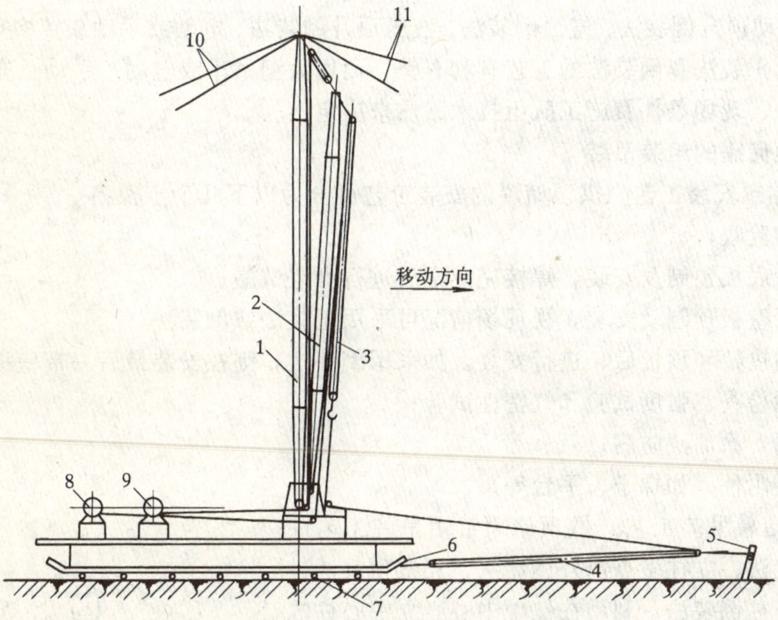

图 5—19　系缆式桅杆起重机移动方法示意图

1—主桅杆　2—起重桅杆　3—起重滑车组　4—移动滑车组　5—锚点

6—滑橇　7—滚杠　8—移动卷扬机　9—变幅卷扬机　10—后拖拉绳　11—前拖拉绳

4 的钢丝绳引出端固定在起重滑车组 3 的吊钩上，用卷扬机提升起重滑车组 3，当收紧时该滑车组上的吊钩上升，卷扬机 8 继续开动，这时系缆式桅杆就向着图中箭头方向水平移动，移动到所需位置时停止。在移动过程中要注意缆风绳的松、放，使与桅杆移动的位置相适应。

4. 系缆式桅杆起重机的拆除

（1）主桅杆拆除方法　吊装工作完成后，主桅杆、起重桅杆就要进行拆除，拆除时要按图 5—18 所示的相反顺序进行。首先拆除转盘，然后用起重桅杆的变幅卷扬机缓慢放松提升滑车组 9，使桅杆 1 绕轴承节 4 转动，即可将桅杆 1 放倒在地面上。与此同时，必须将主桅杆顶上的拖拉绳相应缓慢地放松，并且要配合适当。

（2）起重桅杆的拆除　如图 5—17 所示，使临时设立的辅助桅杆 6 保持垂直位置，把起重滑车组 8 及钢丝绳 7 和锚点 10 连接好，起重滑车绳索经导向滑轮连接至卷扬机。当卷扬机缓慢放松起重滑车组 8 时，使起重桅杆绕其下端的轴承节 3 转动，即可将起重桅杆放倒在地面上，然后可进行系缆式桅杆起重机底部轴承节的拆卸、桅杆顶部缆风绳的拆卸和临时辅助桅杆拆卸等工作。

第二节　中型容器储罐组装吊装

储罐直径较大，壁较薄，其径方向刚度相对较小，这导致不能像一般容器那样进行卧式装配的焊接，也不能像一般容器（如塔体）那样整体起吊或分节起吊，而必须有其独特的安装方法。目前储罐的安装方法主要有正装和倒装两大类。所谓正装法是指在罐底施工完后，罐体壁板由下而上进行安装。正装法的工艺又分为充水浮船正装法、满膛红脚手架正装法和挂架正装法。倒装法是指罐底施工完后，罐体壁板由上而下的安装。倒装法的工艺分为充水浮船倒装法、电动顶升倒装法、气顶倒装法、液压顶升倒装法、电动或手动葫芦多点倒装法、中心柱倒装法。正装法和倒装法的工艺有利有弊，而用大型吊车或电动、手动、充水、充气等工艺要视设备、现场条件及施工队伍技术素质来决定。

一、拱顶储罐的组装吊装

1. 拱顶储罐安装工艺　拱顶储罐的安装工艺可分为以下几个步骤：

（1）基础验收；

（2）进行底板预制及安装，焊接完成之后进行真空试漏；

（3）进行壁板预制及安装，视现场情况可采用正装法或倒装法；

（4）预制拱架和顶板后，进行安装。如采用倒装法，则在安装最后一带壁板后进行；

（5）试漏检查、强度试验和气密性试验；

（6）除锈，涂油漆防腐；

（7）安装附件（如梯子、平台等）。

2. 拱顶储罐吊装工艺　拱顶储罐常用吊装工艺中有中心柱倒装法、立柱多点内外倒装法、充气顶升法。

（1）中心柱倒装法　利用在储罐中心竖立中心柱的方法进行倒装，如图 5—20 所示。

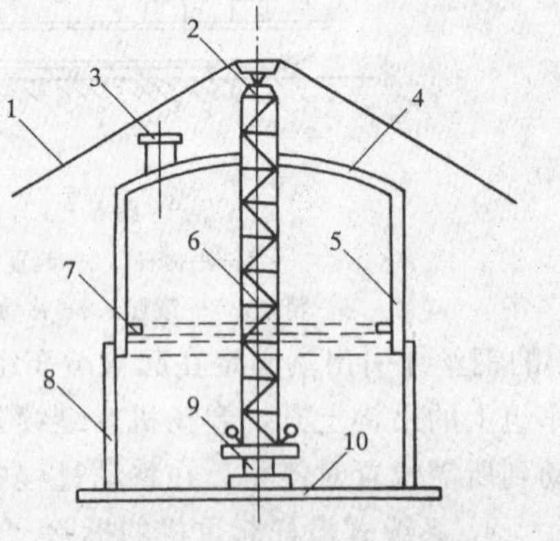

图 5—20　中心柱倒装吊装示意图

1—缆风绳　2—活动盖　3—人孔　4—顶盖　5—壁板　6—中心柱　7—胀圈　8—壁板　9—底座　10—底板

其主要施工程序：1）铺设底板；2）组对拱顶，作为倒装用吊装架，它将承受整个顶盖和罐壁的吊装重量。对拱顶的安装，可用中心柱提起；3）安装壁板，先组对最上一带，焊完纵缝、环缝，再组对下一带的壁板。同理，先焊纵缝，并留 1～2 道活口最后焊接，然后焊环缝，以此类推，直至安装，焊接完壁板。

（2）立柱多点内、外倒装法　立柱多点内倒装法是指多根立柱竖立在壁板内提升壁板。立柱多点外倒装法是指多根立柱竖在壁板外提升壁板。立柱多点内倒装法如图 5—21 所示。

该方法施工要点是根据起吊重量和现有机具，选定各个吊点布置情况；吊装时要求各吊点和壁板吊耳距离相等，吊装高度、速度一致；做到垂直起吊，以防变形和移位。

(3) 充气顶升法　充气顶升法示意如图 5—22 所示。

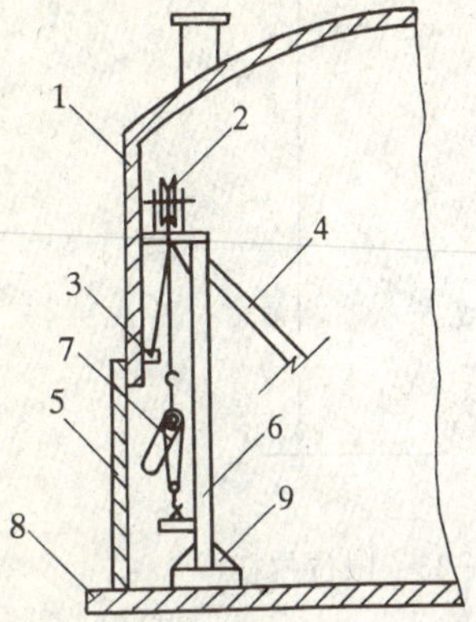

图 5—21　立柱多点内倒装法

1—壁板　2—滑轮　3—吊耳　4—斜撑　5—壁板　6—钢柱　7—手拉葫芦　8—底板　9—底座

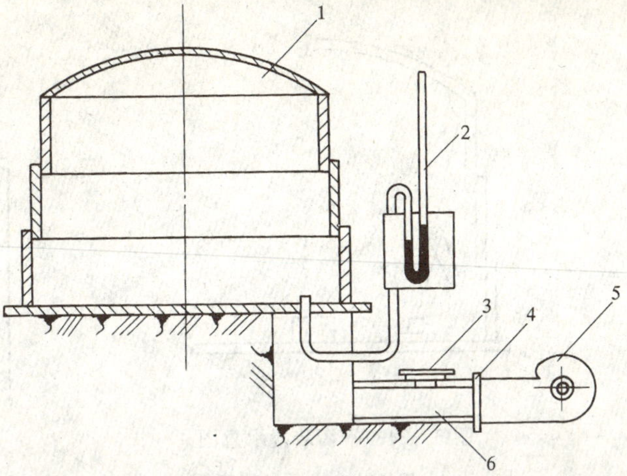

图 5—22　充气顶升法示意图

1—拱顶罐　2—U 形压差计　3—人孔　4—方法兰　5—风机　6—风道

其原理是利用罐体本身结构的特点，多用于环缝搭接罐。按倒装程序，逐步密封充气顶升进行安装。用离心通风机把气源鼓入罐内，产生压力（该力作用于底板、壁板和顶板上），当浮力大于罐体及附件重量时（附件主要胀圈、平衡装置、密封装置等），推动罐体向上升起。当达到预定高度时，只要控制风门闸板，使风机鼓入罐内的空气流量和罐内往外泄漏的空气流量相等，罐体就保持稳定状态。然后用附件或其他方法，将升起部分定位即可。然后安装下一带壁板，并焊接。在拱顶储罐充气顶升当中的关节环节是罐体的密封。一般用2～3 mm厚的橡皮板做密封材料，把罐体内所有漏气的部位全部密封起来，如图 5—23 所示。

壁板搭接缝的密封，可把橡皮板沿胀圈下部用紧固螺栓（M10 和 M12）和扁铁夹紧。对于“T”字缝的密封，把橡皮板贴于角接处，底板伸缩缝用橡皮板贴在底板上即可。其他孔洞的密封，可装配内衬套筒，利用杠杆自垂或锥形帽附贴橡皮板等方法进行密封。

拱顶储罐充气顶升法对壁板的组对安装有较严格的要求。壁板间隙的大小直接影响到顶升时的摩擦力和罐体几何尺寸。故对装配间隙要严格控制。由于在制造时不可避免地存在误差，导致圆周上各点间隙不一样。当内层壁板充气并向上运动时，会在不同部位产生不同的摩擦力，从而使罐体受到不同的阻力。当罐体竖直向上容器逐渐增大时，阻力大的地方升得慢，阻力小的地方升得快，造成罐体倾斜。为了避免这种现象产生，达到罐体圆周

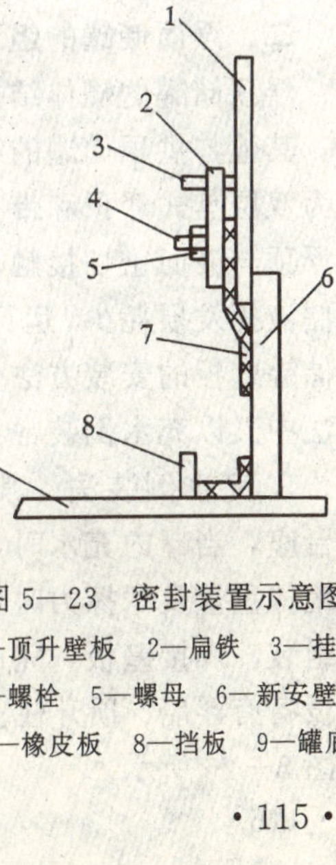

图 5—23　密封装置示意图

1—顶升壁板　2—扁铁　3—挂销　4—螺栓　5—螺母　6—新安壁板　7—橡皮板　8—挡板　9—罐底

均匀地同步上升，必须设置平衡装置。最常用的是用手拉葫芦进行平衡。其装置如图5—24所示。同时为了拱顶储罐在充气顶升时超出预定高度，还需设置限位装置。限位装置分为内、外两种。较广泛采用的限位装置是罐内安装，如图5—25所示。

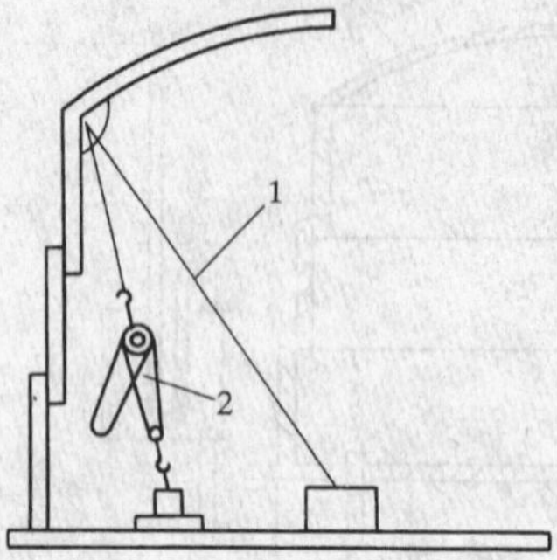

图5—24　平衡装置示意图

1—钢丝绳　2—手拉葫芦

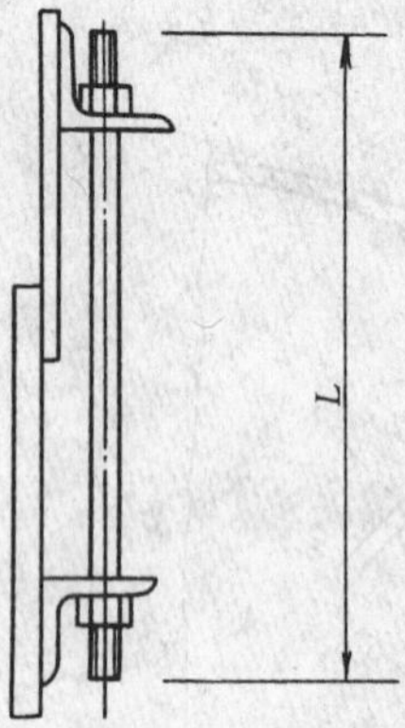

图5—25　限位拉杆

拱顶储罐充气顶升时安全事项：

1）充气顶升储罐应设有备用电源和同型号的备用电机，以防止中途停电或风机损坏。

2）顶升时，各工种应在统一指挥下协调工作。

3）采用多台鼓风机时，应选用同型号风机，务必同步工作。

4）设数个观测点，观测罐体平衡情况，若发现罐体倾斜应及时叫停，调整排除不正常现象后方可继续起升。

5）顶升每圈壁板所使用的风压、风量和顶升预定时间，应事先向机组人员交待清楚。

6）正确选用平衡装置和拉杆限位。

上面介绍了拱顶储罐的几种倒装法，如果采用正装法施工，安装壁板可采用分块吊装，但吊装时要合理选择吊点，以防壁板的弧度变形。

二、浮顶储罐的组装吊装

浮顶储罐的罐体结构，除罐的顶盖与拱顶储罐不同外，其他与拱顶储罐的结构基本相同。浮顶储罐的顶盖分为双层盘式浮顶和带有环形浮船的单层浮顶两种。由于浮顶与液面密切接触，四周又有弹性密封装置密封，所以储液挥发损耗少，运行安全。已广泛用于原油储罐。浮顶储罐壁板的安装方法分为正装法和倒装法两种。在倒装法中又以充水倒装常见。

1. 充水倒装法　其原理是利用浮船作为顶升壁板的台座，当罐内充水时，浮船的浮力大于其自重加被顶升罐体重量及摩擦力时，罐体就被顶起。依次自上而下的组装、焊接壁板，完成倒装任务。充水倒装的主要施工设备有浮船、顶升柱、胀圈、圈装水堰、充水装置等。如图5—26所示。

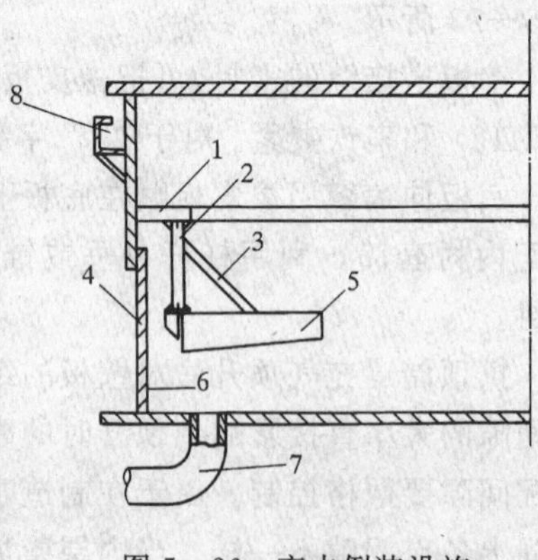

图5—26　充水倒装设施

1—箱形胀圈　2—顶升立柱　3—支撑　4—水围堰　5—浮船　6—外滑膜　7—进出水管　8—抗风圈

下面以 5 000 m^3浮顶储罐充水倒装为例介绍该法施工过程，施工状态如图 5—27 所示。

5 000 m^3浮顶油罐主体结构如图 5—28 所示。

罐体内径　　22 272 mm

罐壁全高　　14 313 mm

各部重量　　浮船重　　379 700 N

　　　　　　罐壁重　　662 400 N

　　　　（应浮升壁板重453 000 N）

　　　　　　抗风圈　　20 200 N

　　　　　　罐底重　　209 400 N

　　　　　　其　他　　123 000 N

总重量　　　　　　约1 400 000 N

施工用胀圈支柱重　约91 800 N

水浮总重量　　　　约945 900 N

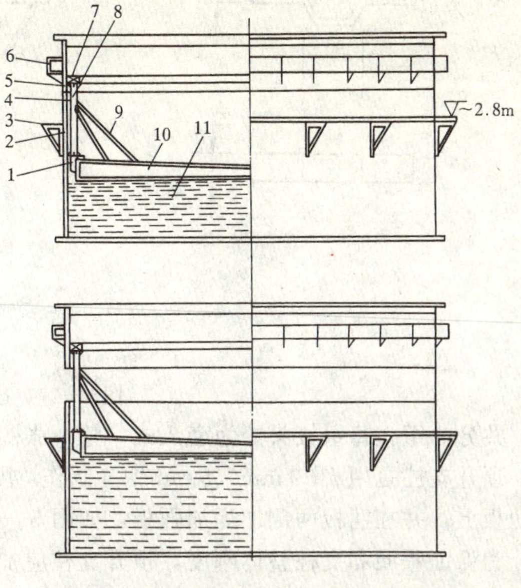

图 5—27　储罐充水浮升施工状态

1—限位设施　2—最下第二节壁板　3—外作业平台　4—小胎板　5—最上一节壁板　6—抗风圈　7—胀圈　8—支柱　9—支柱支撑　10—浮船　11—水

充水浮升法施工关键是盛水装置的选取和浮船浮力如何传递给壁板。

（1）盛水装置由罐底和两节壁板来实现

1）铺设底板并进行中幅板焊接；

2）安装最下一节壁板，完成角焊缝及底板收缩缝；

3）检查底板焊缝，垫砂找平组装浮船；

4）正装最下第二节板（经数据分析，充水台高＞填砂高＋浮船最大沉没量＋最宽一节壁板高，所以选用两节板）。这两节板的质量要求比较严格，否则影响以上各节的安装质量。

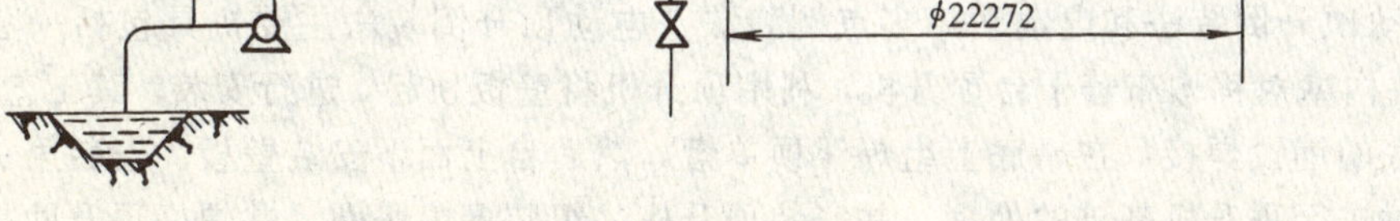

图 5—28　5 000 m^3浮顶油罐主体结构

（2）在最下第二节板上安装外作业平台，平台板用厚 7 mm、宽 1 200 mm的钢板，每隔 2 m设一个三角架，在壁上设有挂架鼻子。如图 5—29 所示。

作业平台上要进行每圈的围板、组对、壁板焊接等作业，故要求安全牢固。

（3）在平台上进行与最下第二节板对接，安装最上一节板和组装包边角钢、抗风圈等。

（4）安装胀圈和顶升支柱。胀圈和顶升支柱是传递浮力、顶升罐壁的施工工具。胀圈采用厚10 mm钢板组对成300 mm×250 mm的矩形截面，其外弧直径与罐内径 ϕ 22 722 mm相

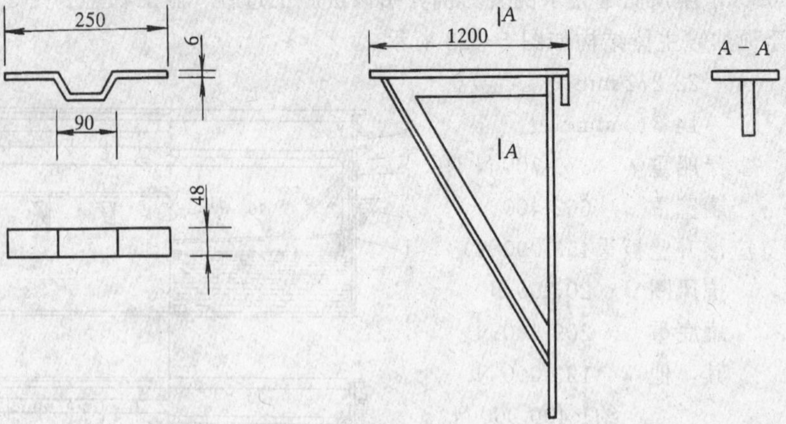

图 5—29　挂架鼻子

同，共分 8 组，每组接头处为套入式，整个胀圈用 8 个300 kN螺旋千斤顶胀紧。

顶升支柱是用 ϕ159 mm×5 mm钢管制作，共 16 根。为防止船舱变形，支柱应顶在船舱隔板肋板上，并在肋板两侧加焊加强板，如图 5—30 所示。

为保证胀圈和支柱整体刚度，顶升支柱应加支撑，每个支柱加两根∟75 mm × 75 mm × 7 mm、长2 300 mm的角钢进行加固。

为防止充水浮升时浮船转动设有限位装置，限位分旋转限位和移位限位，在罐壁的四等分线上分别设有 4 套，如图 5—31 所示。

(5) 充水顶升准备的另一方面就是水源，可根据施工现场具体条件选定，然后选择合适的水泵、电机及送水管路等。

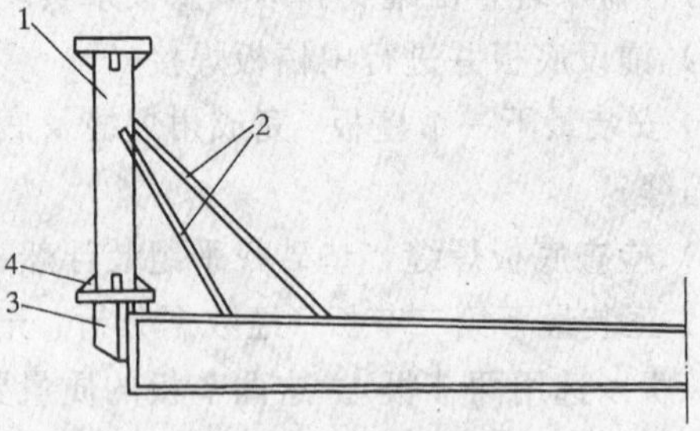

图 5—30　顶升支柱

1—支柱 ϕ159 mm×5 mm　L=1 560 mm

2—立柱支撑∟75 mm×75 mm×7 mm　L=2 300 mm

3—移位限位装置　4—肋板　σ=12 mm

(6) 充水浮升　用泵供水使浮船带动壁板顶升到1 000 mm左右就可以开始进行最上第二节板的围板作业，待升到预定高度，围板作业也就结束，进行环缝组装和焊接，随后放水落胀圈和降浮船，再在指定位置安装胀圈，充水逐节倒装，直至达到设计高度为止。

2. 电动顶升倒装法和电动葫芦多点倒装法　电动顶升倒装法主要机具包括一套电动顶升机，在罐内壁对称均布若干台顶升机，利用顶升机将壁板顶起，进行安装。其工艺程序是：先完成罐底的铺设焊接，在罐底上组焊浮顶单盘，然后自上而下安装壁板。安装第一带壁板时，可同时进行顶升机基础的处理，并安装顶升机。组装罐内胀圈，并焊好顶升肋板，开始顶升。安装并焊接完毕，拆下顶升机，组装浮顶的双盘部分。此法优点是：机械化程度高，措施简单，生产率高；无高空作业，施工安全等。电动葫芦多点倒装法的机具主要是电动葫芦，电动葫芦可用手拉葫芦改装，即把手链轮、手链条用减速机构代替，配合电动机使用。当上面第一带壁板及浮顶安装完毕后，在罐内多点均布起吊立柱，组装胀圈及中心平衡柱，通过配电柜控制电动葫芦同步上升，缓慢提起壁板完成安装。

3. 浮顶储罐充水正装法　对于容量较大的浮船式储罐多数采用充水正装法。如图 5—32 所示。其工艺过程如下：

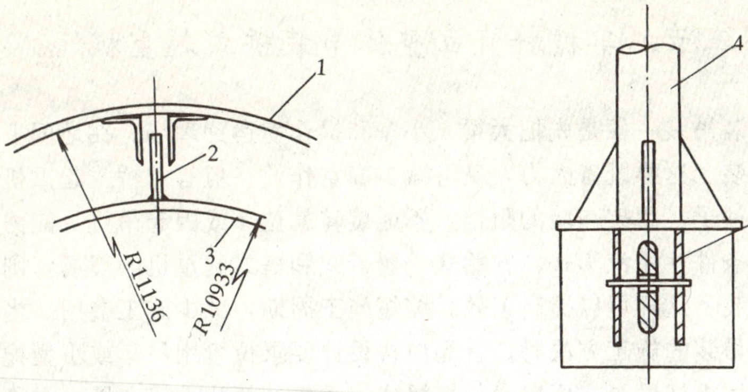

图 5—31　防止浮船移动的限位装置

1—第 1、2 节壁板　2—旋转限位板　3—船舱外边缘　4—支柱　5—移位限位

罐底板铺焊好后，经试漏合格，即可在底板上搭设临时浮顶制作支架胎具，在胎具上拼装浮顶的双盘或单盘。浮船经组装焊接后，接着安装和焊接第一、二带底层壁板。完成后，即可向罐内充水，使浮船上升，利用浮顶上平面做内脚手架，在罐壁外圆周安装临时随浮顶升降的环形悬挂式浮动平台，作为外脚手架。依次安装每一带壁板后，向罐内充水，并控制浮船浮升到操作的位置，如图 5—32 所示。直至组装焊接全部壁板，并安装盖板。吊装工具可利用浮船的上平面的内圆周铺设轨道，在轨道上安装可行走的起重小车或用吊车沿罐壁周围进行吊板安装。这种安装工艺的优点是：

(1) 操作方便，安全可靠，能够确保施工质量。

(2) 不需要大型吊装设备，设备投资少。

(3) 节约施工用料等。

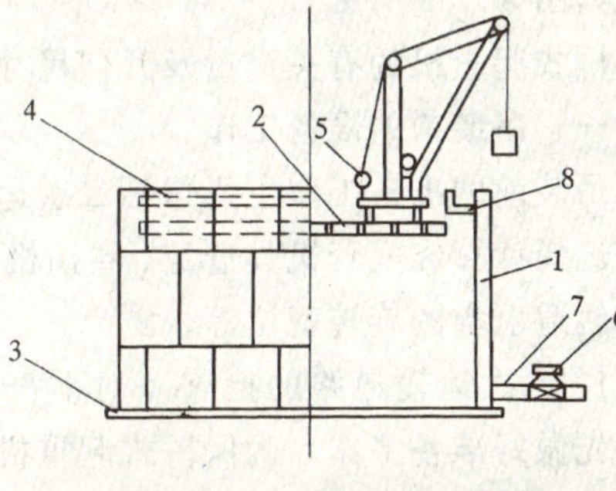

图 5—32　浮顶储罐充水正装示意图

1—罐壁　2—浮船　3—罐底

4—胀圈　5—小型卷扬机　6—阀门

7—进水管　8—组对及定位楔具

三、几种安装方法的优缺点比较

对于固定拱顶储罐的安装，正装法由于它是把钢板从储罐底部一直到顶部逐块安装起来的，因此它存在较多的缺点，例如，高空作业量大，要搭设脚手架，增加了辅助工种；把钢板吊到高空安装，不仅操作不方便，同时薄板悬在高空中，还易产生变形，不易保证质量；作业面窄，各工种相互制约，造成安装工序繁琐，施工进度慢。所以正装法在施工安装拱顶储罐中很少采用。对浮顶储罐的安装，充水正装法在国内较普遍采用，颇受欢迎。因为在有水源的条件下，充水正装法是一种较好的、稳妥可靠的施工方法。充水正装法施工具有如下特点：

1. 施工时，罐壁和浮顶的受力状态与使用时的受力状态基本上是一致的，因而罐体不会在施工过程中受到影响。

2. 整个充水正装的施工过程，是对储罐基础逐步增加载荷的过程，也是对储罐各部位的检验过程，比较容易保证质量。

3. 施工用料少。

4. 虽然高空作业多，但罐内可以在浮船上操作；罐外吊篮较宽，外侧有栏杆，内侧有罐壁，只要吊篮各部分牢固可靠，是比较安全的。

第三节　单桅杆直立整体吊装桥式起重机

桥式起重机的组装吊装一般是先把大梁、小车和操作室运到现场。在地面上将其拼成整体，然后进行整体吊装。这样既省人力，又可减少高空作业。但有的桥式起重机采用整体吊装时，由于受到厂房柱子、屋架和墙的阻挡，不能旋转就位，或因起吊机具能力不够，只能采用分片吊装。在有条件使用汽车式、轮胎式、履带式和塔式起重机的现场，则应尽可能使用这些起重机械来吊装。这样可以提高工效，缩短施工周期，减少施工费用。当桥式起重机采用单桅杆直立整体吊装的施工方法时，首先应按设计要求位置用吊车或小型桅杆或其他方法将起吊桥式起重机用桅杆设置在厂房内。把桥式起重机的两片大梁和横梁在桅杆四周按设计位置进行组对，然后把小车吊到大梁指定位置上并固定牢，以免在后面提升中移动。通过试吊后，将桥式起重机吊离地面一定距离，安装操作室，并系结好溜绳。等一切就绪后，正式起吊，通过溜绳旋转大梁使桥式起重机在轨道上就位。如图 5—33 所示。

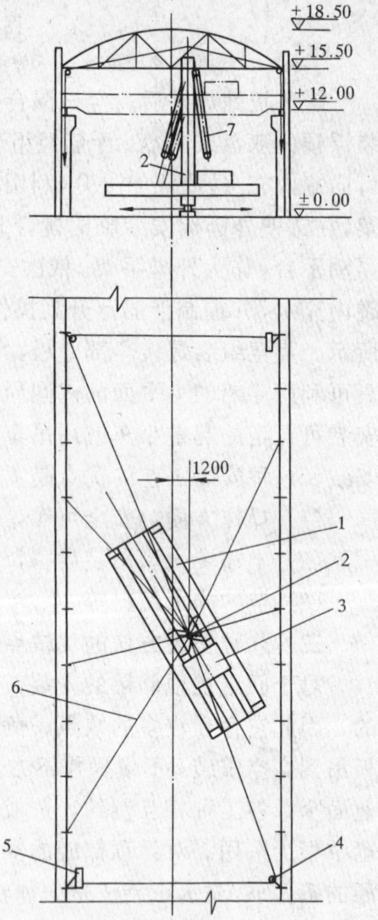

图 5—33　直立桅杆整体吊装起重量为 500 kN、跨距为 22.5 m的桥式起重机示意图

1—大车　2—桅杆　3—小车　4—导向滑轮　5—卷扬机　6—缆风绳　7—起吊滑车组

桥式起重机的有关重量及几何尺寸见表 5—4。

一、吊装前的准备工作

吊装前的准备工作主要包括二次运输道路的检查、直立桅杆选择计算和配套机具选定、卷扬机固定、考虑桥式起重机在轨道上空的旋转就位等。

1. 二次运输道路的检查　对不符合运输要求的地方，应事先做好准备工作，确保桥式起重机能顺利通行。

2. 确定桅杆的位置　由于整体吊装桥式起重机的直立桅杆要竖立在两根主梁的桥式起重机的重心位置处，为此，桥式起重机的小车就必须偏移大梁跨中，桅杆也就不可能竖立在厂房的跨度中心上，而是偏移厂房跨距中心一段距离，该距离（按未装操纵室时）按下列公式进行计算（如图5—34 所示）：

$$L_1=\frac{G_2L_2}{G_1} \tag{5—1}$$

式中　L_1——桅杆中心线至车间跨距中心线间距离，m；

L_2——桅杆中心线至小车中心线间距离，起重量为 750 kN以下的桥式起重机取小车的长度，1000 kN以上的桥式起重机取小车的轨距，m；

G_1——大车重量，kN；

G_2——小车重量，kN。

桅杆如立在地面上，必须将地面夯实、平整，铺两层以上的枕木，必要时可在两层枕木间加钢轨，如图 5—35 所示。

表 5—4　　　　**桥式起重机有关重量及尺寸**

起重量	跨距	重量					尺寸										
		中级工作制		重级工作制		操纵室	小车轨距	小车宽度	小车轮距	小车长度	大车轮距	起重机最大宽度	大车轨道中心至起重机外端距离	大车轨道面至起重机顶面距离	小车高度	大梁底面至大车轨道面距离	操纵室底面至主梁底面距离
		小车	起重机总重	小车	起重机总重												
(kN)	(m)	(kN)					(mm)										
	10.5		108		114											—24	2 350
	13.5		125		132	3.25 (开式)		1 793 (中级)		1 610 (中级)	3 400	4 500				126	2 220
	16.5		146		152											226	2 170
50	19.5	18.3	169	23.3	176		1 400		1 100		3 550	4 650	230	1 754	1 035	376	2 180
	22.5		193		201											526	
	25.5		237		244											676	
	28.5		269		276	7.25 (闭式)		1 930 (重级)		1 830 (重级)	5 000	6 100				826	2 010
	31.5		298		305											976	
	10.5		132		134											—24	2 350
	13.5		150		152	3.25 (开式)						5 151				126	2 222
	16.5		172		174						4 050			1 876		226	2 170
100	19.5	35.6	195	37.2	198		2 000	2 400	1 400	2 000		5 290	230		1 148	376	2 180
	22.5		221		223											526	
	25.5		267		269											628	
	28.5		300		302	7.25 (闭式)					5 000	6 100		1 926		778	2 010
	31.5		330		333											928	
	10.5		184		201											80	2 240
	13.5		199		219	3.25 (开式)					4 000	5 200	230	2 095		80	
	16.5		220		242											180	2 170
150/30	19.5	73.2	259		284		2 000	2 500	2 400	3 350	4 100	5 300			1 298	240	2 180
	22.5		284		310											390	
	25.5		328		352								260	2 185		540	
	28.5		362		390	7.25 (闭式)					5 000	6 210				690	2 010
	31.5		393		423											840	
	10.5		189		207											80	2 240
	13.5		206		226	3.25 (开式)					4 000	5 200	230	2 095		84	
	16.5		229		254											184	2 170
200/50	19.5	77.2	269	84	299		2 000	2 500	2 400	3 350	4 100	5 300			1 295	242	2 180
	22.5		295		327											392	
	25.5		341		374								260	2 185		542	
	28.5		378		413	7.25 (闭式)					5 000	6 210				694	2 010
	31.5		411		448											842	

续表

起重量	跨距	重量					尺寸										
		中级工作制 小车	中级工作制 起重机总重	重级工作制 小车	重级工作制 起重机总重	操纵室	小车轨距	小车宽度	小车轮距	小车长度	大车轮距	起重机最大宽度	大车轨道中心至起重机外端距离	大车轨道面至起重机顶面距离	小车高度	大车轨道面至梁底面距离	操纵室底面至主梁底面距离
(kN)	(m)	(kN)					(mm)										
	10.5		258		272	3.25										90	2 230
	13.5		286		299	(开式)					4 650	6 080	260	2 340		96	
	16.5		318		330											246	2 170
	19.5		361		380											266	
300/50	22.5	116.8	397	122.4	415		2 500	3 030	2 700	3 730	4 700	6 130			1 421	266	2 180
	25.5		449		466								300	2 471		566	
	28.5		484		505	7.25 (闭式)					5 000	6 430				716	2 010
	31.5		528		550											816	
	10.5		357		360	3.25										−129	2 153
	13.5		386		392	(开式)								2 778		48	
	16.5		429		440						4 800	6 300				54	2 230
500/	19.5		471		485											204	
100	22.5	166	511	169	525		2 500	3 120	3 580	4 260			300		1 650	354	2 180
	25.5		570		580									2 784		504	
	28.5		610		620	7.25 (闭式)					5 000	6 500				654	2 010
	31.5		665		680											754	
	13.5		592		600	3.25		4 500								−8	2 472
	16.5		619		626	(开式)		(轻级)						3 654		132	2 612
	19.5		690		698			(中级)								136	2 616
750/200	22.5	227	735	235	743		4 400		2 600	5 030	6 100	8 616	400	3 660	1 934	138	2 618
	25.5		800		808											218	2 338
	28.5		854		862	7.25		4 600						3 885			
	31.5		910		918	(闭式)		(重级)								220	2 392
	13		840														
	16		900										400			76	2 824
	19		990														
1 000/320	22	390	1 000			10	4 400	6 600	2 920	3 700	5 240	9 200		3 931	2 035		
	25		1 060										460			525	2 375
	28		1 220														
	31		1 300														

续表

起重量	跨距	重量				尺寸											
		中级工作制		重级工作制		操纵室	小车轨距	小车宽度	小车轮距	小车长度	大车轮距	起重机最大宽度	大车轨道中心至起重机外端距离	大车轨道面至起重机顶面距离	小车高度	大梁底面至大车轨道面距离	操纵室底面至主梁底面距离
		小车	起重机总重	小车	起重机总重												
(kN)	(m)	(kN)					(mm)										
	13		880										400			76	2 824
	16		920														
	19		1 020														
	22	420	1 030			10	5 800	6 600	2 920	3 700	6 640	10 600		3 931	2 035		
	25		1 180										460			525	2 375
	28		1 260														
	31		1 340														
	13		840										400			70	2 830
	16		940													500	2 400
	19		1 000											3 931			
1 250/320	22	396	1 070			10	4 400		2 920	3 700	5 240	9 200	460		2 035	520	2 380
	25		1 150														
	28		1 230														
	31		1 410											4 230		605	2 295
	13		890										400			70	2 830
	16		980													500	2 400
	19		1 030											3 931			
	22	426	1 120			10	5 800		2 920	3 700	6 640	10 600	460		2 035	520	2380
	25		1 200														
	28		1 280														
	31		1 460											4 230		605	2 295
	13		1 120								6 340	10 300	400	4 505		90	2 810
	16		1 220													510	2 390
	19		1 440													150	2 750
1 600/500	22	633	1 510			10	5 500	8 200	3 100	5 000			460	4 890	2612		
	25		1 600								8 540	10 380					
	28		1 760											5 190		230	2 670
	31		1 870														

续表

起重量	跨距	重量					尺寸										
		中级工作制		重级工作制		操纵室	小车轨距	小车宽度	小车轮距	小车长度	大车轮距	起重机最大宽度	起重机外端至大车轨道中心距离	大车轨道面至起重机顶面距离	小车高度	大梁底面至大车轨道面距离	操纵室底面至主梁底面距离
		小车	起重机总重	小车	起重机总重												
(kN)	(m)	(kN)					(mm)										
	13		1 380														
	16		1 400														
	19		1 470											4 885		145	2 755
	22	665	1 560			12	5 500	8 750	3 100	5 400	8 540	10 380	460		2 755		
	25		1 760														
	28		1 830											5 205		250	2 650
	31		1 960														
	13		1 460														
	16		1 520											5 030		145	2 755
	19		1 600														
2 000/500	22	740	1 650			12	6 700	8 750	3 700	5 400	9 740	11 580	460		2 755		
	25		1 850														
	28		1 930											5 345		250	2 650
	31		2 070														
	16		1 540														
	19		1 610											5 024		145	2 755
2 500/500	22	767	1 780			12	6 700	8 750	3 700	5 400	9 740	11 580	4 600		2 755		
	25		1 860														
	28		2 020											5 344		250	2 650
	31		2 200														

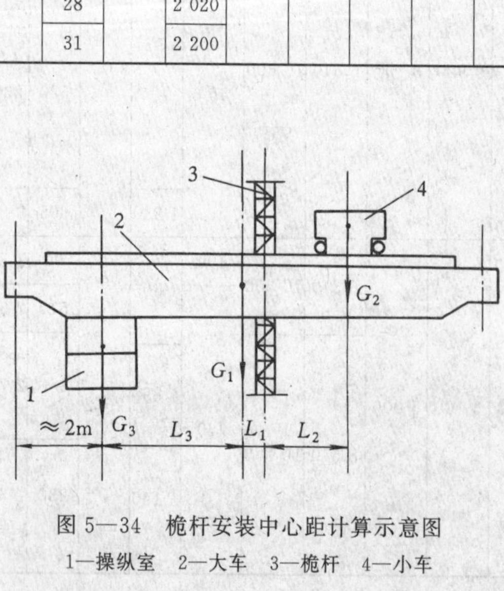

图 5—34　桅杆安装中心距计算示意图

1—操纵室　2—大车　3—桅杆　4—小车

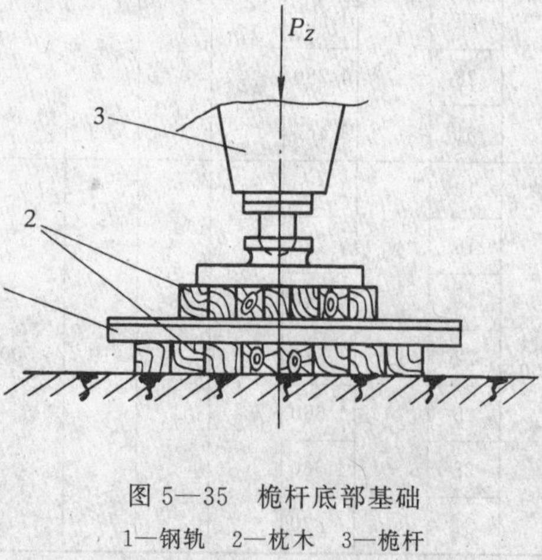

图 5—35　桅杆底部基础

1—钢轨　2—枕木　3—桅杆

铺设枕木的面积可用下式计算：

$$A=\frac{P_Z}{\sigma}\ \mathrm{m}^2 \qquad (5—2)$$

式中 P_Z——底部所承受的轴向压力，kN；

σ——土壤许用压力，对土地面一般取：

$$\sigma=200\ \mathrm{kN/m^2}$$

3. 确定桅杆的高度　桅杆的最大高度为地面至屋面板的高度减去桅杆顶部至屋面板之间的操作空间和桅杆底部的枕木高度。

捆绑绳露出大车梁（主梁）顶面的高度 h_6。如图 5—36 所示。

$$h_6=h+h_0-h_1-h_2-h_3-h_4-h_5 \qquad (5—3)$$

式中 h_6——捆绑绳索露出大车梁顶部的高度，m。如果计算 h_6 是负值，说明系结起重滑车组的位置必须在主梁里侧，且要低于小车轨道面；

h——桅杆有效高度，m（桅杆吊耳中心至底部球头的距离）；

h_0——桅杆底座垫层高度，m；

h_1——大车轨道面标高，m；

h_2——大车轨道面至小车轨道面的高度，m；

h_3——滑车组上下两轮间的最小距离（见表 5—5），m；

h_4——卸扣或顶部索具高度，m；

h_5——提升桥式起重机时大车轮底超出轨面高度，m。

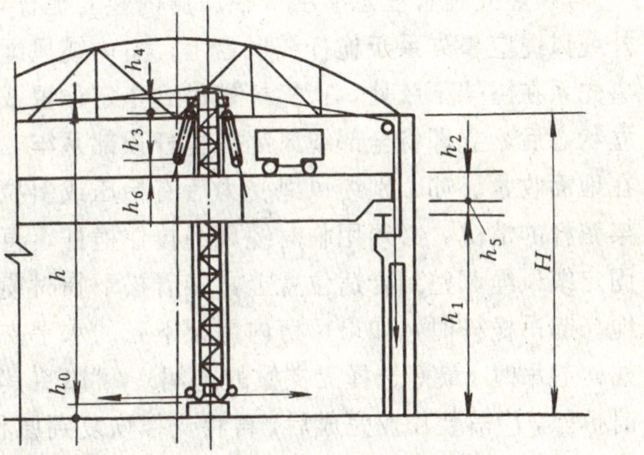

图 5—36　桅杆高度尺寸关系图

表 5—5　拉紧状态下定动滑车间的极限

滑车起重量（kN）	滑轮轴中心的最小距离（mm）	拉紧状态下最小长度（mm）
10	700	1 400
50	900	1 800
100	1 000	2 000
160	1 000	2 000
200	1 000	2 000
320	1 200	2 600
500	1 200	2 600

4. 考虑起吊桥式起重机在轨道上空的转向与就位　起重量在500 kN以下的桥式起重机，在6 m柱距的厂房车间内都能转过来，如果厂房两边都有封墙，可借助于窗户转向。

起重量在 750～2 000 kN标准桥式起重机在12 m柱距的厂房，两边有托架和小柱子，其托架下至大车轨道的距离必须超出桥式起重机端梁高度的300 mm以上，用标准计算纸正确做起吊转向缩小图来定向。一般是桅杆靠小柱屋架方向，其顶部滑车组转向时，不碰屋架下弦是能转过来的。如果转不过来可以分片起吊或用临时假端梁连接大车梁的方法起吊。

5. 缆风绳和卷扬机的布置　缆风绳应尽量均匀地布置，但缆风绳不得通过高压输电线路，必要时应采取有效的安全措施。

电动卷扬机固定的位置不得小于桅杆的高度，选择的位置应视野开阔，地面平坦，以便于指挥和操作。如卷扬机设置在露天，应有棚罩保护，防止雨淋；卷扬机底座下应垫好枕木，以防电机受潮。布置在车间内的卷扬机可利用钢筋混凝土柱的根部固定，但要有保护柱子表面不受损坏的措施，并要根据起重量和柱子的具体情况，经过核算方能利用，另外在卷扬机使用中，要有防止因卷筒两侧受力不均所引起的偏斜措施，可在其侧面加支撑或用倒链调整的方法，予以克服。

二、吊装操作程序

1. 单桅杆的竖立　竖立桅杆的方法，除利用移动式起重机和采用金属构架的竖立方法外，也可借助辅助桅杆，使用滑移法、旋转法或扳倒法来竖立。

(1)竖立桅杆注意事项　在厂房内竖立桅杆，室外缆风绳应事先系于桅杆缆风盘上；室内缆风绳则事先系在屋架下弦处，待桅杆被吊到指定位置或直立状态后，立即将全部缆风绳在桅杆顶部系牢，并在地面收紧。如个别缆风绳受力后有抬压或斜拉屋架弦杆的情况，必须用临时缆风绳拉住桅杆，再将固定缆风绳调整到合适位置上，接着松下临时缆风绳。起吊桅杆时，如果厂房内屋架下弦的水平支撑妨碍起吊时（最好选择无支撑的跨间），可以将其临时拆除，待吊装作业完成后，再将支撑恢复到原状。

(2) 用移动式起重机竖立桅杆　如起重机的臂杆较长，桅杆的竖立方法如图 5—37 所示。

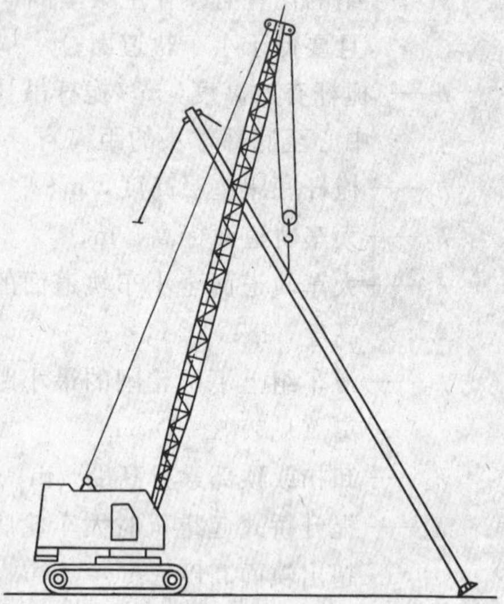
图 5—37　用移动式起重机竖立桅杆

当起重臂杆不够长时，可先把桅杆吊起与地面成一角度后，再用起重滑车组和卷扬机将桅杆扳成直立状，如图 5—38 所示。再随之将桅杆底座固定好，最后用缆风绳将桅杆稳固。

(3) 用辅助桅杆竖立桅杆　对于高度和重量都较大的桅杆，一般用高度较低的辅助桅杆来竖立桅杆。

1）滑移法　如图 5—39 所示。竖立前，先将主桅杆放在滚排和枕木上，并尽量使其重心与安装点重合。然后在主桅杆重心以上的 1～1.5 m处系结一吊索，将吊索挂到辅助桅杆的起重钩上，开动卷扬机，逐步吊起主桅杆，此时，主桅杆的下端沿着地面滑动。等桅杆基本竖直后，收紧缆风绳，使主桅杆牢固地竖立在安装位置上。这种方法所用的辅助桅杆的高度是主桅杆的一半，并且再加上 3～3.5 m。此法的缺点是辅助桅杆较高，导致竖立辅助桅杆所用劳动力较多；优点是比旋转法和扳倒法受力情况好。

2）旋转法　如图 5—40 所示。竖立前，先把主桅杆放在枕木上，其下端系结或铰固于安装点上，然后在主桅杆重心以上适当位置系结一吊索，并把它挂到辅助桅杆的起重钩上，然后开动卷扬机起吊。此时主桅杆就绕其下端支点旋转而逐渐竖起。在起吊过程中，主桅杆两侧的制动绳必须拉住，并随桅杆的起升而调整，防止主桅杆左右摆动。当主桅杆升起到与地

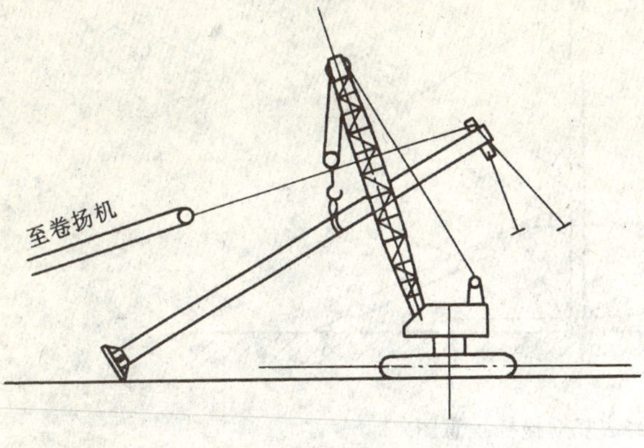

图 5—38　用移动式起重机和卷扬机竖立桅杆

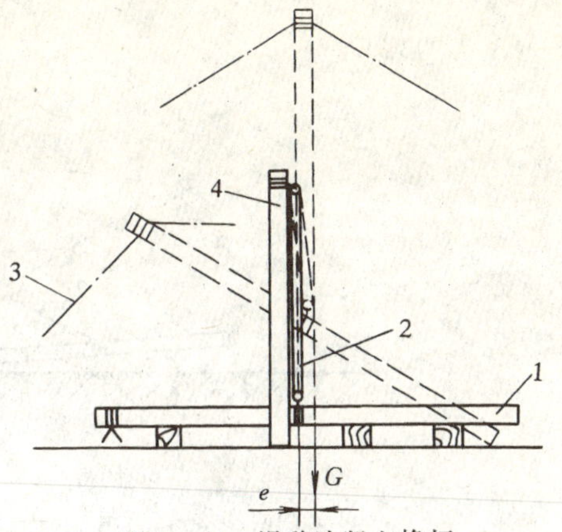

图 5—39　滑移法竖立桅杆

1—主桅杆　2—起重滑车组

3—缆风绳　4—辅助桅杆

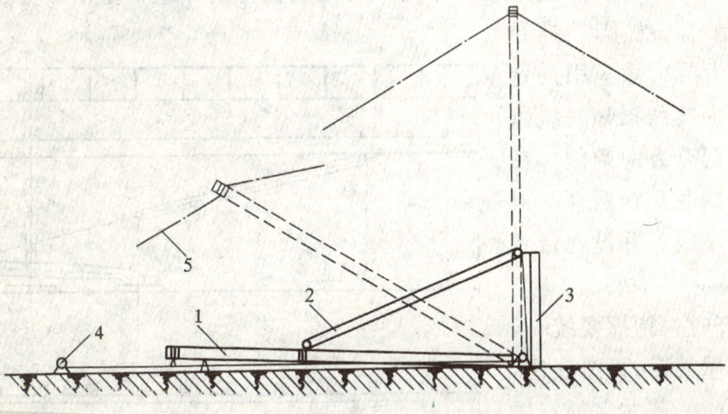

图 5—40　旋转法竖立桅杆示意图

1—主桅杆　2—起吊滑车组　3—辅助桅杆　4—卷扬机　5—缆风绳

面形成 60°～70°角时，就可利用主桅杆顶部的缆风绳来竖立桅杆。这种竖立方法所用辅助桅杆的高度为主桅杆的 1/3～2/3。其优点是辅助桅杆的高度低于滑移法的高度；缺点是不如滑移法受力好，桅杆底部捆绑或铰链的加工和安装较复杂，且操作有一定难度。

3）扳倒法　如图 5—41 所示。安装前，主桅杆的放置和旋转法相同，但辅助桅杆是放在主桅杆的基座上。然后用钢丝绳把辅助桅杆和主桅杆的吊点相连，并收紧。辅助桅杆另一侧用起重滑车组连接于坚固的地锚上，并把跑绳引到卷扬机上。用扳倒法时，辅助桅杆、起重滑车组、地锚和主桅杆四者必须在同一平面内。开动卷扬机，利用起重滑车组将辅助桅杆扳倒，与此同时，主桅杆就由水平位置旋转到垂直位置。在竖立过程中，制动绳必须拉住并且随着主桅杆位置的变化相应地逐渐放长，以防止主桅杆左右摆动。当主桅杆转到 60°角时，就利用缆风绳来竖立。这种竖立方法所用的辅助桅杆高度为主桅杆高度的 1/3～1/4，是在 3 种方法中需要的辅助桅杆最短的，缺点同旋转法相似。

（4）利用厂房吊车梁牛腿扳立桅杆　如图 5—42 所示。利用吊车梁牛腿处扳立桅杆，必须先对牛腿进行受力分析，可行后再对牛腿做全面的检查，尤其是对焊缝应仔细检查。

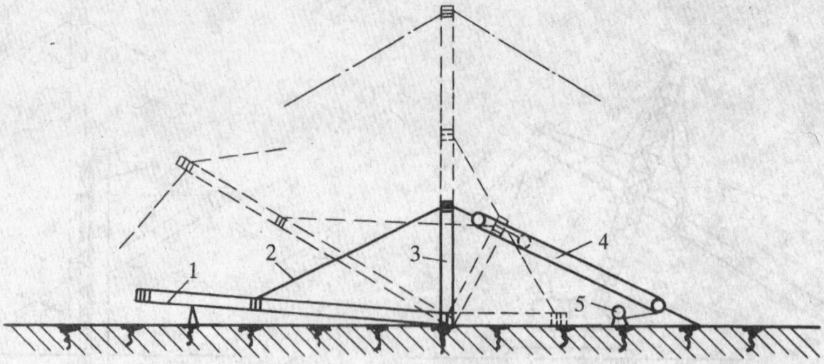

图 5—41　扳倒法竖立桅杆示意图

1—主桅杆　2—千斤绳　3—辅助桅杆　4—起重滑车组　5—卷扬机

1）立桅杆的位置　必须考虑对桅杆扳立顶部能首先进入屋架下弦。桅杆顶部以下垫1 m以上的枕木堆，底座下应铺设滑道。桅杆底部球头必须放置在底座球穴旁，便于扳立时球头能直接自行落于球穴中，并用绳索捆在一起。将两套扳立滑车组的定滑车分别对称地挂在吊车梁牛腿处，可在前一柱脚处挂导向滑车，跑绳经此导向滑车引向卷扬机。在捆点下面拴两根临时缆风绳，防止桅杆朝起升方向倾倒。在与扳立方向相反的底部挂两套与扳立负荷相等的滑车组，并设两台卷扬机配合牵引。

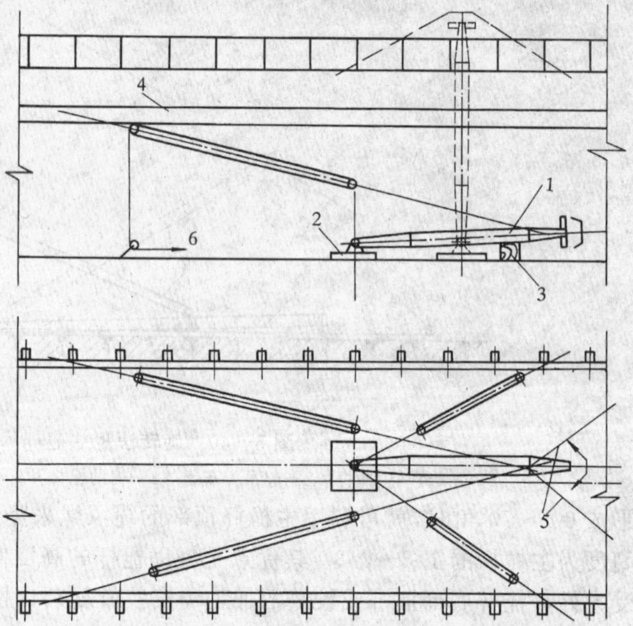

图 5—42　利用厂房吊车梁牛腿处扳立桅杆示意图

1—桅杆　2—桅杆底座　3—枕木堆

4—吊车梁　5—临时缆风绳　6—至卷扬机跑绳

2）扳起桅杆时，指挥要统一，先扳起顶部进入屋架后，再滑底座，两者不得同时操作，若在室外只要扳起桅杆顶部，而底座可以不动。

（5）利用厂房内的桥式起重机竖立桅杆　桥式起重机竖立桅杆的方法：

1）把桥式起重机开到竖立桅杆的相应位置，将大小车车轮均以木楔子固定，并用绳索临时捆住。从小车的大卷筒轴承座下用吊索拴挂滑车组竖立桅杆，常用此法来竖立起重量为500 kN以下的桅杆。

2）在小车侧面对准肋板焊接索具吊耳系挂滑车组，如图 5—43 所示。定滑车应紧靠大车走台板，以免影响起吊高度。在相反一面应加吊索，并固定于走台板角钢支撑处，走台板与大梁间应加临时斜支撑，防止角钢支撑变形。还应在小车框架下面垫紧枕木或方木，以增加受力面积。在起吊大型桅杆时，往往在桅杆捆绑吊点上加单轮滑车，跑绳用顺穿法，使用两台卷扬机进行起吊。

2. 组装大车梁　当桅杆竖立并调整好后，就可将两片大车梁分别运到桅杆两侧，运输时要注意方向。用汽车吊将两片大车梁放置在已搭设好的组装轨道上，起重工配合钳工进行大车梁的组对。

3. 装小车　大车组装完毕，即可将小车装到大车上，并稳固在确定位置，一般有如下操作方法：

(1) 用汽车、轮胎、履带式起重机吊装小车　选用一台性能合适的移动式起重机，既能满足吊装小车时的高度要求，同时又能满足负荷吨位的要求。此法方便，但必须注意起重机的臂杆不要与桅杆、厂房构架及其他设备碰撞。

(2) 用已竖立的桅杆与厂房的吊车梁夺吊小车　如图 5—44 所示。利用起重滑车组 7 与起重滑车组 8 共同抬吊小车。在图 5—44 中吊车梁所受水平力不得大于小车重量与额定起重负荷之和的 1/20。

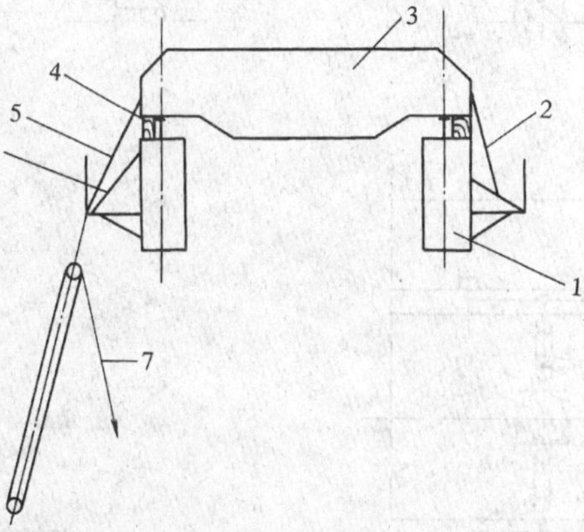

图 5—43　吊耳焊接位置示意图

1—大梁　2—吊索　3—小车

4—枕木　5—挂滑车组吊

6—临时支撑　7—至卷扬机跑绳

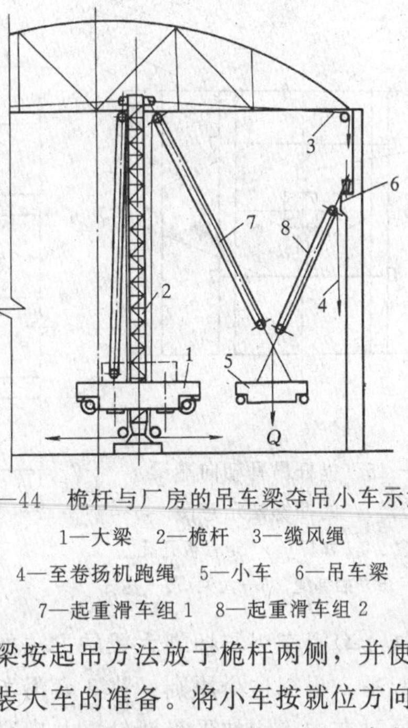

图 5—44　桅杆与厂房的吊车梁夺吊小车示意图

1—大梁　2—桅杆　3—缆风绳

4—至卷扬机跑绳　5—小车　6—吊车梁

7—起重滑车组 1　8—起重滑车组 2

(3) 用已竖立的桅杆吊装小车　先把两根大梁按起吊方法放于桅杆两侧，并使大车轮均置于用枕木和钢轨铺设好的临时轨道上，做好组装大车的准备。将小车按就位方向运至两片大梁中间。然后用已竖立桅杆上的一套起重滑车组立吊（或平吊）小车，另一套起重滑车组固定于大车梁或柱脚，用于平衡起吊小车的力。当小车被起吊到超过主梁高度后，可合拢并组装大车。大车组装完毕，再将小车缓慢落在主梁上固定。最后捆绑主梁上系挂滑车组的钢丝绳和安装主梁上的电气支架和零部件。

4. 挂滑车组和捆绑大车梁的方法　对于起重量500 kN及以下的桥式起重机，由于重量不大，一般只需挂两套滑车组就能满足吊装要求，采用交叉捆绑或直接捆绑大车梁。但对起吊750 kN及以上的桥式起重机，由于重量比较大，就需采用多套滑车组，使用交叉捆绑或直接捆绑大车梁。

(1) 挂两套滑车组与捆绑大车梁的方法

1)当桅杆的吊耳朝向桥式起重机的端梁时，滑车组的系挂和大车梁的捆绑方法如图5—45

所示。跑绳经桅杆顶部的定滑车沿桅杆下至底部的导向滑车引向卷扬机。跑绳一般采用顺穿法，在大车的一侧用一根捆绑绳交叉穿过两片大梁走台板的开孔进行捆绑，用捆绑绳捆绑后，呈横置的"∞"字形状，俗称"8"字捆绑法。

2）当桅杆的吊耳朝向桥式起重机的两片大梁时，滑车组的系挂和大车梁的捆绑方法如图5—46所示。在一片大梁上用一根捆绑绳，每次捆绑穿过走台的开孔缠绕大梁一圈进行捆绑，凡是捆绑绳与大梁的接触地方都必须垫好木板或其他衬垫物，以免捆绑绳在受力后受到损伤。

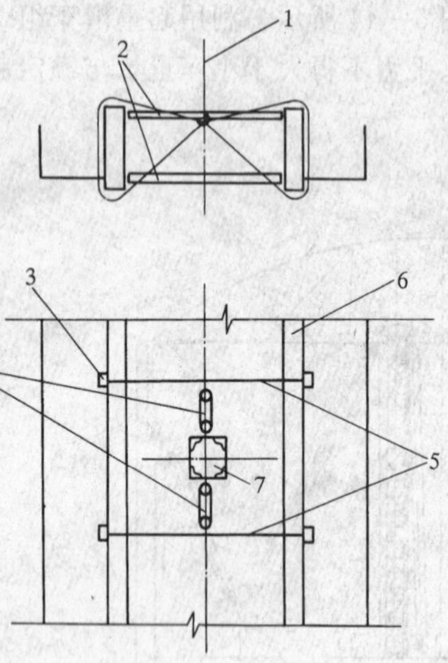

图5—45　桅杆吊耳朝向端梁的捆绑法示意图

1—吊索　2—撑杆　3—走台板开孔　4—滑车组　5—捆绑绳　6—大梁　7—桅杆

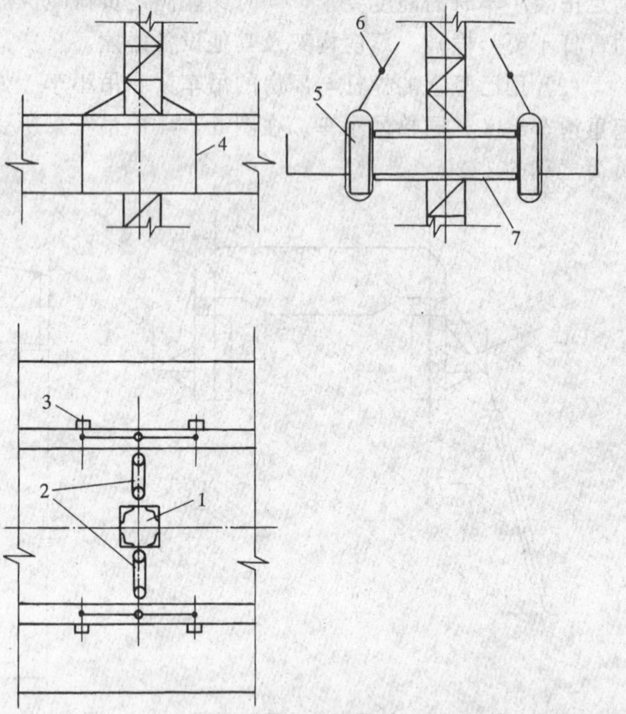

图5—46　桅杆吊耳朝向大梁捆绑法示意图

1—桅杆　2—滑车组　3—走台板开孔　4—捆绑绳　5—大梁　6—吊索　7—撑杆

（2）挂4套滑车组与捆绑大梁的方法如图5—47所示。为了起吊时便于调整平衡，最多采用三点起吊，根据这个原则，将4套滑车组分别捆在大梁上。桅杆一侧或一片大梁上的两套滑车组通过在中间增加平衡滑轮，并串联起来，如图5—48所示。

另两套滑车组则单挂，如图5—49所示。

（3）挂5套滑车起吊桥式起重机　如图5—50所示。将每片大梁上的两套滑车组都串联起来，并在两套滑车组之间增加一个平衡轮。在放置小车的一端（靠桅杆处）捆一套"8"字捆绑绳，并挂上一套滑车组。这样构成三点受力起吊。

（4）挂7套滑车组起吊桥式起重机　将每片大梁的3套滑车组串联起来，把两头的跑绳引至卷扬机。再在安放小车靠近桅杆一侧的两片大梁上捆一套"8"字捆绑绳，并挂上1套滑车组，这样设置的7套滑车就构成三点受力起吊桥式起重机。

（5）挂9套滑车组起吊桥式起重机　挂9套滑车组和挂7套滑车组相似，只是每片大梁上有4套滑车组串联起来。

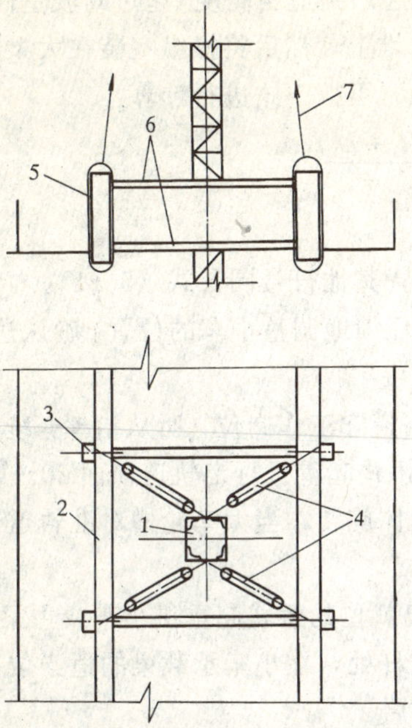

图 5—47　4 套滑车组捆绑方法

1—桅杆　2—大梁　3—走台板开孔

4—滑车组　5—捆绑绳　6—撑杆

7—至卷扬机跑绳

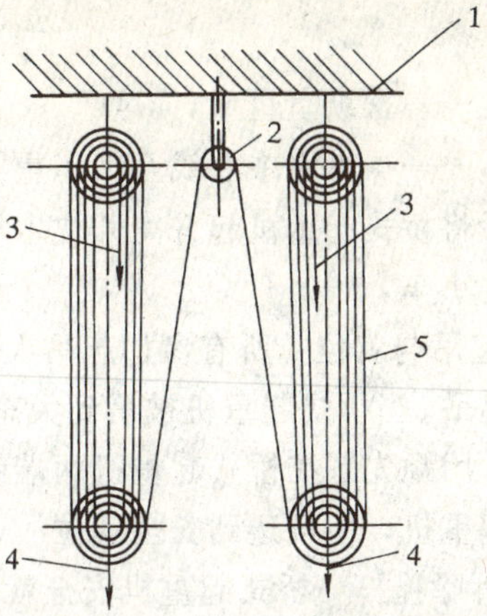

图 5—48　平衡滑车的穿法示意图

1—桅杆吊耳　2—平衡滑车

3—至卷扬机跑绳

4—至捆绑大梁的吊索　5—滑车组

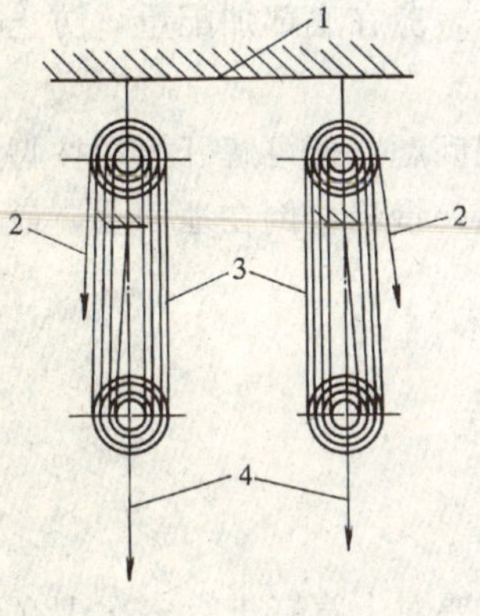

图 5—49　滑车组穿法示意图

1—桅杆吊耳　2—至卷扬机跑绳

3—滑车组　4—至捆绑大梁的绳索

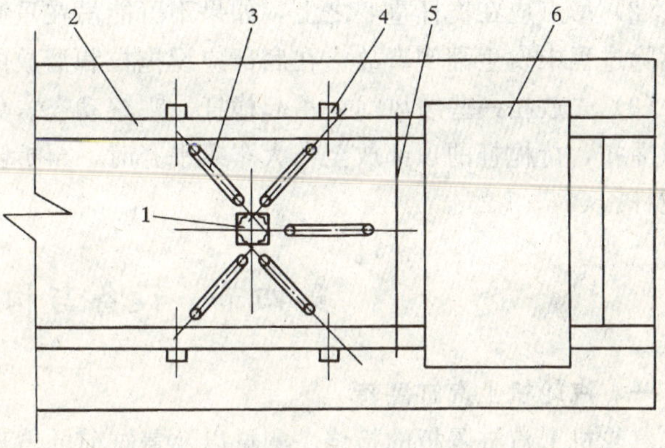

图 5—50　5 套滑车组捆绑示意图

1—桅杆　2—大梁　3—滑车组　4—走台板开孔

5—捆绑绳　6—小车

5. 试吊　试吊过程中要检查下述项目：

（1）卷扬机动作是否灵敏可靠；

（2）吊起桥式起重机，使其悬空 10～30 cm，经10 min后不出现问题，然后再做晃动桥式起重机的工作。

（3）晃动桥式起重机，检查桅杆、卷扬机、起重滑车组、缆风绳及捆绑绳、地锚或柱脚千斤绳等的可靠性。检查无误后，方可进行正式吊装。

6. 装操纵室　当试吊合格后，可将桥式起重机起吊到适当高度（超过驾驶室高度20 cm即可）在起重机下搭好枕木堆，使起重机搁放在枕木堆上，然后将操纵室装在大梁上。装完操纵室后要调整小车位置，小车位置 L_2（见图 5—34）可按下式进行计算：

$$L_2=\frac{G_1L_1+G_3(L_3+L_1)}{G_2} \tag{5—4}$$

式中　G_3——操纵室重量，kN；

L_3——操纵室中心线至大车重心的距离，m；其他符号同公式（5—1）。

然后将桥式起重机起升离开枕木堆一小距离，仔细地调整小车的位置。确认达到平衡后，再次固定小车。

7. 起吊与就位　所有参加起吊人员都必须严格遵守工作岗位，听从指挥，统一行动，确保安全起吊。当桥式起重机被吊到大车车轮底超过桥式起重机行走轨道顶面 20～30 cm后，停止起吊。用预先系在桥式起重机两端的牵引绳使车体旋转，当大车轮槽对准轨道后，缓慢放下桥式起重机，便可达到安全就位。

8. 拆除桅杆　桥式起重机安全就位后，可用已就位的桥式起重机小车或主梁放倒桅杆。

（1）利用小车拆除桅杆　将小车移动到靠近桅杆处，在小车承载梁的适当位置上挂起重滑轮，拆除桅杆。

（2）利用主梁拆除桅杆　先将两根工字钢或枕木加钢轨做横梁，架设在桥式起重机两主梁上，再在横梁上系结吊索和起重滑车组来拆除桅杆。

拆除桅杆时应注意：

（1）必须将小车、大车车轮用木楔子固定。

（2）吊点应在桅杆重心之上，如果不可能吊在重心之上时，应在底部加配重，防止桅杆在拆除过程中发生翻倒事故。在底部应设拖拉和溜放的绳索。

（3）先放松一些缆风绳，吊起桅杆，观察动态。如未发现问题，便可解开拴在柱脚上的缆风绳扣，待桅杆的顶部放至与大车梁平齐时，再拆除缆风绳，慢慢放倒在地面上，最后拆除桅杆。

第四节　设备与构件翻转

一、汽轮机上汽缸翻转

汽轮机上汽缸隔板的检修、测量以及盖缸前的清理，都需要对上汽缸进行多次 180°翻转（俗称翻缸）。翻缸工作在汽轮机吊装中是较为主要的工作。特别是在大型汽轮机组中，由于汽缸多，缸体形状复杂，而翻缸又极为频繁，因此要求也就十分严格。各型汽轮机上汽缸虽然有大小之别，但翻缸的操作从起重吊装方式来讲主要有三种，一是利用起重机单钩在地面上进行滚翻，二是空间换点翻转法，三是空间翻转法。

1. 利用起重机单钩滚翻　该法一般用在小型机组中。当无桥式起重机或桥式起重机尚未安装的情况下，可通过其他起重机单钩在地面上进行滚翻。在滚翻时必须用枕木将汽缸与地面的着力点垫平实，当汽缸重心和吊钩在汽缸上的系着点绕汽缸与地面的着力点滚翻接近90°时，为了防止汽缸的重心突然转向吊钩垂直线位置上而引起严重晃动，必须在缸体与地面的着力点处，穿绕滑车组不准着力点发生突然移动，从而使缸体的重心缓慢地转移至与吊钩在同一垂直线上，以免损坏起重机或汽轮机的上汽缸。

2. 空间换点翻转法　该法主要用于缸体外形不规则的汽缸翻转。空间换点翻转是采用主、副钩千斤绳分别系结在汽缸的前后端，使主钩在汽缸体上的系结点绕副钩在汽缸体上的系结点翻转达 180°。

空间换点翻转法操作要领：

(1) 千斤绳系结　一般由桥式起重机的主钩在缸体前端左右对称地选取两个吊点；副钩在缸体后端，根据汽缸的形状选取一个或两个吊点。如图 5—51 所示。

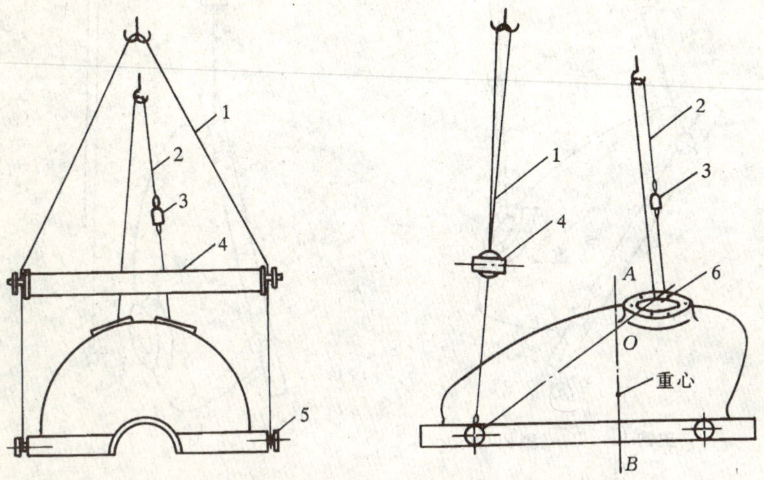

图 5—51　空间换点翻转千斤绳系结方法示意图

1—主钩千斤绳　2—副钩千斤绳　3—卸扣　4—支撑横吊梁

5—管式吊耳（制造厂吊点）　6—导气管孔

(2) 翻缸方法　如图 5—52 所示。首先由主、副钩同时起升，将汽缸吊离地面约0.5 m左右时，主钩继续提升，副钩停止，并配合主钩做间断的提升或下降，以保持缸体的最低点离地面约 0.3～0.5 m。当汽缸平面和地面成 90°夹角时，主钩停止提升，由副钩单独下降，使缸体重心逐渐转移至与主构系结点在同一条垂直线上，并使副钩不承受负载，千斤绳松宽后拆除系结绳套（图 5—52 b）。由人工将悬吊在主钩上的汽缸绕主钩与汽缸重心的垂直线旋转 180°，使汽缸平面转向副钩千斤绳。把副钩千斤绳套系挂在汽缸后部左右两个管式吊耳上（图 5—52 c）。接着进行第二步继续翻转，将副钩稍向上提升，使缸体重心由原来与主钩系结点垂直线重合的位置，转化至在主、副钩系结点作用线之间。停止副钩提升，由主钩连续下降，使汽缸平面逐渐放平，至汽缸的平面方向向上（图 5—52 d）。采用双钩抬吊空间换点翻转法翻缸的关键是：翻缸前要正确掌握缸体的重心，正确选择主钩的系结点和副钩换点前后的系结点位置。

(3) 空间换点翻转法系结点的选择要求

1）换点前主、副钩选择系结点的要求

①主、副钩系结点应选择在缸体重心垂直线 AB 的两侧（图 5—51）。

②主、副钩系结点之间的连接线在垂直 AB 的交点 O，必须在缸体重心的上面，最差条件只能与重心重合，绝对不能低于重心（图 5—51）。

2）换点后主、副钩选择系结点的要求

①副钩系结应选取在缸体重心水平线 EF 之下（图 5—52 c）。

②主、副钩系结之间的连接线，在重心水平线 EF 的交点 O'，必须在缸体重心的翻转方向一边（图上 F 的一边），绝对不能交在另一边（图 5—52 c）。

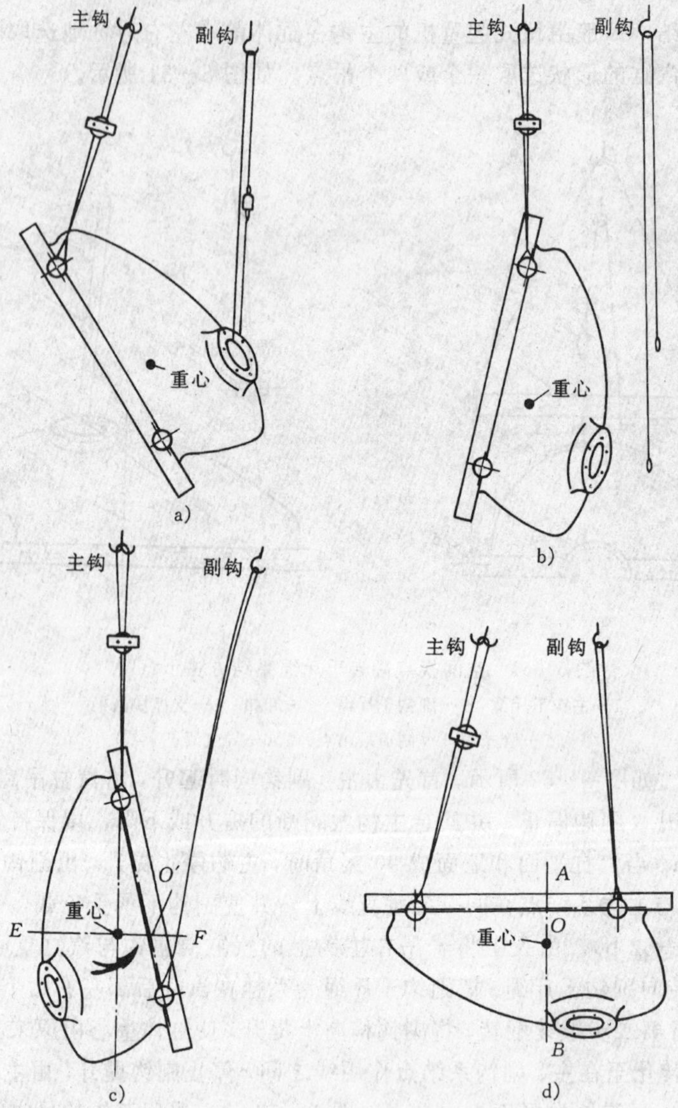

图 5—52　汽缸翻转过程示意图

a）汽缸开始翻转　b）汽缸翻转 90°，拆除副钩千斤绳

c）汽缸绕主钩作用线旋转 180°后系结副钩千斤绳　d）汽缸翻转 180°

3．空间翻转法　空间翻转法是采用主、副钩千斤绳系结在一端，利用主、副钩协调的上升或下降，促使汽缸的另一端绕千斤绳系结的一端转动 180°。该法适宜缸体外形较为规则、无特殊凹凸部位的缸体翻转。

（1）千斤绳系结方法　如图 5—53 所示。主钩上的千斤绳从汽缸 A 端绕过汽缸下面，两个绳套系挂在 B 端两个管式吊耳上。副钩上的千斤绳两个绳套垂直向下，也系挂在 B 端两个管式吊耳上，但必须套在主钩千斤绳的绳套内侧。

（2）翻缸方法　如图 5—54 所示。首先由主、副钩同时提升，将缸体吊离地面约0.5 m高，主钩继续提升，副钩停止提升，并配合主钩做间断下降，以保持汽缸的最低点离开地面约 0.3～0.5 m高即可。这样汽缸 A 端随主钩上升而向上移动，B 端保持离地面约 0.3～0.5 m（图 5—54 a）。当 A、B 端趋向于垂直线，即汽缸在翻转 90°时（图 5—54 b）。主钩停止提升，副钩开始连续下降，此时主钩做间接上升，以保持缸体的最低点不接触地面。汽缸的上面依靠在副钩千斤绳上，随着副钩的下降，汽缸 A 端绕 B 端顺时针方向移动，而使汽缸翻转至于 180°（图 5—54 c）。

翻缸工作通常是在汽轮机房的零米层进行，地面上应铺设枕木，以防碰伤汽缸。

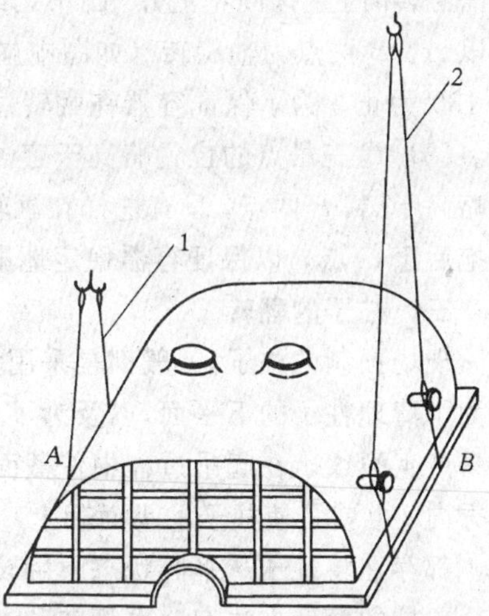

图 5—53　空间翻转千斤绳系结方法示意图

1—主钩千斤绳　2—副钩千斤绳

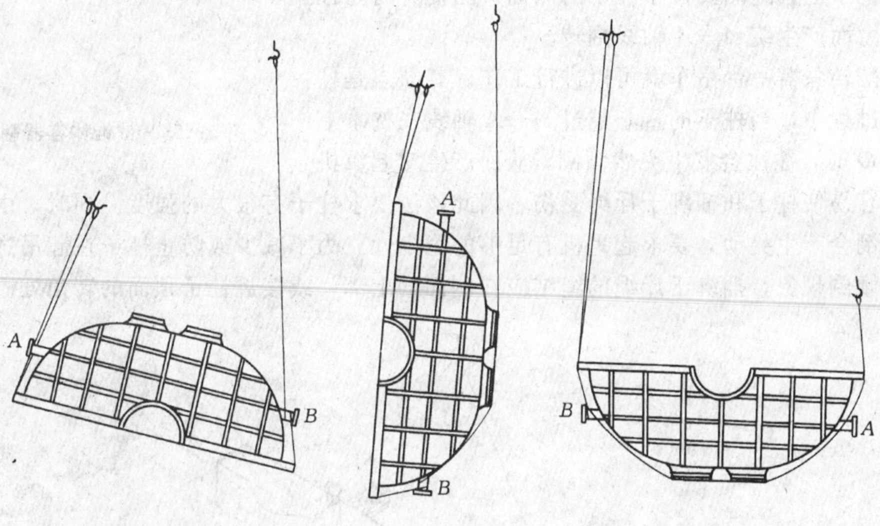

图 5—54　汽缸翻转过程示意图

a）汽缸开始翻转　b）汽缸翻转 90°　c）汽缸翻转 180°

二、锥体容器翻转

带锥体容器的放置，一般是不带锥体的一端与地面接触，这样稳定性好。但因工艺的需要，锥面设计朝下，这时就须将容器翻转达 180°。对这类容器翻转的具体方法如图 5—55 所示。图中 A、B、C 三点为容器的 3 个吊耳，呈三等份（各相距离 120°）。在 A、B 两点用一根绳扣拴在主钩上，同时在 C 点用一套滑车组拴好挂在主吊钩卡口 D 点处，滑车组的跑头挂在副吊钩上。当容器随着主吊钩上升时，副钩也随着上升，并保持滑车组稍感吃力即可。当容器需翻转时，主钩停止上升，副吊钩继续上升，这时容器就可以 A、B 两点为轴旋转（如图中虚线位置）直至 C 点翻转 180°为止。为了保证容器在翻转过程中不致突然翻，要使 A、B、C 三吊点的位置略高于容器的重心，而且点 C 还得略高于 A、B 两点，只有这样在翻转过程中，重心才能始终拖后于 C 点，以保证容器稳定地翻转。

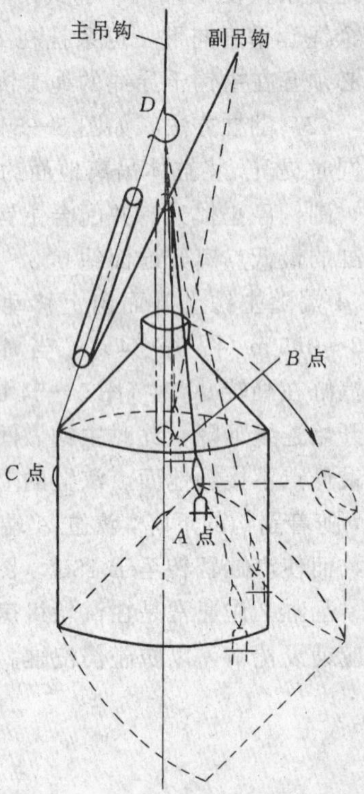

图 5—55　带锥体容器翻转

三、柱子的翻转

现场预制的柱子，一般都是采用大面朝上的平卧浇灌。但为了清理柱子的下平面，以及为了使柱子在起吊过程中，不易产生裂纹，在起吊过程中使截面系数大的轴线置于起吊方向（也就是使柱子的小面朝上）。因而，柱子在起吊之前，都存在将柱子从平卧状态下翻转 90°的问题。

单柱的翻转方法有一次翻转和空中翻转两种方法。一次翻转一般适用于重量较轻，强度好的短柱。而对重量大、配肋少及强度差的长柱应使用空中翻转方法。

1. 一次翻转法　如图 5—56 所示。用千斤绳与卸扣直接捆绑在柱子上，绳结要位于柱子的侧面。当提升时，柱受到侧向力而产生绕 A—A 轴线翻转。

一次翻转只需一台吊车就可以进行工作。其缺点是柱子在翻转过程中，当柱子的重心越过 A—A 轴线在枕木上的接触点 O 时，往往会发生突然倾倒，从而产生对起重机的冲击，容易使柱子和捆绑千斤绳受伤。因此该法要求柱子有很大的强度。同时，由于柱子的突然倾倒会产生晃动，要求起重机有足够的稳定性。为了减少或防止柱子在起吊过程中的这种突然倾倒现象，捆绑千斤绳的绳结应在侧面的上部，或接近柱子顶面的转角处。

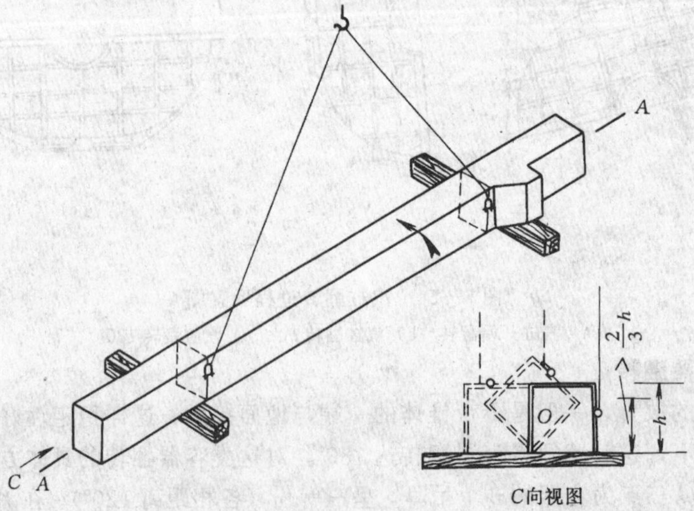

图 5—56　单柱一次翻转法示意图

2. 空间翻转法　如图 5—57 所示。空间翻转法的起吊过程，主要是通过主、副钩对柱子的不同作用而完成，主钩承担提升柱子的作用；副钩给柱子侧向力使柱子产生翻转。主钩的千斤绳穿过吊装滑轮空兜着柱子；副钩千斤绳一端绳套用卸扣系结在柱子底平面，另一端沿着柱子的侧面向上挂于副钩上。这样当主钩将柱子吊离地面后，提升副钩，则柱子将按图中箭头方向进行翻转。

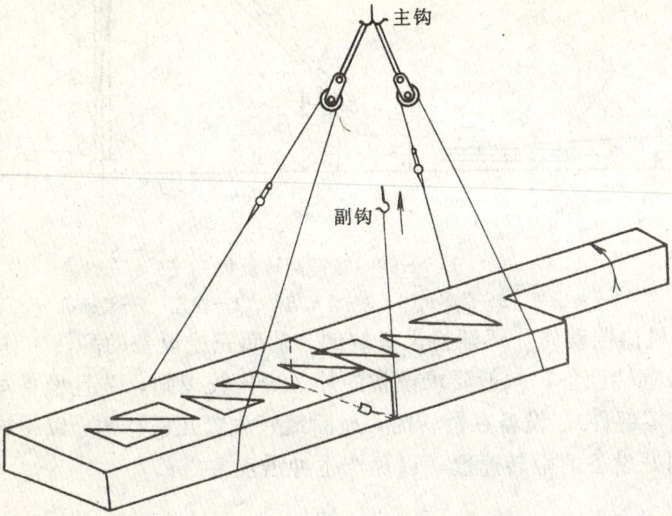

图 5—57　单柱空间翻转法示意图

吊装滑车的作用，是使主钩千斤绳在柱子翻转时，通过滑车的作用能自动调整千斤绳两边的长度，并能减少副钩的翻转力。

副钩捆绑柱子的绳结应置于柱子的反面而不能置于侧面，这是保证柱子在整个翻转过程中，始终有一定的翻转力。同时还可防止当柱子刚翻转 90°时，由于副钩操作不当而产生副钩代替主钩来承担柱子的整个重量，造成副钩过载事故。

四、桅杆式起重机翻转设备

在设备安装工作中，会经常遇到一些比较重的设备需要进行翻转后才能安装就位。在没有机械化吊装设备的情况下，将设备翻转 180°，往往采用桅杆式起重机与卷扬机联合作业的方法进行。采用这种方法，要求桅杆、设备的翻转平面与卷扬机三者在一条线上，且桅杆与设备的距离 L，应使 $\alpha \geqslant 45°$。如果设备朝桅杆方向翻转（也可背向桅杆方向翻转），还要求 L 大于设备高度的 2 倍。如图 5—58 所示。

在确定使用该种方法进行翻转的方案后，就应根据设备的重量和高度选用桅杆和卷扬机的规格，并配备相应的滑车组、索具、吊具和地锚等。

使用桅杆式起重机翻转设备操作程序：

1. 工具备齐，拴好滑车组 3，竖立桅杆，固定缆风绳及卷扬机 5。

2. 固定卷扬机 1，并穿挂好滑车组 2。

3. 捆绑好设备，应注意使吊点在重心之上，在专人指挥下，由卷扬机 5 牵引，将设备竖立（向桅杆方向翻转 90°）。此时卷扬机 1 放松。

4. 继续开动卷扬机 5，使设备重心移向右方，此时卷扬机 1 牵引设备。待设备重心垂线超过其底面后，设备依靠其重力向右方翻转。此时必须依靠卷扬机 1 牵住设备，同时卷扬机

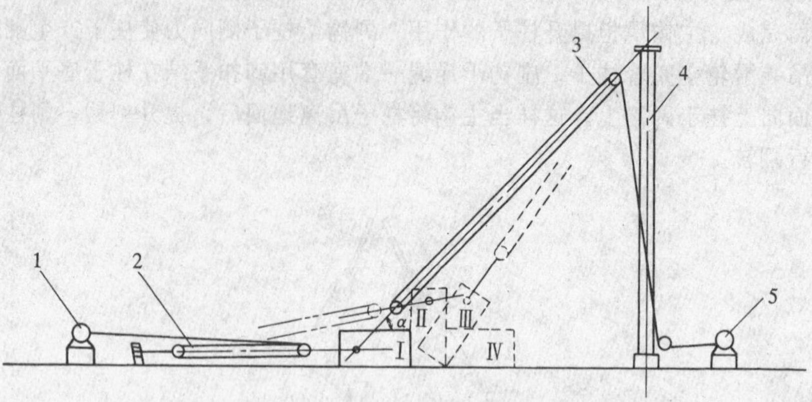

图 5—58　桅杆翻转设备

1—卷扬机　2—滑车组①　3—滑车组②　4—桅杆　5—卷扬机

5 要缓慢放松，两机协调动作，逐渐将设备放倒，从而完成设备的翻转工作。

采用上述方法翻转设备，一般要求设备的外形应比较规则，并且设备与地面的接触面上不应有易损物（或零部件）。设备在翻转时，地面最好放置几根枕木，以减轻设备翻转后的振动。此外，应控制好设备的翻转速度，以免产生冲击现象。

第五节　金属构件和设备的运输及装卸

一、金属构件和设备的运输

设备、金属构件的运输可以分为外部运输（或称长途运输）和内部运输（或称短途运输、厂内运输）。外部运输是指将金属构件和设备从设备制造厂运输到仓库或组装场地，一般距离都比较远。内部运输是指将仓库或组装现场的设备运输到施工现场的基础附近，这种运输距离短，但重量及外形尺寸都比较大。

1. 外部运输　外部运输工作，主要用汽车、汽车平板拖车、火车及船舶等运输工具来完成。在具体工程中，需结合构件、设备的类型、尺寸、重量，根据运距、费用、工期等各种因素综合考虑来决定采用哪种工具运输或采用两种（或两种以上）的工具联合进行运输。

2. 内部运输　在安装现场，搬运和装卸设备常用各种移动式起重机、载重汽车、载重平板车，采用这些专用机械运输，装卸设备的效率高，操作简单，机械化程度高。但在一些道路狭窄、管道纵横、塔罐林立的施工区域内，以及大型设备的卸船搬运等，仍需根据施工现场的实际情况，采用不同的运输方式。厂内搬运工作大致可以分为以下 5 种形式：

（1）车辆搬运　可用汽车装载搬运或者采用自制四轮小平板车由拖拉机牵引搬运。这种搬运方法，一般适用于重量在150 kN以内的设备和构件。其特点是搬运效率高，但要求运输道路宽阔、平坦、结实，同时还需有起重机械配合装卸工作。

（2）旱船拖板滑移搬运　旱船拖板滑移搬运的主要机具有钢排和牵引机械。钢排因其结构形式不同可分为旱船和滑台，旱船是用钢板制成的船形拖板，如图 5—59 所示。滑台是由槽钢、钢轨和枕木制成，如图 5—60 所示。

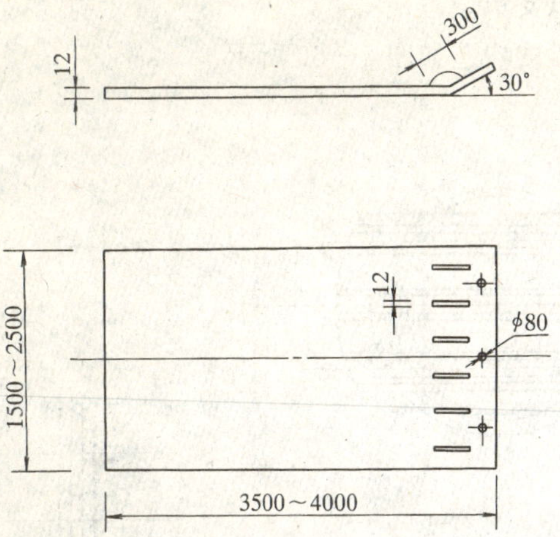

图 5—59 旱船示意图

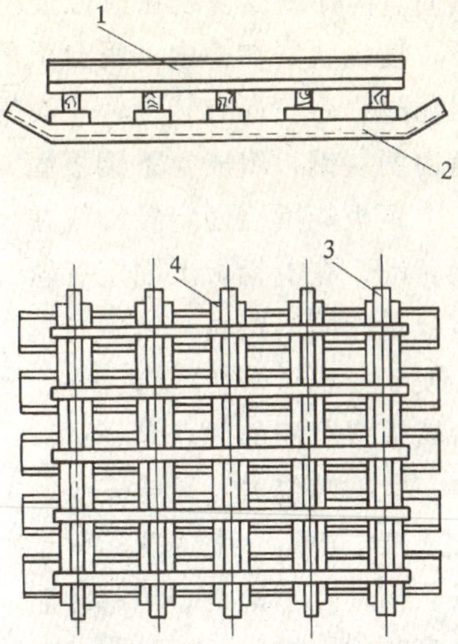

图 5—60 滑台

1—钢轨 2—槽钢 3—枕木 4—钢板

1）滑移搬运法 将金属构件和设备搁置在旱船上，再用牵引机械牵引旱船，使旱船在地面上滑移，如图 5—61 所示。这种运输方法适合于道路条件差的情况下使用，其最大运输重量不超过120 kN。

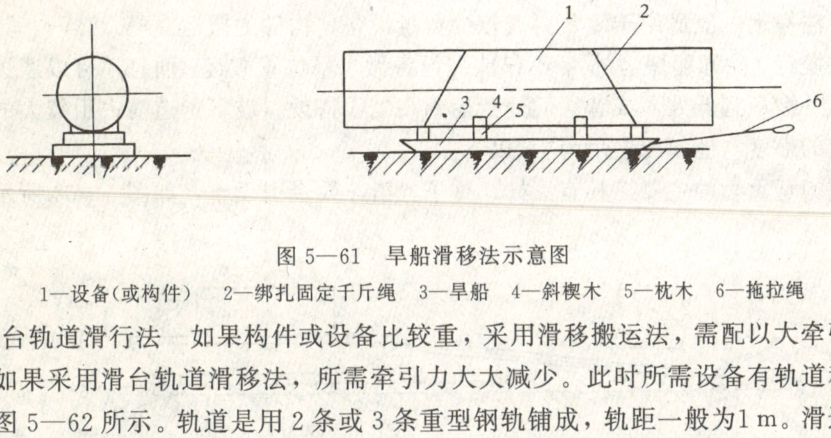

图 5—61 旱船滑移法示意图

1—设备（或构件） 2—绑扎固定千斤绳 3—旱船 4—斜楔木 5—枕木 6—拖拉绳

2）滑台轨道滑行法 如果构件或设备比较重，采用滑移搬运法，需配以大牵引力机械合作。这时如果采用滑台轨道滑移法，所需牵引力大大减少。此时所需设备有轨道和滑台。运输方法如图 5—62 所示。轨道是用 2 条或 3 条重型钢轨铺成，轨距一般为1 m。滑道的铺设质量要求不高，钢轨放在枕木上，枕木下不需垫碎石，因此铺设和拆除都较方便。

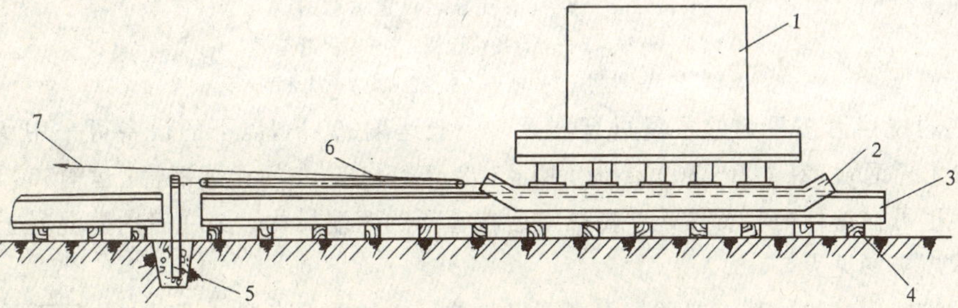

图 5—62 滑台轨道滑行法示意图

1—大型设备（或构件） 2—滑台 3—栈桥（3 根轨道） 4—枕木 5—地锚 6—牵引滑车组 7—至卷扬机跑绳

运输时，构件或设备放在滑台上，滑台由槽钢、钢轨和枕木组成，见图 5—60。槽钢 2 的开口向下，使钢轨嵌在槽内，滑台上的钢轨 1 用以支承设备。

在运输过程中，遇有转弯，应设置转盘，转盘的构造如图 5—63 所示。

转盘由两块钢板组成，下钢板固定不动，上钢板能围绕固定轴轴线在下钢板上转动。在上钢板上固定有轨道与轨道数量相同的钢轨，轨距与钢轨相同，便于与轨道密切配合。

滑台轨道滑行法的优点是：运输速度较快，运输吨位大，运输安全。

(3) 滚杠法搬运　施工现场对于重大设备、构件，不论是卸车、卸船搬运或是安装就位搬运，均可用此法。一般中型设备与构件用卷扬机等机械牵引，而重量较轻的设备与构件用人力撬动运输。但是此种方法的搬运速度慢，而且工作时劳动强度大，所要经过的搬运道路需根据设备和构件的重量和土质耐压能力来铺设下走道。因此，滚杠法搬运一般适用于短距离或较少数量设备、构件的搬运。

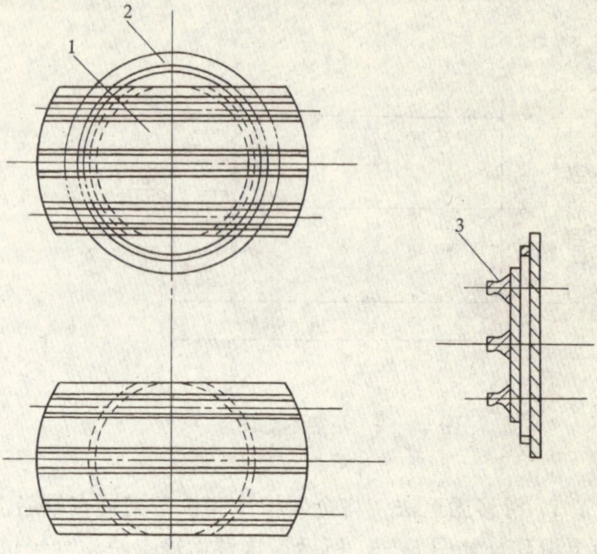

图 5—63　转盘示意图

1—上板　2—下板　3—钢轨

滚杠法搬运（除卸船搬运外），不仅能把设备做水平位置搬运，而且还可以通过搭设斜坡下走道从高处搬运到低处，或者从低处搬运到高处。搭设斜坡下走道需占用较大的地方。一般斜坡走道的坡度与地面的夹角为 15°以下。

滚杠法搬运重物的主要工具有滚杠、排子、滑车及牵引设备，如图 5—64 所示。

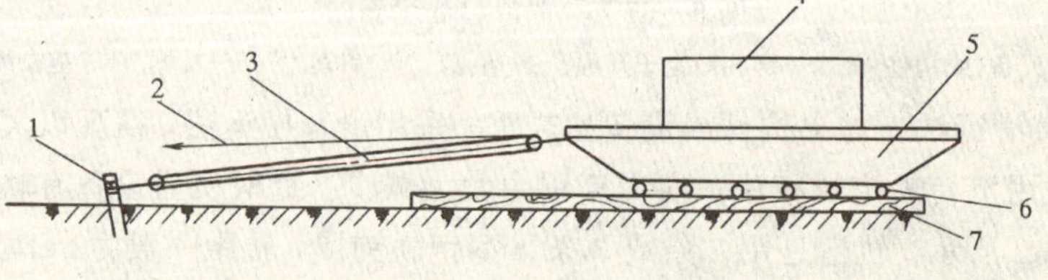

图 5—64　滚杠搬运布置示意图

1—地锚　2—至卷扬机跑绳　3—牵引滑车组

4—重物　5—排子　6—滚杠　7—枕木

滚杠的规格可按重物的重量进行选择。一般运输300 kN以下的设备可采用 ϕ 76 mm×10 mm的无缝钢管；在 400～500 kN时，用 ϕ 108 mm×12 mm的无缝钢管；运输500 kN以上的重物时，也可在滚杠内装黄砂，并捣结实后在管子的两端封住，或在管内灌混凝土，有关滚杠的技术规格参见表 5—6。

采用滚杠运输时，其拖拉力的大小不仅与被运输的重量有关，而且与排子下放置的滚杠数量和下走道的铺设宽度有关。放置滚杠数量可用下列经验公式求得：

表 5—6　　　　　　　　　　　　　　　　　滚杠的技术规格

滚杠钢管规格 (mm)	滚杠材料	每根滚杠承载力 (kN)	每根滚杠长度 (mm)	滚杠钢管规模 (mm)	滚杠材料	每根滚杠承载力 (kN)	每根滚杠长度 (mm)
ϕ90×4.5	10 号钢	20	2 000	ϕ114×10	20 号钢	109	2 300
ϕ108×6	10 号钢	40	2 000	ϕ114×12	35 号钢	160	2 500
ϕ114×8	10 号钢	65	2 300	ϕ114×14	35 号钢	250	2 500

$$n=\frac{GK_1K_2}{gL} \tag{5—5}$$

式中　n——应放置滚杠的数量；

G——被拖运物体的重量，kN；

L——每根滚杠上有效承压长度，m；

K_1——动载系数，取 1.1；

K_2——超载系数，取 1.1；

g——滚杠每 m 长度上容许载荷，kN/m。

对于松木滚杠 $g=(400\sim450)d$ kN/m；

对于硬木滚杠 $g=600\,d$ kN/m；

对于厚壁无缝钢管 $g=3\,500\,d$ kN/m；

对于厚壁无缝钢管充填混凝土 $g=4\,000\,d$ kN/m；

对于锻钢滚杠 $g=5\,300\,d$ kN/m；

d=滚杠外径，m。

在使用滚杠搬运物体时，应注意如下几点：

1）滚杠的数量和间距应根据物体的重量来决定，选用的滚杠要粗细一致，长短一样。

2）放置滚杠时应将滚杠的端头放整齐，两端伸出排子外面的长度为300 mm左右，以免压伤手脚。

3）选择的道路要平整、畅通，若是松软的泥土路要垫上木板或枕木，路上的障碍物要事先清除掉。

4）搬运中发现滚杠不正时，应用大锤敲正，当需要转弯时，应将滚杠放置成扇形，并根据转弯角度随时加以调整。

5）放置滚杠时要将 4 个指头放在滚杠孔内，大拇指放在孔外，以免压伤手指；在操作时不准戴手套，以防将手绞入压伤。

6）在搬运过程中，必须有一个人统一指挥，有专人放置滚杠。

7）牵引设备的绳索位置不要过高，为避免搬运较大设备时出现倾倒，可适当用拖拉绳来增加设备的稳定性。

8）搬运过程中有上下坡时，需用拖拉绳对重物加以牵制。

（4）大型汽车运输　在运输设备和技术条件许可的情况下，采用大型拖车或采用半挂拖车和全挂拖车联合起来运输超长型设备，可以加快施工进度，保证安全生产。如图 5—65 所示。

在图 5—65 中，是利用400 kN拖车头和600 kN拖车平板进行改装的大型拖挂车，在拖板前面转向架上制作和安装 1 个钢平台，用此平台支承设备。在拖车头的平板转盘上也加装 1 个钢平台，平台中穿钢销与转盘连接，利于转动。拖车头和拖挂车间可以直接连接，或中间用钢丝绳将拖挂车的前拉架与拖车头连接起来，接长到一定距离，以适应各种长度的物件要求。这种改装后的大型拖挂车主要优点是可以调节支承点长度。装卸时要充分注意物件的两个设计支点，一定要分别支承在拖挂车和拖车头上。采用大型拖车运输设备时，对道路除达到一般公路技术等级要求外，在拖运长度大的超限设备的通行地段，转弯时车头走外缘，拖挂车走内缘，相差较大，设备尾部转到道路之外，因此还要求道路转弯半径要大，一般在50 m以上。路面需加宽在12 m以上，路边的障碍物要清除。道路的坡度不应大于 4%，以免满载或略超载时，大型拖挂车爬不上去。另外路面要平整夯实，局部超过部分应控制在最小范围内，因为有些重物体积大、重心高、路面不平，重物若有些倾斜，会导致轮胎单边增载，这是非常危险的。重物装在汽车或拖车上，务必要临时固定，做到在运输过程中使设备和车辆构成整体。临时固定的方法，除固定架外，用小直径钢丝绳捆绑，用花篮螺栓收紧，使设备在车辆上不能前后串动和自转，保证运输的安全。

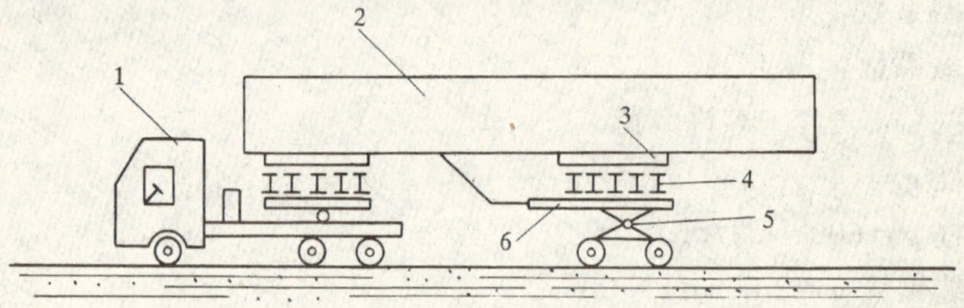

图 5—65　长20 m以上重物运输示意图

1—400 kN拖车头　2—重物　3—钢平台　4—工字钢30 mm　5—600 kN拖板　6—钢板

(5) 设备、金属构件运输注意事项

1) 在搬运时，吊点应选在设备、构件指明的位置上捆绑，严禁拴在设备的手轮、操作手柄或精加工面上，吊索与油漆面接触处必须加软垫进行保护。

2) 较长、较高、上重下轻或结构单薄时，装卸前必须做好加固工作，以防设备或构件在搬运过程中摆动或产生变形。

3) 球形或圆形设备应采用专用夹具起吊，并应装入相应的固定架内，严防运输过程中滚动。

4)用汽车运输时，设备重心应在车箱中部，如发现重心后移时，应重新就位后，才能起运。

5) 设备在运输过程中，应经常检查机具和设备是否正常，如果发现异常现象，应立即停止运输，处理好后，再继续起运。

6) 沿下坡（大于 10°）方向搬运时，必须设置后拖拉绳。如果坡度小于 10°时，可采用在滚杠与道木间撒沙，以增加摩擦阻力，减慢速度，确保安全。

7) 搬运过程中，施工人员必须具体分工，明确职责，并服从统一指挥，要坚守工作岗位。

二、金属构件、设备的装卸

金属构件、设备的运输前后，都要进行装卸工作，在有起重机械的情况下，应尽量使用起重机械进行作业，对于重量和尺寸都很大的重型构件与设备，如果现有起重机械起重能力不能满足时，一般常用的方法是用枕木搭成斜坡，采用滑移法或滚杠滚运法进行装卸，斜坡与地面的夹角一般不超过 10°，对于圆形物体可以使其在斜面上慢慢滚动进行装卸，不论是靠设备或构件自重滚动或是用滚杠滚运及导轨滑移，都必须在作业前算好所需的拉力，选用合适的钢丝绳及正确的连接和捆绑方法。对于用来溜放的钢丝绳应系在物件移动方向的反面。用来牵引的卷扬机一般位于斜坡边缘 4～5 m外，在滚动开始时，对于溜放钢丝绳的垂度要小，以便使设备运到斜坡上时，不致发生振动。

1. 滑移法装车与卸车　滑移法装车方法如图 5—66 所示。先利用千斤顶将物件 1 顶起，把钢轨和排子安放在物件 1 下面。再在货车 5 与物件 1 之间搭设一个斜坡木堆 3。在货车的另一面安装一台卷扬机 7，把物件 1 和钢丝绳连接捆绑好后，在统一指挥下开动卷扬机，并由专人注意稳住物件，防止物件倾斜，当物件拉上货车后，再用千斤顶将物件 1 顶起，抽出钢轨和排子，把物件 1 稳固在货车上，并可靠地紧固牢固，这样便装车完毕。

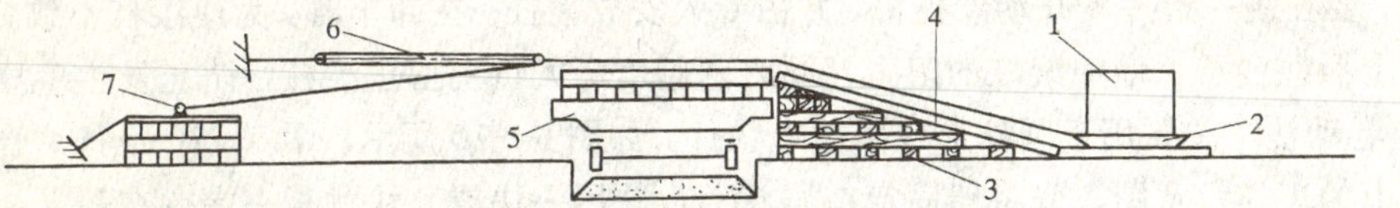

图 5—66　滑移法装车示意图

1—物件　2—滑台　3—枕木堆　4—钢轨　5—货车　6—牵引滑车组　7—牵引卷扬机

滑移法卸车方法如图 5—67 所示。首先必须和装车一样，把物件 1 用千斤顶顶起，将钢轨和排子安放在其下面，然后搭设斜坡。和装车不同的是，在物件 1 的左右各安放一台卷扬机 6 与 7。起初，卷扬机 6 和卷扬机 7 各以相反的方向开动，即卷扬机 7 收绳，卷扬机 6 放绳。当设备滑到斜坡上后，物件 1 由于自重产生的沿斜坡分力作用，能向下滑行，此时卷扬机 7 不再受力，而卷扬机 6 必须严格控制物件 1 逐步稳妥地向下滑动。滑到地面上后，同样用千斤顶将物件 1 顶起，抽出其下的钢轨和钢排，这样卸车完毕。

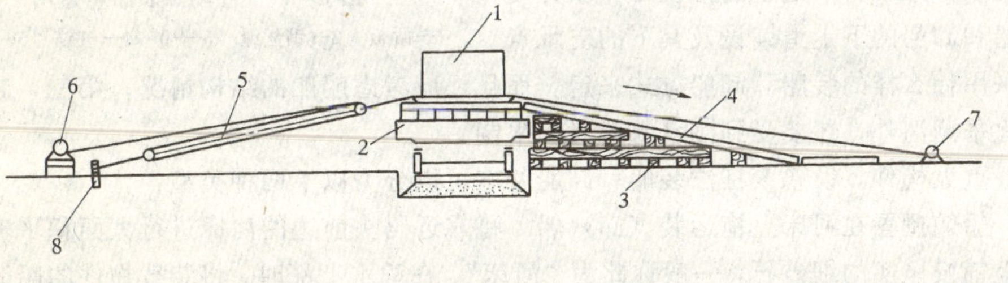

图 5—67　滑移法卸车示意图

1—物件　2—货车　3—枕木堆　4—钢轨　5—溜放滑车组　6—溜放卷扬机　7—牵引卷扬机　8—地锚

2. 滚杠法装车与卸车　滚杠法卸车如图 5—68 所示。滚杠法装车如图 5—69 所示。

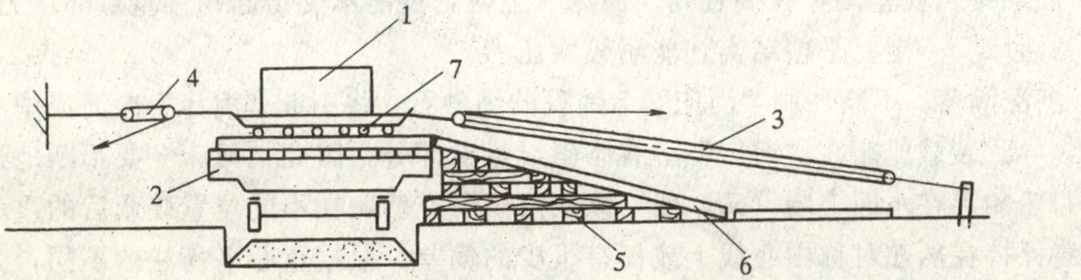

图 5—68　滚杠法卸车示意图

1—物件　2—货车　3—牵引滑车组　4—溜放滑车组　5—枕木堆　6—钢轨　7—滚杠

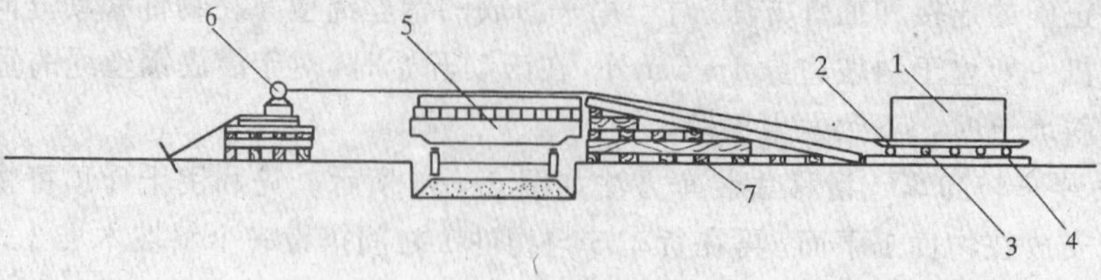

图 5—69　滚杠法装车示意图

1—物件　2—钢排　3—滚杠　4—钢轨　5—货车　6—卷扬机　7—枕木

利用滚杠法装车与卸车和用滑移法相似，滚杠法只是在排子与轨道间放了一排滚杠。在操作时，要在统一指挥下开动卷扬机，并由专人安放滚杠。在卸车时，为使滚杠不致打滑，可在斜坡上撒些沙子，增加滚杠的阻力，同时两侧由专人负责摆正滚杠，防止发生事故。

3．卷动法　主要用于圆柱形或圆筒形物件，如图 5—70 所示。图 5—70 是将钢管从岸上装到船上的工作示意图，先将船固定在码头上，并用一块或几块跳板一端搁在船上，另一端搁在岸上，在跳板的一端有卷扬机。钢丝绳一端固定在锚桩上，绕过钢管后另一端固定在卷扬机上。开动卷扬机随着钢丝绳的放松，钢管在跳板上渐渐向下滚动到船上，然后将钢丝绳松开。用同样的方法可以将钢管从船上拉到岸上。

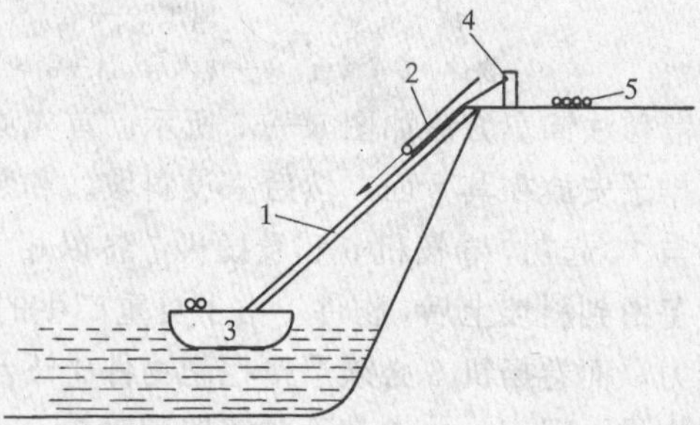

图 5—70　卷动法装船示意图

1—跳板　2—钢丝绳　3—船　4—桩锚　5—钢管

4．滚杠法装船与卸船　滚杠法装船与卸船比滚杠法装车与卸车要困难得多。其原因是：第一，必须采取一定措施固定船舶，减少其在水中的摇摆；第二，下走道的搭设工作较为复杂，装船和卸船的下走道铺设及其下的支承点需根据采用什么样的装船和卸船方式来定，而且还应考虑船舶的结构情况；第三，装船与卸船工作除平潮河外，还要受到潮水涨落时间限制。

一般重大构件，设备滚杠法装船、卸船基本可以分为以下两种类型：

(1) 船舶搁置在河床上拖运装（卸）船　将靠近码头前边的河床进行大面积平整，平整后在其上铺设坚实的细砂石，一般称此为“河床”。在潮水上涨时，将装载物件的船舶牵引靠码头，并用钢丝绳系结固定；当潮水退落后，船舶即搁置在“河床”上，然后从码头至船上的物件下面铺设过桥下走道、滚杠和拖板等，穿绕滑车组由卷扬机索引拖运上岸（或上船）。采用此法时应注意如下几点：

1) 船舶结构要坚固，在搁置到“河床”上时，要能承受得起物件重量的压力。

2) “河床”一定要平整结实，能耐较大压力。

3) 潮涨潮落，不断冲刷“河床”上铺设的细砂石，将引起“河床”向河流中心倾斜或冲成深沟，导致装载船舶在“河床”上有倾斜或悬空部分，因此“河床”要不断地进行修整。

(2) 船舶浮在水面上装（卸）船　该法需要研究船舶在不同位置装载后的重心，开始时重心始终保持在船舶对称中心线上或仅有很少的偏差。根据重心平衡法的不同，又可将此法分为船舶重心压重调节平衡法和固定重心法两种。

1) 用船舶重心压重调节平衡法装（卸）船，如图 5—71 所示。在设备卸（装）船过程中，随着物件向船舶边缘滚移，在船舶另一边 A，不断分批加压其他物件配重，使船舶 A、B 两边的载荷保持平衡，重心基本处于船舶中间。当设备逐步拖运搭上码头后，船舶 B 侧就慢慢卸荷，就必须把 A 边的压重逐渐取消，或将配重向船舶中间位置搬运。这样才能使船舶重心始终保持在中间位置，直至将设备拖运上岸。

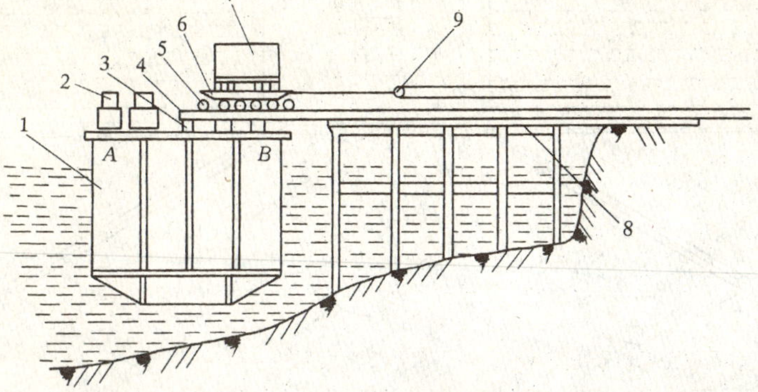

图 5—71　用船舶重心压重调节平衡法卸船示意图

1—船舶　2—配重　3—过桥下走道底层　4—过桥下走道　5—滚杠
6—拖板　7—物件　8—码头　9—拖运滑车组

采用船舶重心压重调节平衡法卸船。在搭设过桥下走道时比较容易，因此过桥下走道下面可根据船舶结构布置部分支承点，以缩短支承点间距离，减少铺设下走道的工程量。

2）船舶固定重心法卸船，如图 5—72 所示。主要是利用铁路钢轨、工字钢或长方木等搭设过桥下走道，下走道两边布置 A、B 两个支承点，A 为船舶中间位置，B 点为码头。这样物件在过桥下走道上向码头拖运过程中，船舶始终保持只有中间位置 A 点受力，其他任何位置都不受力。

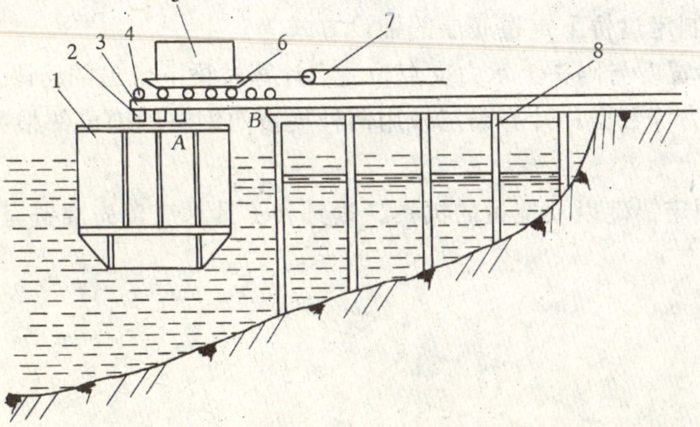

图 5—72　船舶固定重心法卸船示意图

1—船舶　2—过桥下走道在船舶中间的底层枕木　3—过桥下走道
4—滚杠　5—物件　6—拖板　7—拖运滑车组　8—码头

（3）船舶和码头的固定　如图 5—73 所示。在船头和船尾各系一根缆绳，采用卷扬机穿绕滑车组进行调整。缆绳 1 和 2 为船舶向码头方向固定的缆绳，用50 kN链条葫芦进行调整。在河面上加带两根锚缆 12、13。另外在船舶内侧和码头之间，用短枕木 5 垫隔，为向外方向的支撑。这种固定船舶的方式，船舶随潮水涨落改变位置时，可用卷扬机、链条葫芦调节所有缆绳的长短，始终保持船舶停靠码头比较稳定，保证顶升物件工作顺利进行。

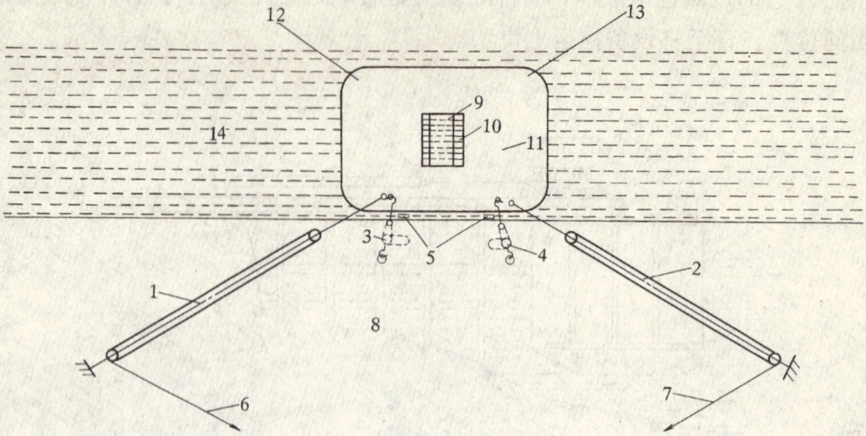

图 5—73　物件卸船船舶固定示意图

1—船头缆绳　2—船尾缆绳　3、4—船侧缆绳及链条葫芦　5—短枕木　6、7—至卷扬机跑绳　8—码头　9—物件　10—物件垫搁枕木　11—船舶　12、13—锚缆　14—河流

(4) 拖运装 (卸) 船的准备工作　准备工作一般都在潮水最高潮之前的时间内全部做好。这些准备工作有：船舶靠码头；系结好固定缆风绳；物件的顶升；铺设下走道和拖板；穿绕拖运滑车组等。然后在平潮的时间内放入拖运滚杠，将物件拖运上岸。因此，滚杠法装 (卸) 船是一项紧张的抢时间工作，为了既安全又顺利地完成工作，必须事先做好以下几项工作：

1) 了解潮汛的大小和水位的高低，掌握平潮时水位与码头平面的高低差；了解装载物件后船舶的吃水深度，装载物件后船舶平面与水平面的高低差；然后根据掌握的数据准备好需用的枕木、木板和制定过桥下走道底层的铺设方式等。

2) 根据船舶的宽度与码头上承力支点位置，计算过桥下走道的跨距、设备的重量、有关材料的抗弯许用应力等数据；计算确定采用何种规格的钢轨和铺设的根数，然后将这些材料备齐。

3) 对船舶的固定锚碇以及拖运的机具、索具和工具都应事先准备完善。

第六章 起重施工组织

第一节 起重吊装方案编制

在建筑安装工程中，起重吊装是一项非常重要的工序。为了科学地组织管理，经济合理地配备机索具，安全、优质、高速的完成吊装任务，减轻繁重的体力劳动，提高劳动生产率，编制起重施工方案，就显得十分重要。否则浪费人力、物力、财力、拖延工期，甚至可能酿成重大事故。

起重施工方案中，吊装方法的确定是主要的。起重吊装工艺很多，按设备形态划分，有散装、整体及综合整体吊装等数种。散装又分为正装和倒装。散装正装法的特点是：高空作业安全性差，施工周期长，施工管理要求高，但使用的机具小；而综合整体吊装工艺安装时间较短，高空作业有所减少，给在地面施工的各工种提供了方便，但吊装方法的制定和起重操作难度增大。如何恰当地选择吊装方法，是制定施工方案所要解决的问题。

一、起重施工方案的确定

为了使起重施工能正确地、有序地进行，以保证起重工作的安全和更好地完成任务，应根据工程情况编制起重施工方案。

1. 起重施工方案编制的依据

(1) 工程施工图、土建图、工程总平面图及有关设计技术文件；

(2) 施工工期的计划安排；

(3) 施工场地的有关地质资料；

(4) 有关的规程、规范、标准；

(5) 工程合同、施工组织设计以及有关起重吊装工作会议的决议和安排；

(6) 领导的指示以及合理化建议和新技术。

2. 起重施工方案的确定　根据工程内容、工期要求、工艺配合以及施工队伍的素质和现有的机索具条件等综合情况进行考虑。另外，还应从经济效益上加以权衡。初步拟定几个可行的方案，交有关人员、机构进行讨论和研究，并加以比较，最终确定一种切实可行的方案，报请有关部门和领导批准。

二、起重施工方案的组成

1. 工程概况　主要说明土建施工条件、设计要求、吊装工程内容（包括地点、标高、坐标、特点及特性）、主要技术参数、工期要求及投资等。

2. 起重施工方案的编制说明　在编制说明中，要包括起重物（设备、结构）的重量、重心、几何尺寸、施工要求、精密程度、安装部位；需土建或甲方等配合的工作以及工期条件等。

3. 主要工程量明细表。

4. 绘制施工平面布置图　为了确保起吊重物及起重机索具在施工过程中有可靠的空间

进行工作及合理配置，在绘制施工平面图时，凡上述设备及起重索具所占用的空间内已有的建筑物、电线、地沟、管道、电缆等，应进行详细调查，并在图上按比例绘制，标出标高等主要尺寸。在施工平面图上应标明：

（1）设备运输路线、设备吊装进向、顺序及拼装、吊装位置；

（2）当采用桅杆吊装时，桅杆的组对、竖立、拆除位置，如需桅杆移动，其移动路线也应标出；

（3）采用移动式起重机吊装时，应将吊车的站立位置和进出方向以及吊臂旋转范围标出。此外还应标出吊装顺序；

（4）地锚和缆风绳的位置；

（5）卷扬机等机具的位置；

（6）大型吊装指挥台或指挥人员应站立的位置；

（7）吊装时的警戒区域。

5. 施工方法及施工程序　说明施工的具体步骤、吊装顺序和技术质量要求。

6. 吊装受力分析及核算　通过吊装受力分析，确定各部位最大受力值，从而选择机索具，并对主要施工机具进行强度、刚度、稳定性的核算，确保安全施工。如采用桅杆时，桅杆的竖立受力分析也应一并进行。

7. 编制起重施工所需机索具、材料计划　计划可分为两种：一是按分部分项进行编制明细表，如有串用、借用，应在备注中说明，这种明细表供起重工人施工时使用；二是按机具品种、规格编制计划汇总表，以便供有关部门采购或准备之用。

8. 主要机索具配置施工详图　常用的机索具配置、连接不必绘制施工详图，均由起重工人自行施工操作，但对一些主要的、特殊的机具和索具连接，如平衡装置、花穿滑车组、测力指示装置以及自动脱勾装置等，应绘制施工详细图。

9. 地锚施工图　根据受力分析确定各地锚的受力，特别是大吨位坑锚和活动地锚，须绘制其结构图，以便供施工用。

10. 起重施工劳动力安排和进度安排　一个大型吊装，参加人数较多，并且需要各工种配合，为了做到有秩序进行，必须进行严密的劳动力组合，分工负责各自岗位的工作。对整个吊装工作，要从时间上进行合理安排。

11. 安全技术措施　编制安全技术措施，是为了防止施工过程中发生设备、人身事故。在编制过程中，要防止口号化，应针对不同工程的特点可能造成施工安全的危害，从技术上采取措施，保证施工安全。

（1）针对施工特点，选用的各种机械、设备和变配电设施给施工人员可能带来不安全因素，应采取相应的措施。

（2）针对施工场地及周围环境，给施工人员或周围居民带来的危害及对材料、设备运输带来的困难和危害，从技术上应采取措施，给以保护。

（3）针对施工平面图的布置，应对运输路线、吊装位置、地锚、缆风绳的位置，以及卷扬机等机具位置等进行综合考虑，看是否存在不安全因素，如有，应编制安全技术措施进行预防，确保安全施工。

以上 11 条是施工方案的组成部分，在实际编制过程中，可根据具体情况，采用其中部分内容，其顺序也可根据需要调整。

第二节 起重吊装作业安全技术

在设备、构件、容器、反应塔等吊装过程中，起重机具和起重机械的选择、重物的运输、装卸和吊装是占用工期较长的一道工序。特别是大型吊装，不但工期长，而且需要的机具、索具和劳动力多，操作也比较复杂。因而是安全上不可忽视的重要环节。

一、起重级别的分类及有关规定

一般起重吊装工作按吊装重量分为三级：大型设备、构件的起重与吊装为400 kN以上；中型设备、构件的起重与吊装为150～400 kN；一般小型设备、构件的起重与吊装为150 kN以下。如果起吊的设备、构件形状复杂、刚度小、细长比大、精密且贵重、施工条件特殊且困难，应提升一级。

在起重运输和吊装大型设备及构件时，必须编制施工方案；中型设备和构件的起重运输和吊装要有技术措施；小型设备、构件的起重运输和吊装，在思想上不能麻痹大意。

二、起重安全技术

1. 滑车和滑车组的安全技术

(1) 严格遵照滑车出厂安全起重量使用，不允许超载。如无滑车出厂安全起重量时，可进行估算，但此类估算的滑车只允许在一般吊装作业中使用。

(2) 滑车在使用前应检查各部分是否良好。对滑车和吊钩如发现有变形、裂痕和轴的定位不完善，应不予使用。

(3) 选用滑轮组时，滑轮直径的大小、轮槽之宽窄应与配用的钢丝绳直径大小相适应。如滑轮直径过小，将会使钢丝绳因弯曲半径过大而受损伤，因而缩短钢丝绳使用寿命。滑轮直径与钢丝绳直径的比例可参见表6—1。

表6—1　　滑轮最小允许直径 D

驱动方式		滑轮最小容许直径 D（mm）
人　力		$\geqslant 16d$
机械	轻　级	$\geqslant 16d$
	中　级	$\geqslant 18d$
	重　级	$\geqslant 20d$

如滑轮轮槽太窄，钢丝绳过粗，将会使轮槽边缘受挤而损坏，钢丝绳也会受到损伤。

(4) 在受力方向变化较大的地方和高空作业中，不宜使用吊钩式滑车，应选用吊环式滑车，以防脱钩。如用吊钩式滑车时，必须采用小铅丝封口。

(5) 滑轮在使用过程中，应对滑轮轮轴进行定期加油润滑。这样既能在工作时省力，又能减少轴承磨损和防止锈蚀。

(6) 根据起重量选用滑车组的门数，同时还必须兼顾到滑车组引出端钢丝绳拉力必须小于牵引设备拉力。重物提升到最高点时，绕绳总长度要小于牵引设备卷筒的容绳量。采用多门滑车组时，钢丝绳的穿绕方法对起吊的安全和就位有很大的影响。一般穿法有顺穿和花穿两种。顺穿又分为单跑头和双跑头。单跑头是将绳头从边上第一个滑轮开始，按顺序穿过定滑轮和动滑轮，而将死头固定在另一边定滑车架上。这种穿法死头受力最小，通向卷扬机的钢丝绳受力最大，因而单跑头用在门数较少的滑车上。双跑头是将钢丝绳两端同时引向卷扬机，需多用一台卷扬机，但受力较好，吊装速度也较单跑头快一倍，且较为安全可靠。花穿法能改善起重滑车组的工作条件和降低跑绳拉力。花穿法分为大花穿和小花穿，大花穿是绳头从中间或边上滑轮绕入，死头固定在定滑车架上，相邻滑车旋转方向相反。小花穿是跑头从中间滑轮开始，按顺序穿过定滑轮和动滑轮后，死头固定在定滑车架上。钢丝绳在滑车组中穿好后，要逐步收紧钢丝绳并试吊，检查有无卡绳、穿错和钢丝绳相互摩擦的地方，如有不妥，应立即调整。

(7) 在起吊重量很大并采用多轮滑车吊装时，常绕成双联滑车组，如图 6—1 所示。它是把两个单滑车组 1 、3 和一个平衡滑车组 2 用一根钢丝绳连接在一起。平衡滑车的作用是为了在起吊重物时，使两个滑车组的升降速度能自动调节成一致，并使每个滑车组上的受力均匀，可保持吊物平稳地升降。双联滑车组有两个出端头，须用两台卷扬机同时牵引。而左右两个出端头可根据工作需要在动滑车或定滑车中引出。

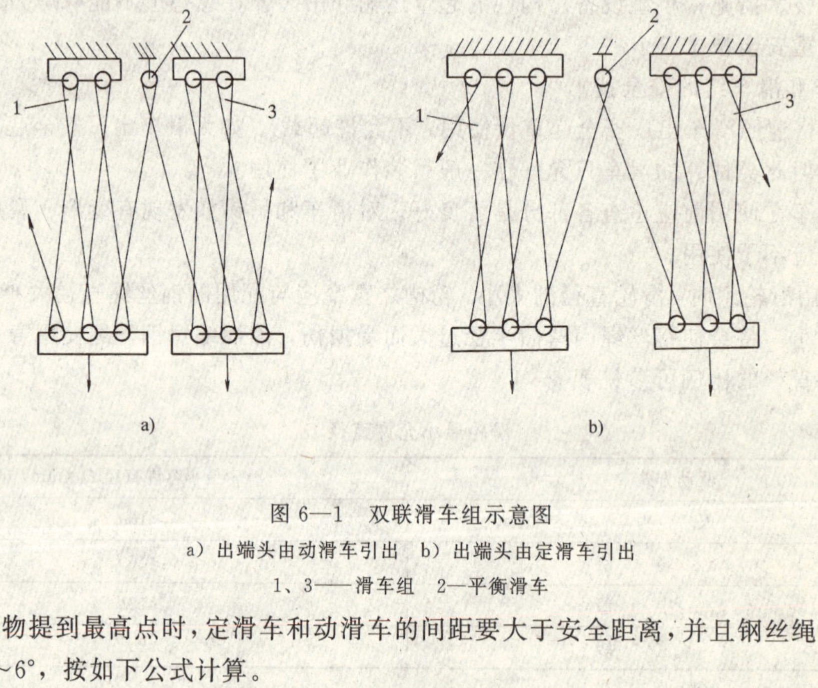

图 6—1　双联滑车组示意图

a）出端头由动滑车引出　b）出端头由定滑车引出

1、3——滑车组　2—平衡滑车

(8) 重物提到最高点时，定滑车和动滑车的间距要大于安全距离，并且钢丝绳的偏角 α 不能大于 4°～6°，按如下公式计算。

$$\alpha \leqslant \tan^{-1}\frac{2\tan\beta}{(1+D/0.7h)} \tag{6—1}$$

式中各字母的意义如图 6—2 所示。

式中　α——钢丝绳偏角；

β——轮槽两侧夹角的一半；

D——滑轮直径，m；

h——轮槽底到轮边的距离，m。

2. 卷扬机　电动卷扬机的安装及注意事项：

(1) 安装时，安装位置应选择在视野开阔、指挥人员和卷扬机操作者便于观察的位置。如卷扬机配合桅杆操作，安装位置应距桅杆底座中心距离为桅杆高度的 2 倍以上。

(2) 在卷扬机前安装的第一个导向滑轮中心线应与卷筒中心线垂直，并与卷筒相隔一定距离，如图 6—3 所示。其距离 L 应大于卷筒宽 a 的 20 倍，才能保证钢丝绳绕到卷筒两侧时偏斜角不超过 1°30′，这样钢丝绳在卷筒上才能顺序排列，不致斜绕和相互错叠挤压。

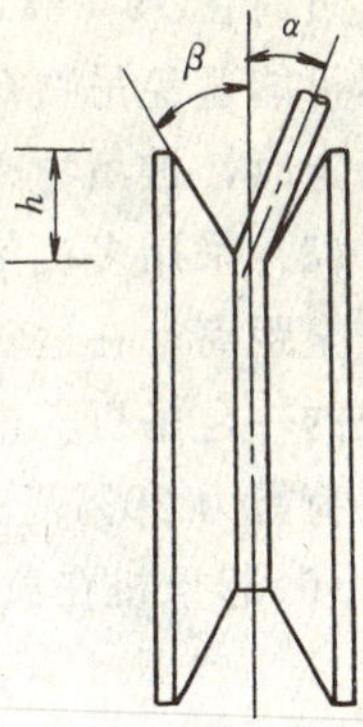

图 6—2　滑轮偏角

(3) 卷扬机的固定应尽量利用附近建筑物或地锚，尾部采用钢丝绳封锁固定，固定后卷扬机不应有滑动或倾覆等现象产生。当牵引力较大时应在卷扬机前面搭设支撑，防止卷扬机单面受力引起偏斜。

(4) 卷扬机的电气控制要放在操作人员身边，电气设备要有接地线，以防触电。所有电气开关及转动部分必须有保护罩保护。

(5) 工作完毕后，应放松跑绳，切断电源，控制器放回零位。中间暂时停用时，除切断电源和将控制器放回零位外，还要用保险闸制动刹紧。

3. 汽车式、轮胎式、履带式起重机使用注意事项

(1) 起重作业中要做到“五不吊”：手势不清不吊；重量不明不吊；超载不吊；视线不明不吊；重心不明或捆绑不牢不吊。

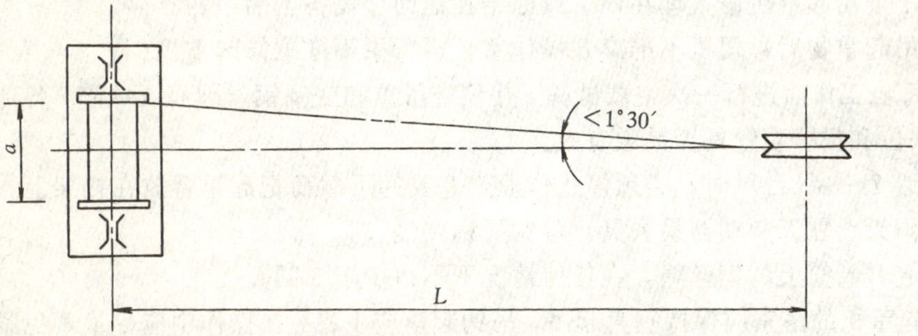

图 6—3　第一转向轮的正确安装法示意图（$L>20a$）

(2) 吊装作业中，起重臂下严禁站人。

(3) 起重机的行走路线与作业停靠点应与地下电缆、管道和地沟保持一定距离，必须从其上通过时，应采取防范措施。

(4) 应有专人指挥，使用统一的指挥信号，由考试合格的专人操作。

(5) 通过桥梁、桥洞时，应先检查桥的负荷量和桥洞高度再通过，以防发生危险。

(6) 吊车在高压线下面作业时，吊臂、钢丝绳和起重物等与高压线的最近距离见表 6—2。

表 6—2　　物体对高压线的最近距离

输电线路电压(kV)	1 kV以下	1～20 kV	35～110 kV	154 kV	220 kV
允许与电线的最近距离(m)	1.5	2	4	5	6

如果起重臂或吊物不慎触到电线时，司机首先应尽快脱开电源，若无法脱开，司机也不能惊慌失措而跳下地面。其次，现场施工人员应把危险区围好，且尽快通知有关部门切断电源；如现场无人，驾驶员应沉着，先关好一切操纵开关，双脚并拢跳下（不能跨步行走），跳离危险区。

(7) 汽车式起重机吊装一般不准负重行驶；轮胎式吊车可以在短杆情况下负重行走，但吊重负荷在 75%额定负荷之内。此时，臂杆必须对准正纵向轴线方可行走。履带式起重机也应尽可能避免吊物行走。若迫不得已时，应将起重臂旋转到与履带平行的方向，缓慢行驶，吊物行走时，被吊物离地不得超过500 mm，重物不准超过吊臂在该位置额定负荷的 2/3。

(8) 采用多机抬吊时，吊机位置应严格在所定回转半径以内定位，各吊杆间要保持足够的安全距离，在运转过程中不能发生碰撞情况。当各吊机的起升速度不一样时，应对起升速度快的一台吊机安排间断停顿的过程，停顿的时间和时刻应掌握在所增加的吊荷重不超过本机吊荷能力 20%范围内，各吊车只能按额定起重能力的 80%计算和分配负荷。

(9)起重机在边坡或坡边工作时，应与坑边保持一定的安全距离，一般为坑深的 1.1～1.2 倍。

(10) 夜间施工，现场应有足够的照明。

(11) 吊重时，钢丝绳应垂直起吊，不准斜吊。不准在起吊中扳动或调整支腿，如必须找平机身时，应先将重物放下。

(12) 不准用起重机吊拔埋在地下或冻结在地面、设备上的东西。

(13) 吊起重物后，司机不准离开操作室，运行中不准维修起重机。

(14) 每班工作前进行一次空载试验，并检查吊重和变幅钢丝绳有无缺陷，各部件是否灵活可靠，限位和报警装置是否灵敏有效。

(15) 遇 7～8 级台风时，必须停止作业，并要卸下载荷把起重臂放在托架上。

(16) 雨天、雪天制动器易失灵，落钩要稳要慢。

(17) 起升卷筒上的钢丝绳，在任何情况下不得少于 3 圈。

(18) 起重机的吊索应保持垂直起吊，吊钩起落应平稳，在操作中应尽量避免紧急刹车或冲击，如整个吊装作业中有一、两件重物超重 15%左右，且另修改方案又不划算，在吊装时，对起重机须采取一定的技术措施（如加配重或在起重臂上加缆风绳等），方可吊装。

(19) 起重机有满载或接近满载时，在指挥和操作上应禁止同时做两种操作机械动作，并且还须控制回转范围，一般要求是不宜超过 90°。

(20) 起重机应尽量避免在倾斜的场地上吊起重物旋转，起重机停妥后，其支腿应垫实，允许斜度不得大于 3°。

(21)起重机的管理、操作和维护等，须遵照有关安全技术规程以及随机携带的技术文件。

4. 桅杆式起重机的安全技术

(1) 桅杆的水平移动　移动的路线应平整、坚实。桅杆底座下铺设的枕木应按移动方向排列，接头应错开，以利滑移或滚杠滚动时的牵引。如图 6—4 所示。采用间歇移动时，其桅杆倾斜幅度不得超过桅杆高度的 1/5；如采用连续移动时，则为 1/20～1/15。桅杆底部须配置制动索具和牵引索具。在移动过程中，应先放松移动方向后面的几根，再收紧前面几根，以防止个别缆风绳受力过大。

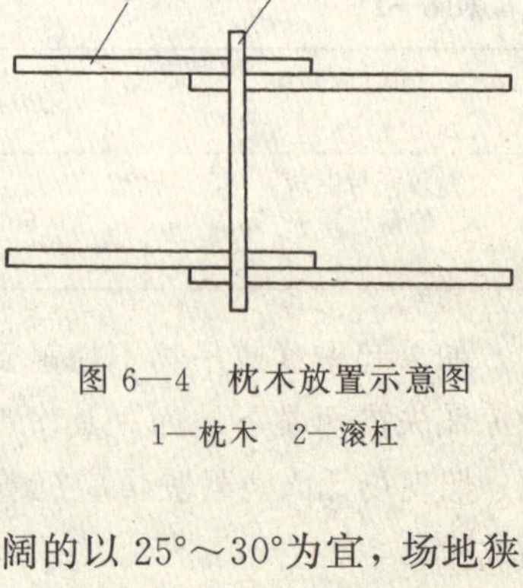

图 6—4　枕木放置示意图

1—枕木　2—滚杠

(2) 缆风绳　桅杆缆风绳常采用 6×37＋1 的多股钢丝绳，沿桅杆 360°范围内布置。一般情况下，主缆风绳不少于 3 根，辅助缆风绳不少于 2 根，缆风绳与地面的夹角，地面开阔的以 25°～30°为宜，场地狭小的以 35°～45°为宜，最大不能超过 45°。因夹角增大，会导致桅杆的轴向力和地锚的提升力加大，对工作不利。

(3) 地锚　地锚的埋设必须根据拉力进行计算，并考虑相应的安全系数。重要的地锚，使用前要试拉。地锚应埋设在干燥的地方。如有水应挖排水沟。绑扎的钢丝绳的方向应和受力方向一致。在吊装时，要派专人检查，查守，发现有异常现象应立即采取措施。如利用现场建筑和设备基础等做地锚，应先经过估算和试拉，以免发生事故。

(4) 桅杆吊装安装技术

1) 用桅杆进行吊装前，必须进行受力分析，或查表对比，以确保安全使用。

2) 对桅杆安装位置，预先了解地质情况以及有无管沟、电缆沟等。若有，应采取相应措施。桅杆基础的负荷能力可采取相应措施予以改善，如用枕木加大受力面积，且地基应夯实平整，加垫枕木不得少于两层，并且要有排水措施。

3) 桅杆柱脚处应垫牢，如有缝隙，应用木楔塞紧。

4) 桅杆连接螺栓必须按要求配置，拧紧时，必须用标准扳手，按一定顺序交叉进行，以使螺栓受力均匀。所有螺栓应紧固，不得有松动现象。

5) 桅杆应定期进行检修、刷油和润滑，发现缺陷必须消除，并将检查结果和处理情况记入桅杆档案卡片中。

6) 正式吊装前，要进行试吊，离地面200 mm左右用人力晃动，停留约20 min，确定各部分完好，方能正式起吊，在起吊过程中，要随时对各部件进行观察。

7) 在输电线路附近作业时，桅杆各部分应与线路保持一定的安全距离，见表 6—2。

8) 重物吊离悬空时间较长时，应采取措施（如支撑枕木堆或钢架等）。

9) 桅杆的制造和安装，应按设计和国家颁发的钢结构施工及验收规范要求进行。桅杆的组装应以总装图及桅杆的方位编号顺序进行，桅杆的中心线偏差不大于长度的 1/1 000，全长组装偏差不超过20 mm。

10) 重物的起升、下降、制动都应力求平稳，避免冲击现象。

5. 塔式起重机安全技术

塔式起重机工作特点是：塔身较高，行走、起吊和回转作业能同时进行，这类起重机比较突出的大事故是“折臂、倒塔”及拆装时发生事故。因此，对塔式起重机必须特别注意安全操作，加强维修和管理。其使用规程要点是：

(1) 不准非司机开车；

(2) 严禁超负荷吊运；

(3) 严禁斜吊；

(4) 风天作业，要防止风载造成倒塔。风力达到 6 级应停止作业，并将所有夹轨钳按规定拧紧；

(5) 机上机下信号必须一致；

(6) 加强维修和保养，确保各机构完好；

(7) 轨道和地锚必须按技术规程安装；

(8) 安全装置必须灵敏可靠；

(9) 下旋式塔式起重机的回转平台与建筑物的距离不得小于0.5 m，以防回转时挤伤人员。安装和拆除塔式起重机时，人员分工明确，专业人员统一指挥，是确保安全的关键，拆、装前还必须对路基、轨道、地锚等进行认真的安全技术检查。作业区内不准非工作人员进入，对区域内有碍作业的电线要先拆除，高处作业人员严格遵守高处作业的操作规程。

塔式起重机安装后，要组织全面检查和试验，确认达到安全技术标准，方能投入作业。塔式起重机验收时，必须进行无负荷试验、静负荷试验、动负荷试验。每项试验须做记录存查。

6. 缆索式起重机安全技术

(1) 对承重量不清楚或新安装的缆索起重机，要经过超负荷10%的动载运行试验方可使用，并在醒目处标注允许承重及操作注意事项。

(2) 承载索上应涂有稠厚的润滑脂和石墨粉的混合物，并定期添加，以减少摩擦阻力，延长使用寿命。

(3) 使用前必须检查各部件的润滑和磨损情况，看转动是否灵活。

(4) 承载索应设有调节其挠度的拉紧装置，承载索在两根以上的，必须有平衡装置，以便及时自行调整。

(5) 两端支柱的非工作区段的长度，为整个缆索跨距的1/10，起重小车接近两端时，须低速行驶。

(6) 承载索下挠度一般为跨度的1/15～1/20，试运行时应进行调整。挠度过大会造成起重小车行走困难；挠度过小，承载索所受的拉力会增大，从而降低其承载能力，承载钢丝绳的安全系数为$K=3.5\sim4$。

(7) 斜缆索与地面的夹角应大于40°，以减少行走返回时间。

7. 冬季、雨季及高空作业安全技术

(1) 在冬季施工，应专门制定保证工程质量和安全施工的技术措施，同时要随时掌握气候变化情况，以预先做好保护措施。其次在冬季施工，手僵脚冻，要注意拿稳工具，以防脱手，伤人伤物。

(2) 在雨季施工，要对原有排水系统进行检查，该疏通的要疏通，该加固则加固，必要时可增加排水措施，对现场道路要保证畅通，挖基坑时，要注意边坡的稳定性，必要时可适当放缓边坡或设支撑。

(3) 高空作业安全技术

1) 参加高空作业人员须经医生体检，合格者才能进行高空作业。登高作业前严禁饮酒。

2) 凡在离地3m以上的地方进行作业，均视作高空作业，应遵守高空作业有关规定，并系带安全带。

3) 安全带使用前应认真仔细检查，并且定期（每隔6个月或1年）进行静负荷试验，试验荷重225 kg，试验时间5 min。试验后检查有无变形和破裂等状况，并将试验结果和日期记录在试验过的安全带上。

4) 安全带挂钩和绳子应扣系在牢固结实的构件上。

5) 进行高空作业前，应预先搭设脚手架或采取隔离措施防止坠落。

6) 在高空搭设的脚手架上的跳板，一定要把两头绑牢，不准出现翘头板。

7) 在容器顶、高空独根横梁、屋面、屋架以及在其他危险边缘进行工作时，在临空一面应装设栏杆和安全网。

8) 施工人员在进行高空作业时所带工具、材料应放在工具袋内，并拴好安全绳。较大的工具应将安全绳捆在牢固的构件上，不应随便乱放，以防工具从高空坠落造成事故。

9）高空作业人员不准随意往下扔抛工具和物件，要将工具和物件用麻绳把它们拴好慢慢放下。

10）在进行高空作业时，除有关人员外，其他人员不许在工作地点的下面逗留和通行。工作地点下面应有围栏或其他保护装置，以防落物伤人。

11）禁止登在不坚固的结构上进行高空作业，为了防止误登，应在这种结构的必要地点挂上警告牌。

12）6级以上大风、暴雨、打雷和大雾等天气，应停止露天高空作业。

13）高空作业必须穿防滑鞋，并禁止穿大裤管，最好能扎绑腿带。

14）在高空作业中，严禁开玩笑或打闹等与作业无关的现象出现。

15）用梯子时，梯子不得缺层，顶端应用绳子结牢在支靠体上，支靠体本身应稳固，梯脚要包扎防滑，梯下要有人监护，梯子靠的斜坡在60°左右为宜，每次梯子只能一人登攀工作。使用"人字梯"时，必须挂牢挂钩或中间扎牢。

16）在易燃、易爆、有毒气体的厂房上部及塔罐顶部施工时，应有专人监护。

17）直接攀登高大塔罐、烟筒的爬梯施工时，必须经过安全技术部门批准，并采取安全可靠防范措施。

18）高空作业人员，必须注意作业上下左右，凡有电线，应进行隔离安全措施，并要防止运送导体材料触碰电线。

8. 起重施工安全技术措施

（1）重物绑扎要求　要求绑扎好的重物在吊装时不发生永久变形、脱落或断裂现象，有棱角或特别光滑的物体在起吊时，应在绑扎处加以包垫，以防钢丝绳滑脱。绑扎吊物时，吊钩应对准吊物重心。高空吊装重物时，应在重物上绑扎溜绳，以控制重物的悬空位置。直径较大且较高的物体进位后，应拉缆风绳作临时固定。

（2）重物的吊装

1）凡参加施工的人员，必须熟悉起吊方法和工程内容，按方案要求进行施工，并严格执行规程规范。在施工过程中，施工人员必须具体分工，明确职责。在整个吊装过程中，要遵守现场秩序，服从命令听众指挥，不得擅自离开工作岗位。

2）在吊装过程中，应有统一指挥信号，并且全体施工人员熟悉。整个现场由总指挥调配，各岗位分指挥应正确执行总指挥的命令。

3）吊装前要做好现场清理工作，以利操作。

4）施工人员必须正确带好安全帽，登高作业人员还必须系好安全带。

5）带电的电焊线和电线要远离钢丝绳或设有保护架。

6）在吊装前，应与当地气象站了解天气情况，一般不得在雨天、雾天或夜间工作，如迫不得已时，须有防滑装置，备有充分照明措施。严禁在风力大于6级时吊装。

7）在施工中不得在下列构筑物上系结索具：

①输电塔及电线杆。

②生产运行中的设备及管道支架。

③树林。

④不符合使用要求或吨位不明确的地锚。

8）吊装前应组织有关部门根据施工方案的内容共同进行全面检查，其检查内容如下：

①施工机索具的配置与方案是否一致。

②隐蔽工程是否有自检、互检记录。

③设备基础地脚螺栓的位置是否符合工程质量要求，与设备裙座螺栓孔是否相符。

④基础周围土方是否回填夯实。

⑤施工场地是否符合操作要求。

⑥待吊装设备、构件是否符合吊装要求。

⑦施工用电是否能够保证供给。

⑧了解人员分工和指挥系统以及天气情况。

⑨其他的准备工作如保卫、救护、生活供应、接待等是否落实。

检查后确认无误，方可下达起吊命令。

9）起吊前，应先进行试吊检查各部件受力情况，如正常方能继续起吊。在起吊过程中，未经现场指挥人员许可，不得在起吊物下面及受力索具附近停留和通过。

10）一般情况下，不允许有人随同吊物升降，如在特殊情况下需随同时，应采取可靠的安全措施，还须经领导批准。

11）吊装施工现场，非本工程施工人员严禁进入，施工指挥和操作人员均需佩带标记。

12）在吊装过程中，如因故中断，则必须采取措施进行处理，不得使重物悬空过夜。

13）一旦起吊发生事故时，各操作者应坚守岗位，并协同保持现场秩序，做好记录，以便分析原因。

第三部分　练　习　题

一、知识要求练习题

（一）填空题　将正确答案填在横线空白处。

1. 要获得物体的投影图，必须具备光源、被投影对象和________。

2. 因中心投影法得到的图形不能反映物体的________，故机械图不采用中心投影。

3. 因正投影能反映物体的________和________，故机械图样采用正投影法。

4. 三视图是指________、________和________三个视图。

5. 主视图是从物体的前方向后投影，在________上所得到的视图。

6. 俯视图是从物体的上方向下投影，在________上所得到的视图。

7. 左视图是从物体的左方向向右投影，在________上得到的视图。

8. 主视图反映了物体的________和________。

9. 俯视图反映了物体的________和________。

10. 左视图反映了物体的________和________。

11. 综合计算载荷是将静载荷连乘以________与________。

12. 计算不均衡载荷是将静载荷乘以大于1的________。

13. 在实际吊装工程计算时，将静载荷乘以大于1的________来考虑动载荷的影响。

14. 计算动载荷是将吊装或运输设备的静载荷乘以________。

15. 起重吊装中采用的计算载荷包括________与________。

16. 查看起重机的起重性能图表的目的有两种，一是查某一臂长和幅度下________，二是已知所吊重物的重量和吊装高度，要求选择起重机的臂杆长和________。

17. 由起重机的特性曲线图可知，起重机随幅度的增大，起重量将________，起升高度也相应________。

18. Q_2—8型起重机特性曲线是用________、________、________三个基本参数表示的。

19. 起重机的起重性能有两种表示方法，一种是________，另一种是起重机的________。

20. 起重机的工作类型按照机械载荷率和工作时间率可分为________、________、________和________4种工作类型。

21. 桅杆的外力分析遵循一般刚体________规律。

22. 缆索起重机的缆索不仅受到拉力，还受到行走轮压力对缆索产生的________。

23. 卷扬机与最近的导向滑轮的距离不小于________卷筒的长度，以便使钢丝绳尽可能________于卷扬机卷筒轴线。

24. 采用三机或四机协吊设备，其吊装的________要求更高，并应使用均衡装置来

________。

25. 利用自行式起重机竖立桅杆时，起重机要充分满足被起吊桅杆的________和________的要求。

26. 用人字桅杆架梁时，梁身悬出桥孔后，前桅杆上的吊鱼滑轮组要始终保持悬吊中的梁前端________，牵引卷扬机和制动卷扬机应紧密协作。

27. 设备或构件的校正就是将吊装就位后的设备或构件进行________，使设备或构件的安装达到国家规范规定的质量标准。

28. 安装膨胀螺栓前，必须先钻孔，孔的直径及长度应与膨胀螺栓的________及________相同。

29. 桅杆的内力计算是指桅杆的________和________。

30. 管式桅杆的计算方法可采用________和________两种方法。

31. 设备拼装场地的位置应尽可能接近于设备的基础，其目的是为了减少设备________的距离。

32. 多机协吊操作时，各台起重机司机须听从________，以保持动作协调、平衡和稳妥。

33. 用双桅杆滑移法吊装设备时，可在设备底部设置一套________滑轮组和卷扬机，防止设备向前移动速度过大而造成设备与基础的碰撞，在拖排上设置一套向前驱动的________滑轮组和卷扬机，以调整起重滑轮组的夹角。

34. 龙门桅杆主要由两副________和________组成。

35. 设备的找平是把设备调整成________或________的工作状态。

36. 划线时，选择的划线基准应尽量与图样上的________一致。

37. 在静力分析时，桅杆自重当做集中载荷作用于桅杆的________处。

38. 人字桅杆的校核计算采用________兼________杆件的计算方法来校核强度和稳定性。

39. 自行式起重机有________起重机、________起重机、________起重机和铁路式起重机等。

40. 用4台起重机抬吊设备时，其中有两台起重机的吊点必须与滑轮组________，以防止出现其中一台起重机不承载，其他起重机________的局面。

41. 连续移动桅杆方法的优点是省掉桅杆底部后方的________索具，并可________动作。

42. 缆索起重机的承载索应有调节其挠度的________，若承载索在两根以上，还须装置________，以便及时自行调整承载索的松紧程度。

43. 设备的找正找平工作，概括起来主要是进行三找，即________、________和________。

44. 置放样冲时，要看准位置，先将样冲外倾，使尖端________线的正中，然后再将样冲________冲眼，同时手要握紧。

45. 直立桅杆的自重对桅杆的作用力，只引起________。

46. 如果钢丝绳的实际拉力________许用拉力，则钢丝绳能安全使用。

47. 起重机的起吊高度是根据被吊设备的________来决定的。

48. 使用横梁连接两台起重机的臂杆，使起重机在吊装设备时所产生的倾覆载荷在横梁内________，从而增大两台起重机的总起重能力。

49. 间歇移动桅杆须在桅杆底部后方设一套________索具，前方设一套________索具。

50. 缆索起重机的起重小车在行至接近两端立柱时，要________、________地移动。

51. 塔类设备校正工作的主要内容包括________和________的检查。

52. 手工锯削是用________原材料或加工工件的操作。

53. 倾斜桅杆的自重对桅杆产生________和________两种内力。

54. 缆风绳的安全系数取________，起重绳的安全系数取________。

55. 选择起重机时，须综合考虑起重机的________、________和________3个基本参数，才能选择最合适的起重机。

56. 起重吊装时，若一台卷扬机的容绳量不足，则可增设一台卷扬机，滑轮组中的钢丝绳采用________的办法解决。

57. 桅杆水平移动方法一般采用________和________两种方式。

58. 使用多副桅杆吊装网架时，网架空中移位的原理是利用每副桅杆________起重滑轮组所产生的________不等而推动网架移动的。

59. 塔类设备的垂直度检查方法常用________和________。

60. 起锯分远起锯和近起锯两种方法，一般厚型工件要用________，薄型工件宜采用________方法。

61. 属轻级工作类型的桅杆，其动载系数取________。

62. 桅杆是属细长压杆，一般要对桅杆中部进行________校核。

63. 任何类型的起重机，只要它们的________符合特定的吊装条件，均可组合在一起共同进行吊装作业。

64. 在起重机臂杆上系挂牵引绳提高起重能力时，臂杆与牵引绳之间的角度较臂杆与臂杆上变幅滑轮组之间的角度________，起重机臂杆上的受力会大大________。

65. 用辅助桅杆竖立桅杆的方法有________、________和________3种。

66. 用4副桅杆吊装大型网架时，其操作的________要求更高，难度更大。

67. 柱子吊装以后，要做________、________和________的校正。

68. 锯削速度以每20～40次/min为宜，锯削软材料可________，硬材料要________。

69. 在实际吊装中，为了简化计算，惯性力常用________的方式加以考虑。

70. 桅杆直立使用时，危险截面处于桅杆的________。

71. 多台起重机的组合选择应该优先考虑________较为接近的机种组合。

72. 加长并加宽履带式起重机的履带是为了________倾覆力矩，________复原力矩，从而提高履带式起重机的稳定性和起重能力。

73. 用两台起重机和平衡梁吊装时，平衡梁必须保持________，起重钢丝绳必须保持________，不准斜吊。

74. 大型设备吊装作业应事先编制________和采取安全可靠措施，施工人员分工明确，并有统一指挥。

75. 柱轴线与定位轴线的校正，主要是为了使柱的中心线与柱基的中心线________。

76. 锯削时，当朝前推锯的时候，对锯弓要________，而在朝后拉时，则不需。

77. 安装起重工操作规程规定，设备吊装遇________的强风时，要停止作业。

78. 桅杆受到的实际应力应小于________，才能安全使用。

79. 选择组合起重机台数的因素除起重机起重量和所吊重物重量外，还需考虑所吊设备的________情况。

80．若要求履带式起重机吊物行驶时，应将起重臂旋转到与履带________方向，缓慢行驶，被吊重物离地面不得超过500 mm，且起吊重量应控制在不超过允许起重量的________为宜。

81．双机抬吊时，要实现两机绝对的同步是不可能的，因为两台起重机吊钩________速度总有不同。

82．联合架桥机是由________、________、________及附属设备所组成。

83．灌注细石混凝土固定柱脚时，所用混凝土的标号应比基础混凝土的标号________，并分________。

84．锯削棒料、管子材料时，首先在原材料上________锯削线，然后进行锯削，锯削时，要始终使锯条与所划的线________。

85．当起重钢丝绳引出端对称布置在桅杆的两侧时，桅杆所受的是________载荷。

86．材料的许用应力是________与________之比。

87．用双机滑行法吊装设备时，两台起重机的回转中心处在________与________的连线两侧，并使两机运行方向与此连线相平行。

88．根据驱动方式的不同，桥式起重机分为________和________两类。

89．采用平衡梁辅助吊装时，若采用双吊点，则吊点应在平衡梁上________。

90．设备吊装就位方法应根据被吊装设备的________、________、吊装工艺以及吊装现场情况而定。

91．吊车梁的校正工作主要内容是梁的________及________的检验和校正。

92．攻螺纹是用丝锥在孔中切削出________；套螺纹是利用板牙在圆杆上切削出________。

93．当起重钢丝绳引出端在桅杆的一侧时，桅杆所受的是________载荷。

94．缆风绳加于桅杆顶部的力，分为________和________两部分。

95．双机递送法是以一台起重机为________，另一台起重机为________的吊装设备方法。

96．桥式起重机的主要性能参数有________、________、总重、小车重及桥式起重机的外形尺寸。

97．采用两台桥式起重机和平衡梁同时吊运设备时，平衡梁须具有足够的________和________，以便通过平衡梁把载荷合理地分配给两台桥式起重机，确保吊运工作安全可靠。

98．设备直立吊装就位法要求起重机的起升高度________设备的高度。

99．吊车梁平面位置的校正包括梁的________和________两项。

100．胀管就是将管端插入管孔内，用胀管器使管端扩大，产生________，从而达到使管端与管孔牢固联结的目的。

（二）**选择题** 下列每题有4个选项，其中只有一个是正确的，请将其代号填在横线空白处。

1．机械制图基本投影方法是________。

A．中心投影　B．斜投影　C．正投影　D．以上都不对

2．塔式起重机的稳定性安全系数值应为________。

A．≥1.15　B．＜1.5　C．＜1　D．＜0.8

3. 缆风绳与地面的夹角根据现场条件来决定，一般控制在________范围内。

A. 15°～30°　B. 30°～45°　C. 45°～60°　D. 60°以上

4. 一般卷扬机与最近的一个导向滑轮的直线距离不小于________倍卷扬机滚筒的长度。

A. 5　B. 10　C. 15　D. 20

5. 安装膨胀螺栓前必须先钻孔，孔的直径与膨胀螺栓的________相同。

A. 大径　B. 中径　C. 小径　D. 大径的一半

6. 桅杆倾斜使用时，其倾斜角一般不得超过________，并应在桅杆底部加封绳。

A. 15°　B. 30°　C. 45°　D. 60°

7. 钢丝绳做绑扎的千斤绳时，安全系数 K 取________。

A. ≥3.5　B. ≥5　C. ≥8　D. ≥12

8. 起重作业中，千斤绳与铅垂线的夹角一般不应大于________。

A. 15°　B. 30°　C. 45°　D. 60°

9. 卷扬机卷筒直径 D 和钢丝绳直径 d 要求为________。

A. $D=15d$　B. $D<9d$　C. $D\geqslant16\sim25d$　D. $D=60d$

10. 用多台规格相同的千斤顶同时作业时，每台千斤顶的额定起重量不得小于其计算载荷的________。

A. 0.8 倍　B. 1.2 倍　C. 1.5 倍　D. 2 倍

11. 设备安装平面图就是在建筑平面图上，标出设备的________和布置。

A. 安装位置　B. 内部结构　C. 断面形状　D. 受力情况

12. 计算缆索起重机的缆索弯曲应力时，缆索弯曲应力与拉应力之比应符合________。

A. $\sigma_{弯}/\sigma_{拉}>1$　B. $\sigma_{弯}/\sigma_{拉}=1$　C. $\sigma_{弯}/\sigma_{拉}<1$　D. 以上均不对

13. 多台起重机组合时，同一型号机种的组合是最佳的方案，是因为同型号起重机的________接近。

A. 额定起重量　B. 起吊高度　C. 起升速度　D. 起吊幅度

14. 间歇移动桅杆时，桅杆前后倾斜角度应控制在________以内。

A. 15°　B. 30°　C. 45°　D. 60°

15. 只要带电体与大地之间的电位差超过________时，测电笔中的氖管就发光。

A. 5 V　B. 15 V　C. 30 V　D. 60 V

16. 绳夹的夹紧程度以使钢丝绳被压扁到原两绳直径的________为宜。

A. 1/4　B. 1/3　C. 1/2　D. 2/3

17. 滚杠运输设备时，滚杠的数量和间距应根据设备的________决定。

A. 重量　B. 重心　C. 结构　D. 材料

18. 全面质量管理的 PDCA 循环法包括________阶段。

A. 2 个　B. 3 个　C. 4 个　D. 5 个

19. 两台同型号起重机抬吊设备时，每台起重机的吊重应控制在额定起重量的________。

A. 80%以内　B. 90%以内　C. 95%以内　D. 以上都不对

20. 设备吊装时，严禁在________级以上的风速时进行。

A. 2　B. 3　C. 4　D. 6

21. 正投影的投影线相互________。

A. 相交　　B. 垂直　　C. 重合　　D. 平行

22. 钢丝绳用做载人的提升机构时，其安全系数 K 值取________。

A. 3.5　　B. 5.5　　C. 8.0　　D. 14

23. 多台起重机协吊设备的关键在于吊装________的问题。

A. 同步　　B. 高度　　C. 机具性能　　D. 验收

24. 连续移动桅杆时，桅杆倾斜角度一般应控制在________以内。

A. 5°　　B. 15°　　C. 20°　　D. 30°

25. 吊车梁不直线度允许偏差在________范围以内。

A. −5 mm　　B. 3 mm　　C. 6 mm　　D. 10 mm

26. 锯削材料时，一般一次往复的距离不小于锯条全长的________。

A. 1/4　　B. 1/3　　C. 1/2　　D. 2/3

27. 关于绳索的破断拉力 S_b，许用拉力 P 及安全系数 K 之间正确的关系是________。

A. $K=P/S_b$　　B. $P\leqslant S_b/K$　　C. $S_b=KP$　　D. 以上均不对

28. 吊装绳索（千斤绳）与铅垂线的夹角一般不应大于________。

A. 15°　　B. 30°　　C. 45°　　D. 60°

29. 在起重吊装中，选择设备吊点的依据是设备的________。

A. 重量　　B. 重心　　C. 材料　　D. 外形尺寸

30. Q235A 钢制成的管式桅杆，使用欧拉公式计算临界压力时，其长细比 λ________。

A. ≤50　　B. ≤80　　C. ≤100　　D. ≥100

31. 正投影的投影线与投影面________。

A. 垂直　　B. 平行　　C. 重合　　D. 成锐角

32. 钢丝绳做缆风绳使用时，其安全系数 K 一般取________。

A. 3.5　　B. 5.5　　C. 8　　D. 10

33. 多机协吊设备时，各台起重机的最大载荷不宜超过其额定起重量的________。

A. 20%　　B. 30%　　C. 80%　　D. 90%

34. 用起重机竖立桅杆时，吊点一般选在桅杆的________处。

A. 重心　　B. 2/3 高度　　C. 顶端　　D. 任意

35. 吊车梁垂直度的偏差，应在规范规定的________以内。

A. 5 mm　　B. 10 mm　　C. 15 mm　　D. 20 mm

36. 使用绳夹时，一般绳夹间距为钢丝绳直径的________倍左右。

A. 4　　B. 8　　C. 16　　D. 20

37. 一般机动起重机用的钢丝绳的安全系数取________。

A. 3.5　　B. 5～6　　C. 8～10　　D. 14

38. 代号为 H5×4D 型的滑轮表示此型号滑轮的额定起重量为________。

A. 40 kN　　B. 50 kN　　C. 90 kN　　D. 200 kN

39. 为了使钢丝绳在卷扬机卷筒上能顺序排列，卷扬机前面第一个导向滑轮与卷筒轴线间距应大于卷筒长度的________。

A. 5 倍　　B. 10 倍　　C. 15 倍　　D. 20 倍

40. 起重机滑轮组中的钢丝绳一般采用型号为________。

A. 6×19+1　B. 6×37+1　C. 6×61+1　D. 以上均不对

41. 工程制图中，尺寸线采用________。

A. 点划线　B. 细实线　C. 粗实线　D. 波浪线

42. 对独脚桅杆等分布置的缆风绳中，受力缆风绳所占的比例一般占________。

A. 10%　B. 50%　C. 80%　D. 90%

43. 履带式起重机吊物行驶时，起吊重量应控制在不超过额定起重量的________倍为宜。

A. 2/3　B. 1.0　C. 1.1　D. 1.2

44. 双人字桅杆抬吊设备时，其吊装滑轮组的横向偏角是一个小角度，一般在________以内。

A. 2°　B. 6°　C. 10°　D. 15°

45. 设备二次灌浆的混凝土标号应比基础标号________。

A. 高一级　B. 低一级　C. 低二级　D. 相同

46. 绳夹使用的数量应根据钢丝绳直径而定，但最少不得少于________。

A. 2 个　B. 3 个　C. 6 个　D. 9 个

47. 用托排搬运设备时，设备重心位置应放在排子中心________位置，以便放入滚杠。

A. 稍前　B. 正中　C. 稍后　D. 任意

48. 为保证构件能够安全正常地工作，对每一种材料必须规定它允许承受的最大应力，此应力称为________。

A. 极限应力　B. 强度极限　C. 屈服应力　D. 许用应力

49. 根据独脚桅杆受力情况，一般桅杆内部产生________种应力。

A. 1　B. 2　C. 3　D. 4

50. 缆索起重机承载索产生的弯曲应力一般为拉应力的________倍。

A. 0.8　B. 1.2　C. 1.3　D. 1.5

51. 工程图样中，可见轮廓线采用________。

A. 细实线　B. 粗实线　C. 虚线　D. 波浪线

52. 下列最能反映轴心受压杆件稳定与否的一个重要参数是________。

A. 工作类型　B. 重量　C. 结构形式　D. 长细比

53. 用两台型号相同的桥式起重机吊运设备时，若采用单吊点，则吊点应选在平衡梁________处。

A. 中点　B. 两端　C. 任意　D. 以上均不对

54. 龙门桅杆的门架可以以其底为回转中心向两边摆动一小角度，摆动的角度一般不大于________。

A. 10°　B. 20°　C. 30°　D. 40°

55. 柱轴线对行、列定位轴线的允许偏差Δ________mm。

A. ≤5.0　B. >5.0　C. >10.0　D. >15.0

56. 缆风绳与地面的夹角一般为________。

A. 15°　B. 30°　C. 50°　D. 60°

57. 设备吊点的位置应根据设备的________来确定。

A. 外形尺寸　B. 重心　C. 体积　D. 截面面积

58. 缆索起重机的承载索产生的弯曲应力应比拉应力________。

A. 大　B. 小　C. 相同　D. 无法确定

59. 使用欧拉公式校验 Q235A 钢制成的管式桅杆的条件是其长细比 λ________。

A. $\leqslant 50$　B. >50　C. <100　D. $\geqslant 100$

60. 滑轮组上、下滑轮之间的最小净距不得小于滑轮轮径的________倍。

A. 3　B. 5　C. 25　D. 30

61. 如物体的尺寸是20 cm，图上量出的尺寸是4 cm，则图的比例为________。

A. 5：1　B. 1：5　C. 1：50　D. 50：1

62. 安装起重工操作规程规定，设备吊装遇________级以上的强风时要停止作业。

A. 3　B. 6　C. 9　D. 12

63. 采用两台桥式起重机和平衡梁吊运设备时，应根据吊运设备的________及吊索设置决定。

A. 重量　B. 形状　C. 尺寸　D. 材料

64. 新设置的缆索起重机要做超负荷________的试验后，方可使用。

A. 5%　B. 10%　C. 20%　D. 30%

65. 拧紧地脚螺栓时，混凝土强度不得低于设计强度的________。

A. 30%　B. 50%　C. 60%　D. 70%

66. 构件抵抗变形的能力称为________。

A. 刚度　B. 强度　C. 稳定性　D. 以上均不对

67. 钢丝绳做缆风绳用时，其安全系数 K 取________。

A. 3.5　B. 5.5　C. 8　D. 12

68. 组立桅杆时，桅杆中心线偏差不大于长度的________。

A. 1/10　B. 1/50　C. 1/100　D. 1/1 000

69. 全面质量管理中 PDCA 循环法是提高产品质量的一种科学管理方法，其中 C 表示________。

A. 计划阶段　B. 检查阶段　C. 处理阶段　D. 执行阶段

70. 两台同型号起重机抬吊设备时，每台起重机的起重量应控制在额定起重量的________以内。

A. 80%　B. 90%　C. 95%　D. 以上均不对

71. 桅杆的工作类型多数属轻级，故动载系数 K_1 值常取________。

A. 1.0　B. 1.1　C. 1.3　D. 1.5

72. 用两台起重机抬吊设备时，吊钩下降慢的起重机负荷________。

A. 较重　B. 较轻　C. 不变　D. 不能确定

73. 卷扬机至桅杆底座处导向滑轮的距离应大于桅杆高度，如受场地限制时，其距离也不能小于________。

A. 4 m　B. 8 m　C. 20 m　D. 25 m

74. 一般塔类设备的垂直度允许偏差为________，但塔顶外倾的最大偏差不得超过15 mm。

A. 1/10　B. 1/50　C. 1/100　D. 1/1 000

75. 使用欧拉公式计算Q235A钢制成的管式桅杆临界压力，其条件是桅杆的长细比λ________。

A. ≥100　B. <100　C. <60　D. <56

76. 钢丝绳做机动卷扬机跑绳用时，其安全系数 K 取________。

A. 3.5　B. 5～6　C. 8～10　D. 12～14

77. 缆风绳跨越公路时，距路面的高度不得低于________。

A. 2 m　B. 3 m　C. 4 m　D. 6 m

78. 缆索起重机使用前，一般须进行________的超负荷动载试验。

A. 5%　B. 10%　C. 20%　D. 30%

79. 设备吊装规范规定，严禁在________以上的风速下进行吊装作业。

A. 2级　B. 4级　C. 6级　D. 8级

80. 三视图中主视图与左视图关系正确的是________。

A. 长对正　B. 高平齐　C. 宽相等　D. 长相等、宽不等

81. 工作类型属重级的桅杆，其动载系数 K_1 取________。

A. 1.0　B. 1.1　C. 1.2　D. 1.3

82. 用旋转法竖桅杆，应在桅杆转到与地面成________时，停止起吊，开始拉动桅杆顶部的缆风绳，使桅杆竖直。

A. 10°～20°　B. 20°～30°　C. 40°～50°　D. 60°～70°

83. 缆风绳跨越公路时，架空高度一般应不低于________。

A. 3 m　B. 5 m　C. 6 m　D. 10 m

84. 设备倾斜自行就位是靠设备自身的________就位直立。

A. 重量　B. 高度　C. 宽度　D. 结构

85. 钢丝绳与卷扬机的卷筒轴线须接近成直角，其最大偏角不大于________。

A. 1°　B. 2°　C. 4°　D. 5°

86. 设备吊装就位后，须对设备进行找正，设备的找正主要是找________。

A. 水平度　B. 铅垂度　C. 中心和水平　D. 平面度

87. 力的国际单位是________。

A. 吨　B. 牛顿　C. 公斤力　D. 兆帕

88. 塔类设备顺装法的缺点是吊装高度大，高空作业量大，操作者安全感________。

A. 差　B. 一般　C. 好　D. 较好

89. 缆索起重机的承载索产生的弯曲应力应比拉应力________。

A. 小　B. 大　C. 相等　D. 大2倍

90. 三视图中，主视图和俯视图的关系是________。

A. 长对正　B. 高平齐　C. 宽相等　D. 高和宽相等

91. 起重吊装中的不均衡系数 K_2 一般取________。

A. 0.8　B. 1.0　C. 1.2　D. 1.5

92. 用扳倒法竖立桅杆时，待桅杆与地面夹角大于________时，即可利用桅杆上的缆风绳将桅杆竖直。

A. 15°　B. 30°　C. 45°　D. 60°

93. 大型设备吊装作业不得在________级以上的风速下进行。

A. 3　B. 4　C. 5　D. 6

94. 用联合架桥机架梁时，应注意推进导梁的前端悬臂长不得超过已拼装部分的________，以资稳定。

A. 1/4　B. 1/3　C. 1/2　D. 2/3

95. PDCA 循环法是提高产品质量的一种科学管理工作方法，它包括________阶段。

A. 3 个　B. 4 个　C. 5 个　D. 6 个

96. 为保证物体能够安全地工作，对每一种材料必须规定它所允许承受的最大应力，这个应力称为________。

A. 许用应力　B. 屈服应力　C. 极限应力　D. 强度极限

97. 采用滚杠运输设备时，为了便于放入滚杠，设备的重心应放在托排中心的________位置。

A. 稍前一点　B. 稍后一点　C. 正中　D. 任意

98. 绳夹使用的数量应根据钢丝绳直径而定，但最少不得少于________。

A. 2 个　B. 3 个　C. 5 个　D. 6 个

99. 在起重吊装中，选择设备捆绑点的依据是设备的________。

A. 重量　B. 外形尺寸　C. 体积　D. 重心

（三）判断题　下列判断正确的请打“√”，错误的打“×”。

1. 三视图位置配置方法是将平面图画在正立面图的下面，把侧立面图画在正立面图的旁边。（　）

2. 倾斜使用的桅杆自重仅引起轴向压力的作用。（　）

3. 两台桥式起重机联合吊运 1 台设备时，不能使用平衡梁。（　）

4. 双机抬吊时，要实现两机绝对的同步是不可能的，吊钩起升较快的起重机负荷比较轻，吊钩起升较慢的起重机负荷较重。（　）

5. 当立式设备高度大大超过起重机械的起升高度时，此设备就位可采用直接直立吊装就位法。（　）

6. 顺装法要求桅杆的高度超过塔体总高，总的吊装载荷很重。（　）

7. 所有电气设备的金属外壳，都必须有可靠的保护接地。（　）

8. 全面质量管理是企业管理人员的事，与施工班组成员无关。（　）

9. 地锚可承受各个不同方向的力。（　）

10. 用滚杠运输设备时，滚杠两端应伸出托排外面300 mm左右，以免压伤手脚。（　）

11. 比例是指图样上的尺寸与物体原来的实际尺寸之比。（　）

12. 桅杆长细比越大，稳定性越好。（　）

13. 满载时的起重机回转范围，一般要求不宜超过 180°。（　）

14. 双机抬吊时，吊钩下降快的负荷较重，吊钩下降慢的负荷较轻。（　）

15. 倒装法的桅杆高度不可低于塔体，而顺装法的桅杆高度可低于塔体。（　）

16. 一般塔类设备的垂直度允许偏差为 1/1 000，但塔顶外倾的最大偏差不得超过 15 mm。（　）

17. 凡有可能被雷击的设备，都要安装防雷装置。（ ）

18. 滑轮的直径与钢丝绳的直径之比，一般应小于 9。（ ）

19. 为了增加卷杨机的稳定性，跑绳应从卷筒的上方卷入。（ ）

20. 用滚杠法运输设备时，滚杠的数量与间距应根据设备的重量确定，并且选用的滚杠粗细长短应一致。（ ）

21. 某图的比例是 1∶5，表示图上的尺寸是实物尺寸的 1/5。（ ）

22. 选择缆风绳和地锚的规格时，应取缆风绳的总拉力值为依据。（ ）

23. 起重机在满载时，操作上可同时做两种机械的动作。（ ）

24. 用两台桥式起重机吊运物件过程中，为减小物件摆动，要使两台起重机吊钩两点连线与起重机大车行走方向一致。（ ）

25. 缆索起重机的结构和工作条件决定于它所服务工地的轮廓尺寸和性质。（ ）

26. 设备的精平工作应在地脚螺栓二次灌浆前进行。（ ）

27. 用手锯锯削工件时，起锯时加的压力要大，往复行程要短，速度要快。（ ）

28. 钢丝绳的破断拉力是钢丝绳整根被拉断时的拉力。（ ）

29. 缆风绳的安全系数 $K=5.5$。（ ）

30. 缆索起重机承载索产生的弯曲应力比拉应力大。（ ）

31. 建筑图上，水平方向的轴线用英文字母由上而下依次编号。（ ）

32. 钢丝绳的许用拉力大于实际拉力时，钢丝绳就能安全使用。（ ）

33. 履带式起重机在满载时，还能够行驶和转动。（ ）

34. 滑移法竖桅杆时，在主桅杆重心以上 1～1.5 m处系结吊索。（ ）

35. 缆索起重机的承载索的挠度应为跨距的 1/10 倍。（ ）

36. 一般柱高小于或等于5 m时，柱竖向的允许偏差 $\Delta \leqslant 5$ mm。（ ）

37. 用手锯锯削软材料时，锯削压力可小些，否则锯齿不易切入，造成打滑。（ ）

38. 定滑轮能改变力的方向，又能省力；而动滑轮不能省力。（ ）

39. 钢丝绳出现拧扭死结、部分变形严重、发生麻心挤出的，应予报废，而钢丝绳内出现一股损坏的不应报废。（ ）

40. 使用绳夹时，一般绳夹间距为钢丝绳直径的 8 倍左右，最后一个绳夹离绳头的距离不得少于150 mm。（ ）

41. 建筑图上水平方向的轴线用阿拉伯数字由左至右依次编号。（ ）

42. 缆索起重机的缆索受到的弯曲应力应大于拉伸应力。（ ）

43. 起升卷扬机卷筒上的钢丝绳，在任何情况下均不得少于 3 圈。（ ）

44. 起重工指挥多台起重机吊装设备时，各起重机可同时开动两种机构。（ ）

45. 缆索起重机吊运重物时，可以同时进行重物的提升和水平移动。（ ）

46. 二次灌浆的混凝土标号应比基础标号低一级。（ ）

47. 锯削硬材料的压力应比锯削软材料的压力小。（ ）

48. 应力的国际单位是帕斯卡。（ ）

49. 钢丝绳的容许拉力 P，破断拉力 S_b，安全系数 K 间的关系可用公式 $S_b \geqslant KP$ 表示。（ ）

50. 大型设备的吊装，允许在 7 级风力中进行。（ ）

51. 建筑安装施工图是根据投影原理绘制而成的。（ ）

52. 起重机的稳定性安全系数值越大，说明起重机更易发生倾覆。（ ）

53. 起重机可以用来吊拔埋在地下的构件。（ ）

54. 用旋转法竖桅杆时，应在桅杆重心以下位置系结吊索。（ ）

55. 缆索起重机的挠度过小会使承载索所受的拉力减小。（ ）

56. 用电工钢丝钳剪切带电导线时，可用刀口同时剪切两根相线。（ ）

57. 锯削软材料，压力要稍小些，以免锯齿切入过深，发生咬住现象。（ ）

58. 合力等于分力的矢量和，因此合力一定比分力大。（ ）

59. 为保证物体能够安全正常地工作，对每一种材料必须规定它所能允许承受的最大应力，即许用应力。（ ）

60. 塔类设备顺装法比倒装法高空作业量大，安装质量差。（ ）

61. 细看施工图时应先看安装大样图，然后看部件图，最后看总说明和基本图纸样。（ ）

62. 起重机的起重量是根据设备的外形尺寸来选择的。（ ）

63. 只有同一种类型的起重机才可以组合在一起共同进行吊装作业。（ ）

64. 间歇移动桅杆时，只须在底脚设置一套牵引索具即可。（ ）

65. 缆索起重机的承载索挠度过大会造成起重小车行走困难；挠度过小会使缆索所受的拉力增大，从而降低其承载能力。（ ）

66. 塑料软线绝缘层只能用电工刀剖削。（ ）

67. 用錾子錾切板料时，錾子刃口要平对着板料錾切。（ ）

68. 作用力与反作用力总是大小相等、方向相反、沿同一直线分别作用在不同物体上。（ ）

69. 用多台电动卷扬机起吊设备时，要统一指挥，统一行动，注意电动卷扬机的同步操作。（ ）

70. 使用绳夹时，每个绳夹都要拧紧，拧紧程度以压扁钢丝绳直径的 1/3 左右为宜。（ ）

71. 看基础平面图时，可了解设备基础标高、平面尺寸、地脚螺栓位置、数量以及尺寸距离等。（ ）

72. 多机协吊时，吊机位置应严格在所定幅度以内定位。（ ）

73. 两台起重机臂杆上加横梁不能扩大吊装能力。（ ）

74. 水平移动桅杆时，桅杆只能间歇移动，不能连续移动。（ ）

75. 桥式起重机与桅杆是属于不同类型的起重机械，故两者不能联合协吊设备。（ ）

76. 导线连接后，恢复的绝缘层强度应低于原有绝缘层。（ ）

77. 操作钻床时，袖口要扎紧，也要求戴好手套。（ ）

78. 二力平衡的条件是二力大小相等、方向相反，且力的作用线在一直线上。（ ）

79. 钢丝绳的表面钢丝被腐蚀或磨损，达到钢丝绳直径的 40%以上应予报废。（ ）

80. 放置或调整滚杠时，应将大拇指放在管孔外，其余 4 指头放入滚杠孔内，以免压伤手指。（ ）

81. 三视图的投影规律简称“长对正”、“高平齐”、“宽相等”。（ ）

82. 起重吊装过程中，若遇卷扬机的容绳量不足，采取的措施是把钢丝绳剪短，直至满足卷扬机的容绳量为止。（ ）

83. 起重机臂杆加支柱，可扩大起重机的吊装能力，但不能在安装现场做短距离水平转移。（ ）

84. 在双桅杆滑移法吊装设备过程中，桅杆和索具的受力始终保持不变。（ ）

85. 桅杆不能与自行式起重机联合协吊设备。（ ）

86. 电气设备接通电源时，一般应先合隔离开关，再合负荷开关。（ ）

87. 攻螺纹时，底孔直径应比丝锥螺纹大径大 1.5 倍。（ ）

88. 杠杆平衡的条件是作用在杠杆上所有各力对支点（矩心）力矩的代数和等于零。（ ）

89. 用欧拉公式计算细长杆临界压力的条件是长细比 $\lambda \leqslant 100$。（ ）

90. 当几台千斤顶联合顶升设备时，每台千斤顶的起重能力不得小于其计算载荷的 1.2 倍，以防止不同步，造成个别千斤顶超载。（ ）

91. 正投影的投影线与投影面垂直。（ ）

92. 牵引起重机臂杆能提高起重机的起重能力是因为牵引绳将增大起重机的倾覆力矩。（ ）

93. 起重机吊装设备时，起重滑轮组的倾角一般能够超过 10°。（ ）

94. 使用双抽头的滑轮组时，卷扬机启动和停车的不同步，会改变索具的受力。（ ）

95. 网架只能用桅杆组合吊装，不能用自行式起重机组合吊装。（ ）

96. 电气设备接通电源时，一般应先合负荷开关，再合隔离开关。（ ）

97. 胀管的实质是管端在管孔内进行冷态扩张。（ ）

98. 独脚桅杆起吊设备时，中部所产生的弯矩等于桅杆顶部弯矩。（ ）

99. 缆索起重机承载缆索产生的弯曲应力比拉应力大。（ ）

100. 采用排子运输设备时，设备重心应在排子中心稍后一点，以利送入滚杠。（ ）

（四）简答题

1. 什么叫正投影？
2. 简述“五不吊”内容。
3. 简述三视图位置配置关系。
4. 班组成员安全职责有哪些？
5. 三面投影图是怎样形成的？
6. 简述间歇移动桅杆操作步骤。
7. 简述顺装法和倒装法的特点。
8. 班组经济活动分析的内容有哪些？
9. 简述三视图投影尺寸关系。
10. 简述 PDCA 循环法的 4 个阶段。
11. 简述作用力与反作用力原理。
12. 简述连续移动桅杆的操作步骤。
13. 简述吊装大型网架“四个一致”内容。
14. 怎样用欧拉公式计算独脚管式桅杆的安全载荷？

15. 怎样计算倾斜独脚桅杆顶部产生的弯矩？

16. 简述班组经济活动的分析步骤。

17. 缆风绳拉力由哪两部分组成？

18. 怎样计算倾斜独脚桅杆顶部的应力？

19. 简述机具操作人员“三好”、“四懂”、“四会”内容。

20. 说明缆索起重机承载索产生的拉应力与弯曲应力的关系。

（五）计算题

1. 某工地一桅杆自重 $G=50\ \text{kN}$，起吊重物最大重量 $G_1=300\ \text{kN}$，吊具重 $G_2=25\ \text{kN}$。桅杆底部基础与土壤接触面积为 $A=2\times10^6\ \text{mm}^2$，若桅杆基础下的土壤许用应力为 $[\sigma_d]=0.25\sim0.60\ \text{MPa}$，求地基基础土壤的承压能力并校验地基是否会下沉？

2. 某一施工现场有一根直径为 24mm 的钢丝绳，其规格为 6×37+1，钢丝绳的破断拉力总和为358 kN，做一般机动起重绳用，试求钢丝绳的允许吊重。

3. 某一施工现场的管式桅杆，用无缝钢管（ϕ 426 mm×9 mm）制成，起重高度为 16m，桅杆上下端为铰链连接。试用欧拉公式计算此桅杆的临界压力及安全起重量。（查ϕ426 mm×9 mm无缝钢管的截面性能：$A=117.9\times10^{-4}\text{m}^2$；$I=24600\times10^{-8}\text{m}^4$；$r=14.5\times10^{-2}\text{m}$；$W=1175\times10^{-6}\text{m}^3$及钢的弹性模量 $E=210\times10^3\ \text{MPa}$）

4. 某一施工现场有一直径为24 mm的钢丝绳，型号为 6×37+1，钢丝的直径为1.1 mm，钢丝的公称抗拉强度为1850 MPa，用做一般机动起重绳，试计算此钢丝绳的破断拉力和许用拉力。

5. 某工地用“三三走六”滑轮组吊装某设备。已知设备重 $G_1=200\ \text{kN}$，吊具重 $G_2=25\ \text{kN}$，滑轮组工作绳数 $n=6$ 根，滑轮组效率 $\eta=0.87$，试求滑轮组跑绳的拉力。

6. 某化工贮罐及其中物料的总重 $G=60\ \text{kN}$，用 3 个支腿支撑，支撑腿用ϕ159 mm×4.5 mm的无缝钢管制成，求支腿的压应力。若支腿无缝钢管的许用应力 $[\sigma]=160\ \text{MPa}$，问支腿是否安全？

7. 已知某一圆钢两端沿轴线分别作用拉力为 $F=50\ \text{kN}$，圆钢的直径为ϕ20 mm，求其截面上的拉应力。若此圆钢的许用应力为 $[\sigma]=160\ \text{MPa}$，问圆钢是否安全？

8. 某一施工现场有一用 16 号工字钢制成的简易桥式吊车，已知吊车梁的跨度 $L=6.4\ \text{m}$，起吊重物作用在吊车梁中点上的载荷为 $G=10\ \text{kN}$。若不考虑梁的自重，求平稳起吊时梁内产生的最大应力为多少？若弯曲许用应力 $[\sigma]=160\ \text{MPa}$，问该工字梁起吊时是否安全？计算时简图如题图—1 所示。

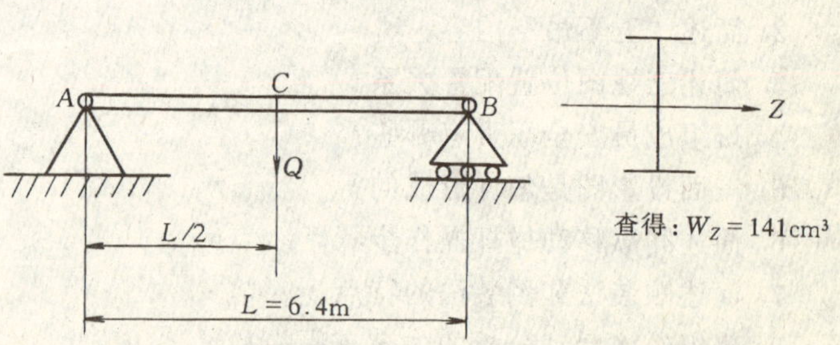

题图—1　计算简图

9. 如题图—2 所示，整体吊装桥式起重机（简称行车）。已知 $G_1=150\ \text{kN}$，$G_2=40\ \text{kN}$，$P=6\ \text{kN}$，$l_1=1.75\ \text{m}$，$l_2=9.75\ \text{m}$，$l_3=2.3\ \text{m}$。为了使被吊装行车能顺利就位于轨道，设置起重桅杆的中心位置需偏离车间中心 l_x，试计算偏心距 l_x（车间中心与行车重心重合）。

10. 有一设备重量为50 kN，由 $\beta=45°$ 的四分支吊索承受起吊，如题图—3 所示。试计算并按表选用什么规格的钢丝绳做吊索？($\cos45°=0.707$)

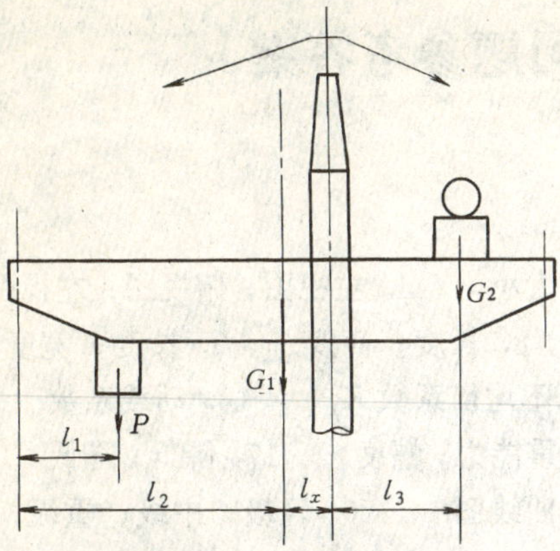

题图—2　吊装行车示意图

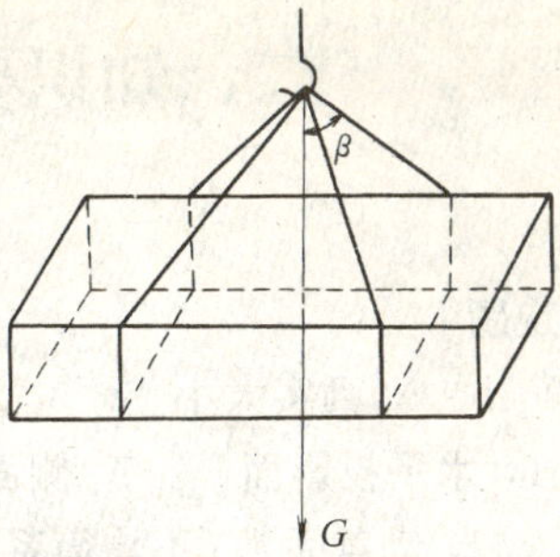

题图—3　吊索示意图

题表—1　**6×37+1 型钢丝绳破断拉力表**

钢丝绳直径 (mm)	钢丝绳抗拉强度 (MPa)		
	1 550	1 700	1 850
	钢丝绳破断拉力总和 kN≮		
17.5	172.5	189.5	206.0
19.5	218.5	239.5	261.0
21.5	270.0	296.0	322.0
24.0	326.5	358.0	390.0

二、知识要求练习题参考答案

（一）填空题

1. 投影面　2. 真实大小　3. 真实形状；大小　4. 主视图；俯视图；左视图　5. 正投影面　6. 水平投影面　7. 侧面投影面　8. 长度；高度　9. 长度；宽度　10. 宽度；高度　11. 动载系数；不均衡系数　12. 不均衡系数 K_2　13. 动载系数　14. 动载系数 K_1　15. 动载荷；不均衡载荷　16. 起重能力；幅度　17. 降低；降低　18. 起重量；起升高度；幅度　19. 起重性能表；特性曲线图　20. 轻级；中级；重级；特重级　21. 静力学　22. 弯曲应力　23. 20倍；垂直　24. 同步性；分配载荷　25. 高度；重量　26. 不下垂　27. 找正找平　28. 大径；长度　29. 强度计算；稳定性验算　30. 欧拉公式；弯曲应力公式　31. 二次运输　32. 统一指挥　33. 溜放；牵引　34. 独脚桅杆；横梁　35. 水平；铅直　36. 设计基准　37. 重心　38. 受压；受弯　39. 汽车式；轮胎式；履带式　40. 串通；超载　41. 止推；连续　42. 拉紧装置；平衡轮；43. 找中心；找标高；找水平　44. 对准；直立　45. 轴向压力　46. 小于　47. 高度　48. 互相抵消　49. 止推（溜尾）；牵引　50. 低速；间断　51. 标高；垂直度　52. 手锯分割　53. 轴向压力；弯矩　54. 3.5；5～6　55. 起重量；幅度；起重高度　56. 双抽头　57. 间歇移动；连续移动　58. 两侧；水平分力　59. 铅垂线法；经纬仪法　60. 远起锯；近起锯　61. $K_1=1.1$　62. 稳定性　63. 性能　64. 大；降低　65. 滑移法；旋转法；扳倒法　66. 同步性　67. 平面位置；标高；垂直度　68. 快些；慢些　69. 动载系数　70. 中部　71. 起升速度　72. 减小；增大　73. 水平；垂直　74. 吊装方案　75. 对正　76. 施加压力　77. 6级以上　78. 许用应力　79. 外形尺寸　80. 平行；2/3　81. 起升和下降　82. 龙门架；托架；导梁　83. 高一级；两次灌注　84. 划出；重合　85. 轴心受压　86. 危险应力；安全系数　87. 基础中心；设备吊点　88. 手动；电动　89. 对称布置　90. 重量；外形尺寸　91. 垂直度；平面位置　92. 内螺纹；外螺纹　93. 偏心受压　94. 预拉力；工作拉力　95. 主机；副机　96. 起重量；跨度　97. 强度；刚度　98. 大于　99. 直线度；跨度　100. 永久变形

（二）选择题

1. C	2. A	3. B	4. D	5. A	6. A	7. C	8. C	9. C	10. B
11. A	12. C	13. C	14. A	15. D	16. D	17. A	18. C	19. A	20. D
21. D	22. D	23. A	24. A	25. B	26. D	27. B	28. C	29. B	30. D
31. A	32. A	33. C	34. B	35. A	36. B	37. B	38. B	39. D	40. B
41. B	42. B	43. A	44. A	45. A	46. B	47. C	48. D	49. B	50. A
51. B	52. D	53. A	54. A	55. A	56. B	57. B	58. B	59. D	60. B
61. B	62. B	63. A	64. B	65. D	66. A	67. A	68. D	69. B	70. A
71. B	72. A	73. B	74. D	75. A	76. B	77. D	78. B	79. C	80. B

81. D	82. D	83. C	84. A	85. B	86. C	87. B	88. A	89. A	90. A
91. C	92. D	93. C	94. B	95. B	96. A	97. B	98. B	99. D	

（三）判断题

1. √	2. ×	3. ×	4. ×	5. ×	6. √	7. √	8. ×	9. ×	10. √
11. √	12. ×	13. ×	14. ×	15. ×	16. √	17. √	18. ×	19. ×	20. √
21. √	22. ×	23. ×	24. √	25. √	26. ×	27. ×	28. √	29. ×	30. ×
31. ×	32. √	33. ×	34. √	35. ×	36. √	37. ×	38. ×	39. ×	40. √
41. √	42. ×	43. √	44. ×	45. ×	46. ×	47. ×	48. √	49. √	50. ×
51. √	52. ×	53. ×	54. ×	55. ×	56. ×	57. √	58. ×	59. √	60. √
61. ×	62. ×	63. ×	64. ×	65. √	66. ×	67. ×	68. √	69. √	70. √
71. √	72. √	73. ×	74. ×	75. ×	76. ×	77. ×	78. √	79. √	80. √
81. √	82. ×	83. ×	84. ×	85. ×	86. √	87. ×	88. √	89. ×	90. √
91. √	92. ×	93. ×	94. √	95. ×	96. ×	97√	98. ×	99. ×	100. √

（四）简答题

1. 答：当投影线采用平行光线，而且投影线与投影面垂直，这时得到的投影叫正投影。

2. 答：起重作业中，“五不吊”的内容是：

手势指挥不清不吊；

重量不明不吊；

超载荷不吊；

视线不明不吊；

重心不明或捆绑不牢不吊。

3. 答：三视图位置配置关系：

三视图是指主视图、俯视图和左视图，为了制图的方便，把平面图（俯视面）画在正立面图（主视图）的下面，把侧立面图（左视图）画在正立面的旁边。

4. 答：班组成员安全职责有：

(1) 自觉遵守各种安全制度和操作规程。

(2) 按规章规定，合理使用工具、设备和防护用品。

(3) 向违反安全制度的不良倾向做斗争。

(4) 服从指挥，加强团结。

(5) 每天班前须检查工具、机械和安全帽、安全带，检查工作现场是否安全等。

(6) 对新任务没交底、不懂操作知识时，应拒绝施工。

5. 答：将三面投影体系的正面保持不动，水平面绕 OX 轴向下旋转 90°，侧面绕 OZ 轴向右旋转 90°，使三个投影面在同一平面上，这样就形成了三面投影图。

6. 答：间歇移动桅杆操作步骤：

(1) 先逐渐放松止推索具，相应收缩牵引索具，桅杆底脚就向前移动，使桅杆倾斜 10°～15°为止。

(2) 放松桅杆后方缆风绳，相应收缩前方缆风绳，使桅杆向前倾斜到 10°～15°为止。

(3) 再放松止推索具，同样收缩牵引索具，使桅杆达到直立位置后，继续放松止推索具，相应收缩牵引索具，使桅杆后倾 10°～15°为止，如此循环进行，直至桅杆移到预定的位置。

7. 答：顺装法和倒装法的特点：

(1) 顺装法优点是每次吊装重量不大，但吊装的高度却依次增高；缺点是吊装高度大，桅杆高，高空作业量大，操作安全感差，安装质量差。

(2) 倒装法优点是大大减少了高空作业，操作安全感好，安装质量高；缺点是要求桅杆起重量大。

8. 答：班组经济活动分析主要内容有：

(1) 施工计划完成情况分析。

(2) 劳动计划完成情况分析。

(3) 材料供应和消耗情况分析。

(4) 班组机具使用情况分析。

(5) 工程质量分析。

(6) 安全事故分析。

9. 答：三视图投影尺寸关系：

主、俯视图长对正；

主、左视图高平齐；

俯、左视图宽相等。

10. 答：PDCA 循环法的 4 个阶段：

(1) 计划阶段 (P)。

(2) 执行阶段 (D)。

(3) 检查阶段 (C)。

(4) 处理阶段 (A)。

11. 答：作用力与反作用力原理：

当一个物体对另一个物体有作用力时，必须同时引起另一物体对它的反作用力。作用力与反作用力总是大小相等、方向相反、沿同一直线，但分别作用在两个不同的物体上。

12. 答：连续移动桅杆的操作步骤：

开始移动时，先放松桅杆后方的缆风绳，相应收紧前方的缆风绳，使桅杆倾斜 3°～5°时，桅杆底部前方牵引索具可以同时动作，使桅杆保持在向前倾斜 3°～5°的状态中移动，直至移到预定位置。

13. 答：吊装大型网架“四个一致”的内容有：

(1) 各起重卷扬机的规格（包括卷筒直径、长度和转速）应一致。

(2) 起重钢丝绳的规格应一致。

(3) 起吊前起重钢丝绳的收紧程度及其在卷筒上的预留圈数应一致。

(4) 操作人员的操作步调应一致。

14. 答：欧拉公式对于用 Q235A 钢制成的管式桅杆，当长细比 $\lambda \geqslant 100$ 时才能使用。管式直立细长桅杆可以看做两端为铰链连接，欧拉公式计算的临界压力是指失稳时的压力，所以安全载荷应等于临界压力除以安全系数。即

$$[P]=\frac{P_K}{K}=\frac{\pi^2 EI}{(\mu l)^2 K}$$

15. 答：起重滑轮组偏心地悬挂于桅杆顶部而产生弯矩 M_A，这一弯矩由两部分组成：起重滑轮组引出端的拉力 S 与偏心距 e 形成的弯矩 Se；起吊计算载荷在桅杆轴向的分力 N_1 与偏心距 e 所形成的对桅杆的弯矩 N_1e。即

$$M_A=N_1e+Se$$

16. 答：班组经济活动的分析步骤为：

提出问题→搜集资料→对比分析→提出解决措施。

17. 答：缆风绳的拉力是由两部分组成的。一部分是由缆风绳自重引起的拉力 T_1；另一部分是由缆风绳负载后引起的拉力 T_2，其值和地面夹角、平面布置和缆风绳的根数有关。

18. 答：由倾斜独脚桅杆受力情况可知，在桅杆顶部产生两种应力，一种是由轴心压力产生的轴向压应力；另一种是由弯矩产生的弯曲应力。即

$$\sigma=\frac{M_A}{W_A}+\frac{N_A}{A_A}$$

19. 答：机具操作人员要做到“三好”、“四懂”、“四会”：

(1)“三好”即机具要管好、用好、维修好。

(2)“四懂”即操作人员在使用本机具时要懂原理、懂构造、懂性能、懂用途。

(3)“四会”即会操作、会检查、会保养、会排除故障。

20. 答：缆索起重机承载索产生的弯曲应力比拉应力值小为好，一般为拉应力的 0.8 倍，所以在计算弯曲应力时，必须满足 $\sigma_{弯}/\sigma_{拉}<1$ 的要求。如果 $\sigma_{弯}>\sigma_{拉}$，会导致钢丝绳与行走轮接触的一面鼓起，使缆索很快磨损，就必须增加行走轮的数目，来降低弯曲应力。

(五) 计算题

1. 解：(1) 求起重吊装计算载荷 G_j

$$G_j=K(G_1+G_2)=1.1(300+25)=357.5(\text{kN})$$

(2) 求地基土壤的承压能力 σ_d

$$\sigma_d=\frac{G_j+G}{A_d}=\frac{(357.5+50)\times10^3}{2\times10^6\times10^{-6}}=2.0375\times10^5(\text{Pa})\approx0.204(\text{MPa})$$

因为 $\sigma_d=0.204\text{ MPa}<[\sigma_d]=0.25\sim0.60\text{ MPa}$，所以，地基承压强度满足要求，基础不会下沉。

2. 解：(1) 已知钢丝绳的破断拉力总和 $S'_b=358\text{ kN}$，又因 6×37+1 型钢丝绳折减系数 $C=0.82$，则整根钢丝绳的破断拉力 S_b 为：

$$S_b=S'_b\times C=358\times0.82=293.56(\text{kN})$$

(2) 做一般机动起重绳用的钢丝绳，其安全系数 K 可取 $K=5.5$，则此钢丝绳的允许吊重 P 为：

$$[P]=\frac{S_b}{K}=\frac{293.56}{5.5}=53.4(\text{kN})$$

3. 解：(1) 已知桅杆起重高度 $l=16\text{ m}$，上下为铰链连接，则长度修正系数 $\mu=1$。

(2) 求长细比 λ

$$\lambda=\frac{\mu l}{r}=\frac{1\times16}{14.5\times10^{-2}}=110$$

因为 $\lambda=110>100$，故可用欧拉公式计算临界压力。

(3) 求临界压力 P_K

$$P_K=\frac{\pi^2 EI}{(\mu l)^2}=\frac{3.141\,6^2\times 210\times 10^3\times 10^6\times 24\,600\times 10^{-8}}{(1\times 16)^2}$$

$$=1\,991.7\times 10^3(\text{N})=1\,991.7(\text{kN})$$

(4) 求安全起重量 $[P]$

因计算管式桅杆时，其安全系数 $K=2.5$，则

$$[P]=\frac{P_K}{K}=\frac{1\,991.7}{2.5}=796.68(\text{kN})$$

4. 解：(1) 求单根钢丝的破断拉力 S'_b

已知钢丝直径 $d=1.1$ mm，抗拉强度 $\sigma=1\,850$ MPa，则

$$S'_b=\frac{\pi d^2}{4}\sigma=\frac{3.14\times(1.1\times 10^{-3})^2}{4}\times 1\,850\times 10^6=1\,757.222\,5(\text{N})$$

(2) 求钢丝绳破断拉力总和 S''_b

$$S''_b=6\times 37\times S'_b=6\times 37\times 1\,757.222\,5=390\,103.395(\text{N})$$

(3) 求整根钢丝绳的破断拉力 S_b

因 6×37+1 型钢丝绳的折减系数 $\varphi=0.82$，则

$$S_b=S''_b\varphi=390\,103.395\times 0.82=319\,884.783\,9(\text{N})\approx 319.9(\text{kN})$$

(4) 求钢丝绳的许用拉力 $[P]$

因用做一般机动起重绳的安全系数可取 $K=5$，则

$$[P]=S_b/K=319.5/5\approx 64.0(\text{kN})$$

5. 解：(1) 已知 $G_1=200$ kN，$G_2=25$ kN，$n=6$，$\eta=0.87$

(2) 求吊装计算载荷 G_j

$$G_j=K_1(G_1+G_2)=1.1\times(200+25)=247.5(\text{kN})$$

(3) 求滑轮组跑绳的拉力 S

$$S=\frac{G_j}{n\eta}=\frac{247.5}{6\times 0.87}=47.41(\text{kN})$$

即跑绳的拉力为47.41 kN。

6. 解：(1) 已知 3 个支腿受的压力 $P=G=60$ kN。

(2) 求支腿的总横截面积 A

$$A=3\times\frac{\pi}{4}(d^2-d_1^2)=3\times\frac{\pi}{4}[(159\times 10^{-3})^2-(150\times 10^{-3})^2]$$

$$=6.549\,25\times 10^{-3}(\text{m}^2)$$

(3) 求压应力 σ

$$\sigma=\frac{P}{A}=\frac{60\times 10^3}{6.549\,25\times 10^{-3}}\approx 9.16\times 10^6(\text{Pa})=9.16(\text{MPa})$$

(4) 确定支腿的安全性

因为 $\sigma=9.16$ MPa$<[\sigma]=160$ MPa

所以，支腿安全。

7. 解：(1) 已知圆钢轴力 $N=F=50$ kN$=5\times 10^4$ N，直径 $d=20$ mm$=0.02$ m，则截面 A 为：

$$A=\frac{\pi}{4}d^2=\frac{\pi}{4}\times(0.02)^2=3.14\times 10^{-4}(\text{m}^2)$$

(2) 求圆钢截面上的应力 σ

$$\sigma=\frac{N}{A}=\frac{5\times10^{4}}{3.14\times10^{-4}}=1.59\times10^{8}(\text{Pa})=159(\text{MPa})$$

(3) 判断圆钢安全性

因 $\sigma=159\text{ MPa}<[\sigma]=160\text{ MPa}$

故圆钢工作安全。

8. 解：(1) 根据作用在工字梁中点的载荷 $G=10\text{ kN}$，利用力矩平衡方程，求得 A、B 两端的支反力 R_A、R_B 为

$$R_A=R_B=\frac{G}{2}=\frac{10}{2}=5(\text{kN})$$

(2) 求载荷作用在梁中部弯矩 M_c

$$M_c=R_A\frac{L}{2}=5\times10^{3}\times\frac{6.4}{2}=1.6\times10^{4}(\text{N}\cdot\text{m})$$

(3) 求梁的最大应力 $\sigma_{\max}$

$$\sigma_{\max}=\frac{M_c}{W_Z}=\frac{1.6\times10^{4}}{141\times10^{-6}}\approx1.135\times10^{8}(\text{Pa})=113.5(\text{MPa})$$

(4) 确定工字钢梁起吊的安全性

因113.5 MPa<160 MPa

即　$\sigma_{\max}<[\sigma]$

故工字钢梁起吊时安全。

9. 解：由题可知，$G_1=150\text{ kN}$，$G_2=40\text{ kN}$，$P=6\text{ kN}$，$l_1=1.75\text{ m}$，$l_2=9.75\text{ m}$，$l_3=2.3\text{ m}$。

以桅杆轴线上的点为支点，据力矩平衡条件有：

$$G_1l_x+P[(l_2-l_1)+l_x]=G_2l_3$$

$$l_x=\frac{G_2l_3-P(l_2-l_1)}{G_1+P}=\frac{40\times2.3-6\times(9.75-1.75)}{150+6}=0.282(\text{m})$$

即设置起重桅杆的中心位置需偏离车间中心0.282 m。

10. 解：由题意已知：$G=50\text{ kN}$，$\beta=45°$，$m=4$。

每根分支吊索上平均受力 P 为

$$P=\frac{G}{m}\times\frac{1}{\cos\beta}=\frac{50}{4}\times\frac{1}{0.707}\approx17.68(\text{kN})$$

按公式〔P〕$\leqslant\frac{S_b}{K}$ 计算每一分支吊索

钢丝绳破断拉力 S_b：

$$S_b\geqslant K〔P〕（取 K=10，吊索用）$$

即

$$S_b\geqslant10\times17.68=176.8(\text{kN})$$

考虑到选用钢丝绳的安全性和经济性，故按表选用直径19.5 mm钢丝绳做吊索就可以。

三、技能要求练习题及参考答案

第一题

1．题目名称：利用两副起重量为500 kN、高22 m的格构式桅杆抬吊一台蒸煮器。

2．题目内容：

（1）工程概况　蒸煮器设计参数如题表—2所示。外形尺寸及重量如题表—3所示。设备材质上部用不锈钢、锰钢复合钢板制成，分节处和下部用锰钢制成。蒸煮器安装在蒸煮及筛选工段西段，其基础直径为5 m，在设备基础及地坪回填平整后，即可交付安装蒸煮器。在本设备所在车间西面，土建堆有大量卵石，且地形复杂，坡度较大，对吊装布置有所影响，平面图如题图—4所示。施工方法采用先就地将设备组成整体，然后用两副起重量为500 kN、高22 m的格构式桅杆进行抬吊滑移，一次抬吊就位。桅杆轴线距基础中心3 m，在设备组对时，基础中心和卧式设备顶端相距3 m，施工平面布置如题图—5所示。

题表—2　　蒸煮器设计参数

设计压力	工作压力	设计温度	工作温度
0.9 MPa	0.7 MPa	200℃	170℃

题表—3　　外形尺寸及重量表

上节		下节		总体	
外形尺寸	重量	外形尺寸	重量	外形尺寸	重量
ϕ3 000 mm×9 285 mm	101 kN	ϕ3 500 mm×14 915 mm	320 kN	ϕ3 000 mm/4 770 mm×27 500 mm	515 kN

（2）施工程序　基础验收检查→桅杆竖立→设备组对→水压试验→吊装就位→设备找正→机索具拆除。

（3）相关施工技术要求

1）基础验收　按《混凝土结构工程施工及验收规范》（GB 50204—92）验收合格，在基础强度达到设计强度的75%以上时，可进行设备组对和安装。根据图样，在基础上标出中心和标高的基准线，基础应符合下列要求：

①坐标位置偏差＜±20 mm。

②外形尺寸偏差＜±20 mm。

③标高尺寸偏差＜－20 mm。

④平面不水平度＜5‰，全长10 mm。

⑤地脚螺栓孔偏差：位置＜±10 mm，深度＜＋20 mm，不垂直度＜10 mm，基础表面应进行修整，放置垫铁处要铲平，垫铁位置及大小应符合要求。

2）设备检查应符合下列要求：

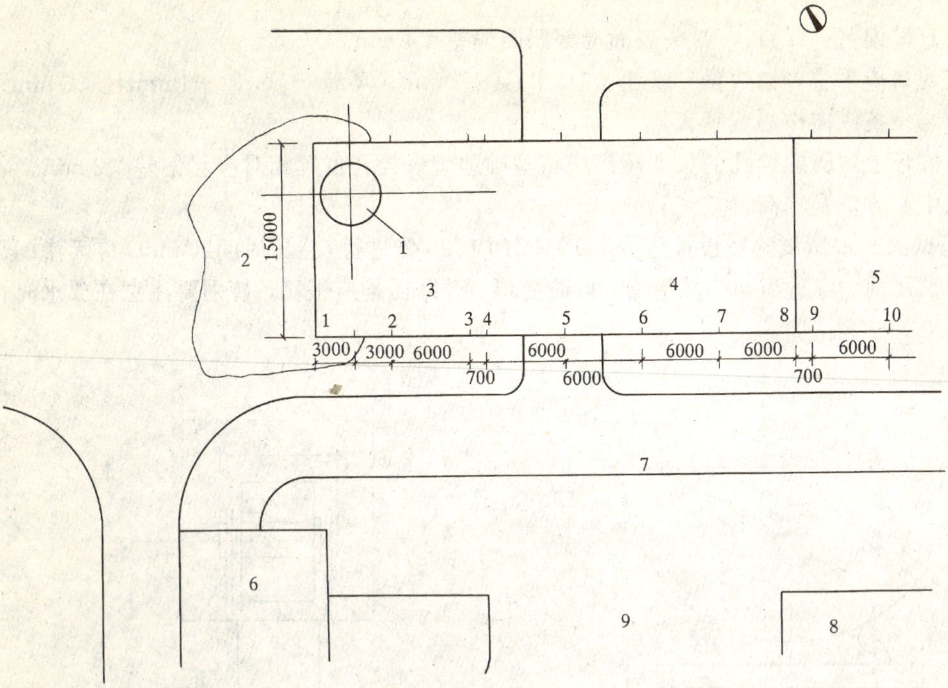

题图—4

1—蒸煮器基础　2—卵石堆　3—蒸煮及筛选工段　4—浓缩工段　5—漂白阶段　6—蒸发罐区　7—公路

8—石灰仓　9—碱回收蒸发工段

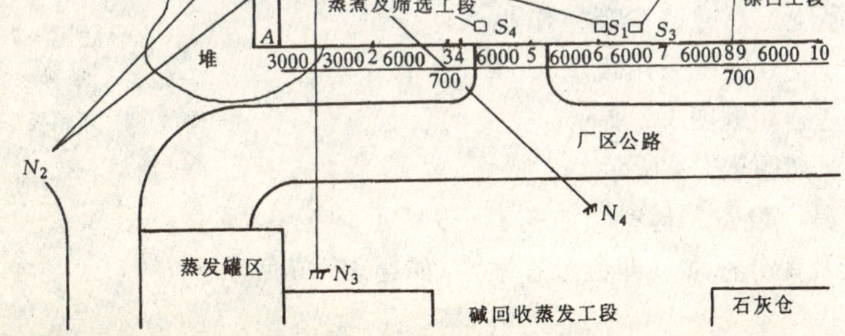

题图—5　吊装现场平面布置图

I_1、I_2—桅杆　S_1、S_2—80 kN卷扬机　S_3、S_4—50 kN卷扬机

X—拖排　N_1、N_2、N_3、N_4、N_5、N_6、N_7、N_8、N_9—锚点

①蒸煮器壁上纵向中心线应清晰正确，并在上、下两端做明显标记。

②椭圆度≤1‰DN 且＜25 mm。

③外圆周长偏差＜±13。

④不垂直度偏差＜1‰H，封头表面局部凹凸偏差＜4 mm。

⑤焊缝对口应平直，错边量：纵缝 $b\leqslant 0.1\,s$且＜3 mm；环缝 $b\leqslant 0.1\,s+1$ mm且＜6 mm；对口端面应与设备纵向中心线垂直。

⑥裙座底环上地脚螺栓孔的尺寸距离应与基础地脚螺栓孔位置相对应，偏差＜2 mm。

⑦开孔中心方位及标高偏差＜5 mm。

3）水压试验　水压试验按设计压力0.9 MPa的1.25倍进行，持压时间20 min，应无渗漏。在充水进行试压前，应适当加垫放平稳，以防变形。升降压均应平稳，特别要注意在放水时，不能造成真空。

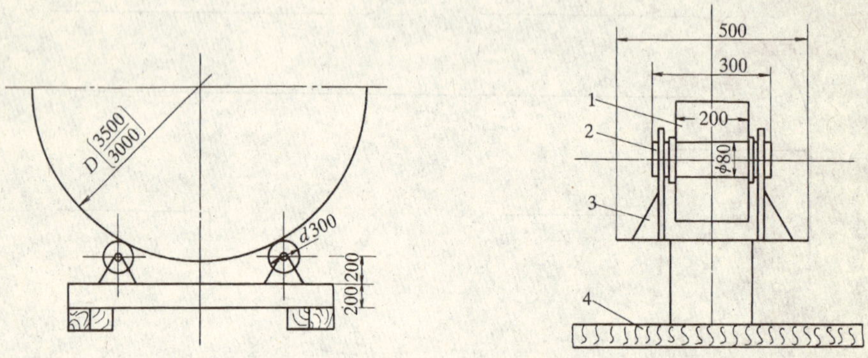

题图—6

1—滚轮 ϕ300 mm×200 mm　2—轴 ϕ80 mm×300 mm

3—座架（利用 20 号槽钢和厚度为10 mm的钢板焊接而成）　4—道木

（4）设备组对　设备组对所用主要施工机具有400 kN汽车吊和滚轮组合架。滚轮组合架如题图—6所示。在组对前，先按吊装现场平面布置图放出组装场地的纵向中心线及各节位置。组对顺序：裙座→下节→上节。在组对时应考虑凡能在地面组装的内外附件均应组装在设备上，尽量减少高空作业。

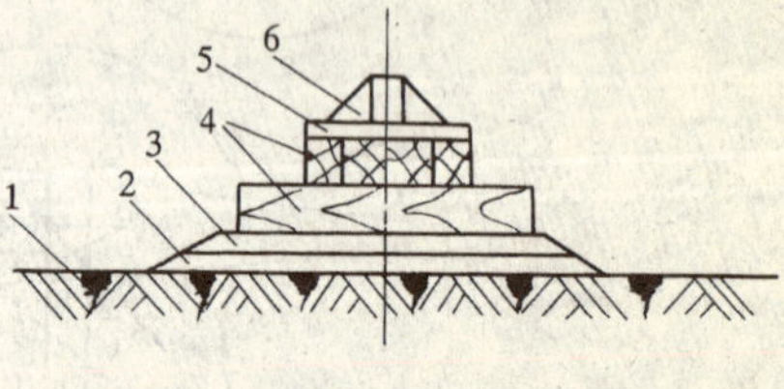

题图—7

1—地面　2—砂　3—小碎石

4—枕木　5—厚钢板　6—桅杆底座

（5）桅杆的竖立方法　采用现场400 kN汽车吊竖立，桅杆的临时基础如题图—7 所示。

（6）吊装工况如题表—4 所示。

3. 使用的工具、设备、材料：如题表—5 所示。

4. 操作要点及评分标准（即参考答案）：如题表—6 所示。

题表—4　　**吊　装　工　况**

项　目	初始	脱排	项　目	初始	脱排
起吊索与地面夹角	19°12′	19°51′	引出绳受力	27 630 N	43 540 N
设备纵向中心线与地面夹角	平行	78°13′	溜放绳受力	－65 520 N	50 300 N
起吊索受力	23 026 N	362 820 N	每根主缆风受力	62 440 N	101 550 N

题表—5　　工具、设备、材料表

序号	名　称	规　格	单位	数量	备　注
1	汽车吊	400 kN	辆	1	组对、竖立桅杆
2	卷扬机	80 kN	台	2	起吊用
3	卷扬机	50 kN	台	2	牵引、溜放用
4	千斤顶	100 kN、50 kN	个	20	
5	倒　链	SH2、SH3、SH5	个	20	
6	桅　杆	500 kN、长30 m	根	2	实用23 m
7	钢丝绳	6×37 ϕ19.5 mm	m	600	溜放\牵引用
8	钢丝绳	6×37 ϕ24 mm	m	600	起吊用
9	钢丝绳	6×37 ϕ24 mm	m	400	N2～N7 缆风绳用
10	钢丝绳	6×37 ϕ19.5 mm	m	300	N1、N2、N3 缆风绳用
11	钢丝绳	6×37 ϕ25.5 mm	m	40	N8、N9 锚点用
12	滑　车	H50×5D	个	4	起吊用
13	滑　车	H20×3D	个	4	溜放、牵引用
14	拖　排	600 kN，2×1.8 m	副	1	运输用
15	滚　杠	ϕ108 mm×8 mm，2 m	根	15	
16	钢　管	ϕ159 mm×4 mm，2.5 m	根	20	锚点用
17	枕　木	250 mm×200 mm×2 500 mm	根	150	含运输锚点
18	经纬仪		台	1	含塔尺
19	望远镜		副	1	
20	步话机		副	4	指挥用
21	滚轮组合架		副	4	组对用
22	龙门卡		副	20	组对用
23	垫　铁	斜、平每块>15 mm^2	块	各 20	组对用
24	钢　丝	ϕ0.5 mm	m	80	含支架一副
25	电焊机	交流20 kW	台	2	
26	试压泵	手动	台	1	
27	盘　尺	50 m	把	1	
28	手提砂轮机	ϕ150 mm	个	3	

题表—6　　操作要点及评分标准

序号	考核项目	操　作　要　点	配分	评分标准	得分
1	桅杆基础处理	施工应满足使用要求，地基要夯实，桅杆底座附近要有排水设施，所选用枕木要有弹性，并要求每层枕木截面高度一致，在桅杆底座与钢板间加垫一层厚薄均匀的防滑石棉板	5		

续表

序号	考核项目	操作要点	配分	评分标准	得分
2	地锚挖设	根据施工平面布置图和地锚施工图，正确地在地面上划出位置，锚坑按设计尺寸开挖，将钢丝绳系结在坑前部按设计角度倾斜引出地面，用碎石和干土回填夯实，地锚前方（坑深 1.25 倍范围内）不许取土或有坑等，地锚中积水要排干并防止雨水侵入，做好隐蔽工程记录	5	根据具体情况评审组自定	
3	桅杆组对	符合设计要求，满足国家颁发的钢结构施工及验收规范。其中心线偏差不得大于长度的 1/1 000，总偏差不超过 20 mm。桅杆连接螺栓必须按要求配置，用标准扳手按一定顺序交叉进行拧紧。所有螺栓要紧固，不得有松动现象	7		
4	起吊滑车组、缆风绳系挂	起吊滑车组和缆风绳系挂前要分别对其进行全面检查，检查合格后方能系挂，系挂位置要准确，绑扎连接要规范	8		
5	桅杆竖立	桅杆竖立前，吊点选择合理，用石灰等在地面上画出汽车吊的站立位置。熟悉 400 kN 汽车吊的性能，能与汽车吊司机密切配合，手势指挥信号清晰明确，同时也熟悉汽车吊司机使用的音响信号，以便进行正确的联系	10		
6	桅杆固定	底座位置正确，和施工平面布置图相一致。底座固定牢固，各缆风绳的松紧程度基本一致，缆风绳的挠度为其长度的 1/10～1/15。桅杆轴线与地平面的垂直度在允许误差范围内	10		
7	设备组对	按施工要求放出设备组对位置，能正确快速指挥裙座、下节、上节的捆绑与吊装就位组合	7		
8	设备基础检查	检查项目要全面，检查内容要具体，并对检查结果做出结论	3		
9	设备吊装就位	合理选择指挥台位置，对各操作人员进行合理明确分工，确定信号传递路线及方式。熟悉该起重作业的整个工艺过程，起吊过程平稳，无碰撞现象	10		
10	设备校对固定	在设备就位后，根据所测数据，能合理确定设备校正的方法及施工程序，并付诸实施，然后进行固定	10		
11	桅杆拆除	拆除桅杆过程中，汽车吊定位准确，挂钩合理正确，桅杆下落过程中平稳，不能和附近设备及构筑物相碰撞	5		
12	安全	要求无设备、人身事故	10		
13	工效	根据项目，按劳动定额进行，低于 90% 本项无分，在 90%～100% 之间酌情扣分，超过定额适当加 1～3 分	10		

第二题

1. 题目名称：利用桥式起重机对 150 kN 以下设备进行翻转、旋转与倒立。

2. 题目内容：某厂车间上方装有 750 kN/200 kN 电动双钩桥式起重机，跨度为 31.5 m，现有一个大型球形盖，重 135 kN，要运到仓库进行保管，为防止球形盖变形，将球形盖翻转后放在一个特制的托架上。如题图—8 所示。

施工程序：

(1) 第一阶段　由位置 1 升到位置 2。

(2) 第二阶段　设备在空中翻转。

(3) 第三阶段　设备支在托架上并固定好。

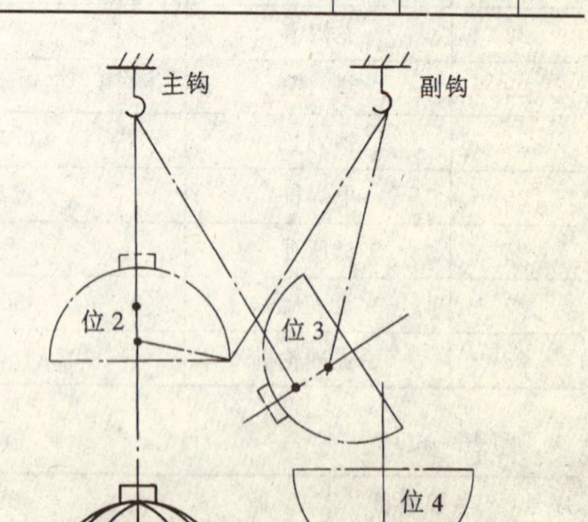

题图—8　球形盖翻转、旋转、倒立简图

3. 使用的工具、设备、材料：车间内一台 750 kN/

200 kN电动双钩桥式起重机，6×37—24—155 钢丝绳若干米，托架一只，枕木若干及其他必备吊装工具。

4. 操作要点及评分标准：如题表—7 所示。

题表—7　　操作要点及评分标准

序号	考核项目	操作要点	配分	评分标准	得分
1	绳扣选择	进行绳扣强度验算，动载系数和安全系数取用合理，绳扣长度满足要求	15	根据具体情况评审组自定	
2	绑扎绳扣	要求绑扎点选择正确，绑扎牢固，对钢丝绳与壳体锐角接触处，要给予保护	15		
3	第一阶段（即设备上升阶段）	能熟练指挥主、副钩的升降操作，在球形盖的上升过程中，要求平稳，无冲击现象，副钩在自由状态下跟随上升	15		
4	第二阶段（即设备翻转操作）	能正确指挥主、副钩的相互协调动作，设备在翻转过程中平稳，无晃动产生，和其他构件无碰撞现象	20		
5	第三阶段（球形盖的支承固定）	能正确指挥球形盖在主钩呈自由状态的前提下平稳落到托架上，并在托架上垫好木块，最后进行球形盖的稳固工作	10		
6	安全	要求保证人身和设备的安全	10		
7	工效	按劳动定额进行，低于90%本项无分，在90%～100%之间酌情给分，超过定额适当加分	15		

第三题

1. 题目名称：125 000 kW发电机定子卸车。

2. 题目内容：125 000 kW发电机定子总重量为980 kN，从制造厂由铁路凹型平车运至车站后，采用滑移法拖运到站台上，如题图—9 所示。

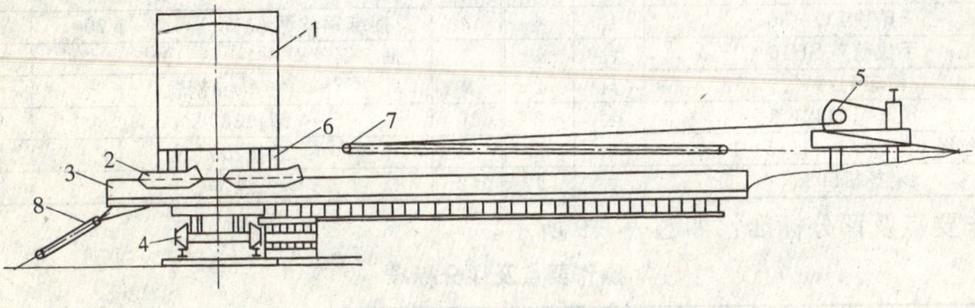

题图—9　发电机定子卸车示意图

1—发电机定子　2—槽钢滑板　3—钢轨　4—铁路凹型平车　5—卷扬机
6—发电机定子装箱拖板　7—拖运滑车组　8—固定铁路平车和钢轨的滑车组

施工流程：先将在铁路凹型车上的发电机定子 1，用 4 只千斤顶在四角进行顶升。当顶升高度离开车约70 cm时，用43 kg/m钢轨 3 铺设在发电机定子下面，每头铺 4 根，如题图—10 所示。在每根轨道上涂以黄油，扣上用槽钢制成的滑板 2，由千斤顶将发电机定子松放在滑板上，搬开千斤顶，接着在定子上系结拖运千斤绳和滑车组 7，用卷扬机 5 牵引滑移，千斤绳的系结如题图—11 所示。这主要是为了使千斤绳两端保持受力平衡。

3. 使用的工具、材料、设备：如题表—8 所示。

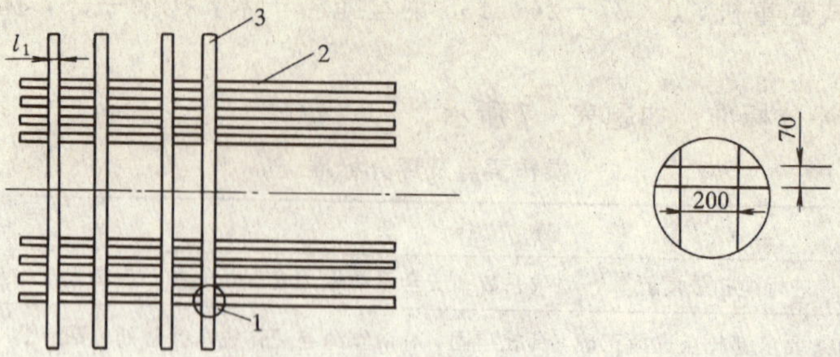

题图—10　摩擦接触面示意图

1—一个摩擦接触面　2—钢轨　3—发电机定子装箱拖板

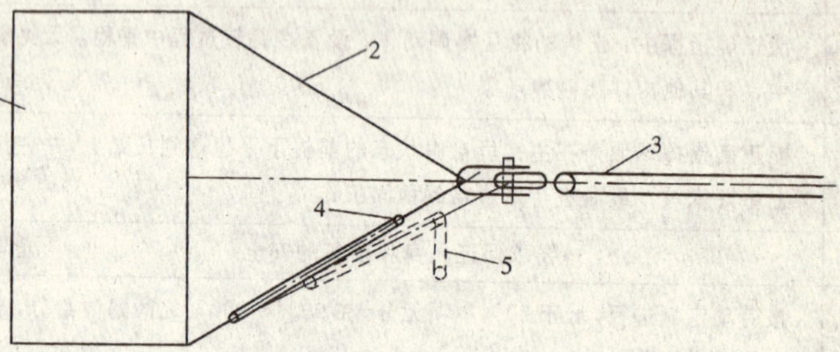

题图—11　发电机定子拖运千斤绳系结示意图

1—发电机定子　2—拖拉千斤绳

3—拖拉滑车组　4—调节滑车组　5—链条葫芦

题表—8　　**工具、材料、设备表**

序号	规格名称	单位	数量	序号	规格名称	单位	数量
1	千斤顶 LQ—30	台	4	7	捆绑钢丝绳 661+1—33—1 700	m	25
2	手拉葫芦 SH10	台	1	8	捆绑钢丝绳 661+1—19.5—1 700	m	20
3	滑车 H20×1	只	2	9	430 N/m钢轨	m	96
4	滑车组 H32×3	套	2	10	卸扣320 kN	只	6
5	钢丝绳 6×37+1—19.5—1 700	m	50	11	卸扣200 kN	只	5
6	卷扬机50 kN	台	1	12	道木	根	若干

4. 操作要点及评分标准：如题表—9 所示。

题表—9　　**操作要点及评分标准**

序号	考核项目	操作要点	配分	评分标准	得分
1	道木搭设	道木搭设位置准确，接头处错开拼接。道木搭设要牢固，如道木间隙过大应垫小木块或其他垫块	15	根据具体情况评审组自定	
2	锚点开挖	锚点开挖位置、深度符合设计要求，并做好隐蔽记录	5		
3	千斤顶顶升	能熟练操作千斤顶。在顶升过程中，定子四角下面应用枕木和木板做保险塞，顶升应平稳	15		
4	钢轨铺设、扣滑板	钢轨铺设定位准确，高低基本一致	15		
5	牵引绳、溜绳、捆绑绳系结	各绑扎点应牢固，绳子选用合理，能正确连接滑车组，熟练操作手拉葫芦，对滑车组、手拉葫芦、钢丝绳能准确判断其是否报废	10		
6	卷扬机开启	熟悉卷扬机的构造、性能及其使用注意事项，能处理突发停电事故	10		
7	索具拆除	拆除索具应有条不紊，并为入库做好准备工作	10		
8	安全	无设备、人身事故	10		
9	工效	按劳动定额进行	10		

第四题

1. 题目名称：大型储罐拖运。

2. 题目内容：有一个硫酸储罐，直径9.2 m，高 $H=9.5$ m，本体重 $G_1=175$ kN，爬梯及栏杆重量 $G_2=9.5$ kN。因其混凝土基础下沉，需把储罐移到基础外边指定地点，重新打基础，等基础打好后，再移到基础上。该储罐体壁、顶盖、罐底厚度是由 4～7 mm钢板制造而成的。储罐直径较大而且壁薄，容易变形。

(1) 现场情况　储罐施工现场情况较复杂，东部是生产车间，北部和南部均有储罐，只有西部没有障碍物，而是一高低不平的空地，约有40 m，再往西部是深沟，如题图—12所示。

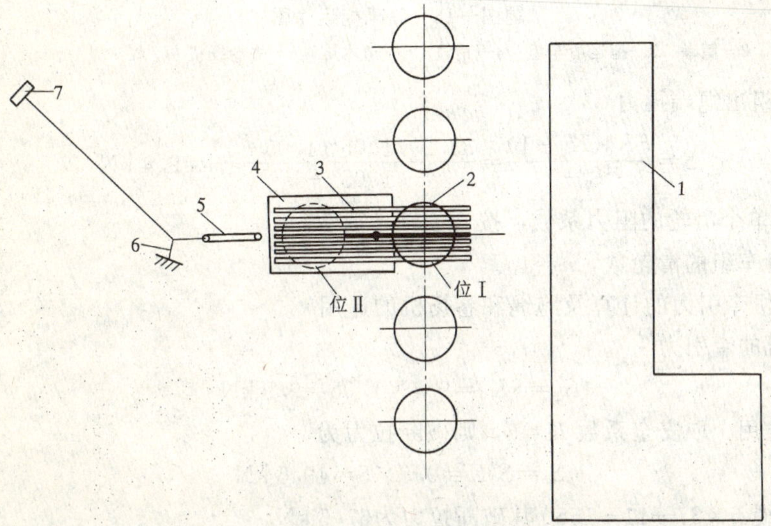

题图—12

1—生产车间　2—储罐　3—钢轨　4—道木板　5—托运滑车组　6—导向滑轮　7—卷扬机

(2) 搬运储罐方法的选择　被搬运的硫酸储罐直径9.2 m，高度 $H=9.5$ m，总重量 $G=G_1+G_2=184.5$ kN。储罐的罐壁、罐盖、罐底厚度为 4～7 mm，是由钢板制造而成的，由于储罐直径较大，壁较薄，属于薄壁结构，容易变形。所以在选用搬运方法上要谨慎，不能采用吊车或桅杆的吊装方法进行搬运，而只能采用拖运的方法。该法是在储罐底部罐壁上均匀地焊上 4 只吊耳，用 4 个100 kN起重量的螺旋千斤顶放在吊耳的下部将储罐缓慢升起，然后在基础上均匀地放置 6 根钢轨，用螺栓再连接 6 根钢轨往西延长。并压在已排好的道木堆拖运道上，最后将储罐缓慢地放在钢轨上。储罐底部捆绑好绳扣，并且用滑车组连接至卷扬机，如题图—13 所示。一切准备好后，拖运储罐的工作就可以进行了。

3. 计算及选用拖运索具

(1) 拖运储罐所用的牵引力

$$F=K\mu G=1.2\times0.15\times184.5=33.2\ \text{kN}$$

式中 K——考虑由于摩擦面高低不平和单位面积压力较大时的修正系数，取 $K=1.2$；

μ——钢与钢滑动摩擦系数，取 $\mu=0.15$（无润滑剂时）；

G——储罐和附件重量，$G=184.5$ kN，选用 H2×50 kN滑车组（含油轴承）一组。

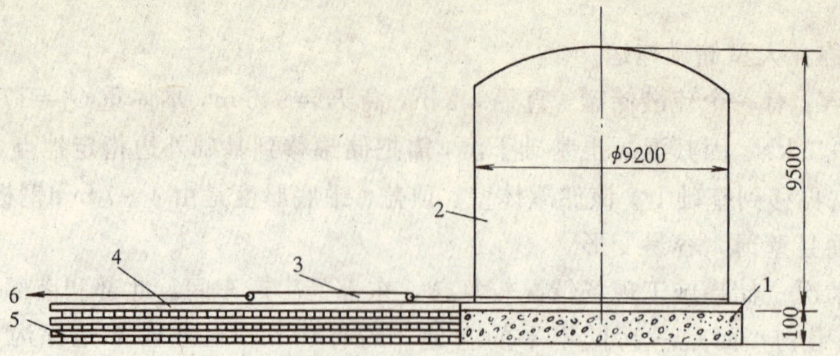

题图—13　储罐拖运简图

1—储罐基础　2—储罐　3—拖运滑车组　4—钢轨　5—道木堆　6—去卷扬机

（2）滑车组出绳端拉力

$$S=\frac{FK_0^n(K_0-1)}{K_0^n-1}=\frac{33.2\times1.05^4(1.05-1)}{1.05^4-1}=9.4\ \text{kN}$$

式中　K_0——单个滑轮的阻力系数，按含油轴承取 $K_0=1.05$；

n——滑车组的滑轮数，$n=4$。

（3）卷扬机牵引力的计算及跑绳和卷扬机的选用

1）卷扬机的牵引力

$$S_1=SK_0=9.4\times1.05=9.9\ \text{kN}$$

2）跑绳选用　取安全系数 $K=5$，则破断拉力为

$$S_b=S_1K=9.9\times5=49.5\ \text{kN}$$

选用钢丝绳 6×37—11—1550 其破断拉力为67.5 kN。

3）卷扬机选用10 kN卷扬机一台。

4）滑车组上部绑绳（绳扣）选用　根据拖运储罐所受的拉力 $F=33.2$ kN，绑绳取安全系数 $K=8$，破断拉力为

$$S_b'=FK=33.2\times8=265.6\ \text{kN}$$

选用钢丝绳 6×37—21.5—1550 其破断拉力为270 kN。

4. 操作要点及评分标准：如题表—10 所示。

题表—10　　　　**操作要点及评分标准**

序号	考核项目	操　作　要　点	配分	评分标准	得分
1	施工方案的编制	编制内容要具体、全面，对施工平面图的绘制要详细，施工机具选择要合理，安全及质量保证措施要有针对性，劳动力的安排要合理	15	根据具体情况评审组自定	
2	锚点设置	定位合理，结构形式和尺寸满足使用要求	10		
3	枕木铺设	枕木铺设高度和储罐低平面基本一致，枕木排列满足使用要求，接头错开至少200 mm以上	5		
4	储罐顶升钢轨铺设	顶升应缓慢平稳同步起升，在起升一定距离后，应立即塞进钢轨，钢轨要求排列整齐均匀，然后再将储罐缓慢放在钢轨上	15		

续表

序号	考核项目	操　作　要　点	配分	评分标准	得分
5	牵引钢丝绳、溜绳设置	钢丝绳选用合理，绑扎牢固	10	根据具体情况评审组自定	
6	拖运前检查	检查内容要全面而具体，不能流于形式，要填写检查记录备查	10		
7	正式拖运	操作人员分工明确，并能正确指挥、协调各人员进行操作	10		
8	机索具拆除	拆除机索具，清理场地	5		
9	安全	无设备、人身事故	10		
10	工效	按劳动定额进行评定	10		

第五题

1. 题目名称：2 000 m^{3}内浮顶储罐无平衡装置“气顶升”安装。

2. 题目内容：

(1) 2 000 m^{3}内浮顶储罐结构简介　主要由罐体、浮盘、密封及导向装置等组成。如题图—14 所示。其中浮盘是由钢板和型钢拼接而成的盘形浮顶，如题图—15 所示。

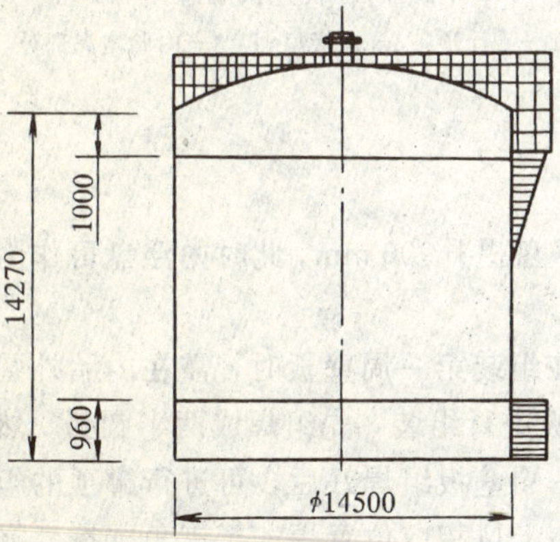

题图—14　2 000 m^{3}内浮顶储罐

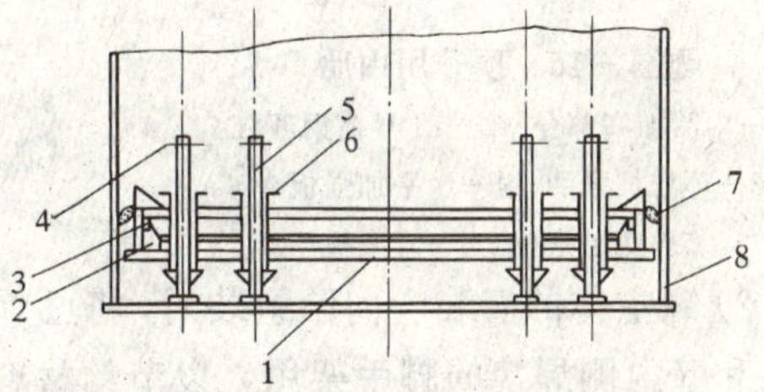

题图—15　2 000 m^{3}储罐内浮盘

1—底盘　2—径向立肋　3—角钢环　4—限位销　5—立柱　6—立柱外套　7—密封装置　8—外边缘立板

浮盘的最低工作位置距离罐底900 mm，当浮盘上升到1 800 mm处，立柱销子使立柱连用浮盘，随液面变化而浮升。浮盘与罐壁间隙140 mm，采用尼龙橡胶带和断面呈梯形的聚氨酯软泡沫塑料做密封，富有弹性，可随浮盘升降而补偿壁板的变形，以保持较好的密封状态。

罐的其他装置和结构与普通储罐相同。

(2) 施工程序

1) 油罐底板的铺设焊接。

2) 内浮盘的组装及焊接。

3) 内胎的组装。

4) 顶部第一节罐壁的安装。

5) 罐顶的预制安装。

6) 用气顶升法进行壁板的安装。

7) 密封装置的安装。

(3) 罐主体气顶升安装工艺　根据2 000 m^{3}内浮顶储罐自身的结构特点，施工中采用“无平衡装置”加设内胎的方法组织施工。

1) 顶升中内胎的安装：在已铺好的罐底板上用底层壁板制作内胎用于顶升。内胎的外径较储罐的内径小 5～10 mm，内胎找圆后，用内角花焊固定。并在其上加焊一圈宽度为400 mm的壁板，使内胎全高为1 900 mm。如题图—16 所示。

在内胎上口加焊若干 14 号环形槽钢（圆周等分）及厚度为10 mm的钢板。槽钢接头处用千斤顶撑开，以增加内胎刚度，如题图—17 所示。对于内胎的椭圆度和垂直度要进行严格控制，椭圆度＜10 mm，垂直度＜3/1 000，并将其外壁的焊缝磨平。

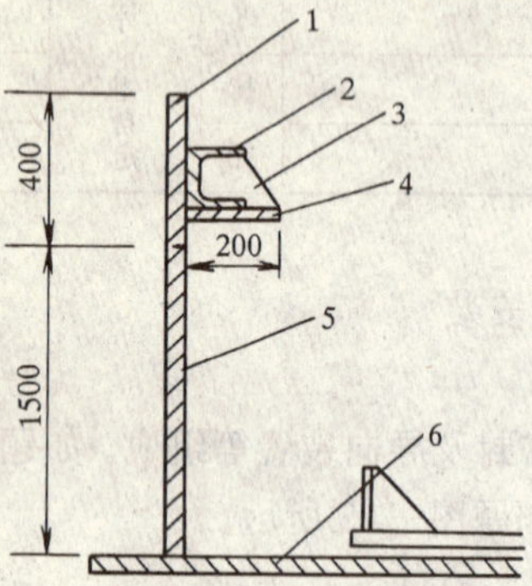

题图—16　顶升用内胎

1—内胎加高部分　2—14 号槽钢环杠

3—环杠加强肋　4—水平加强板

5—底层壁板　6—罐底板

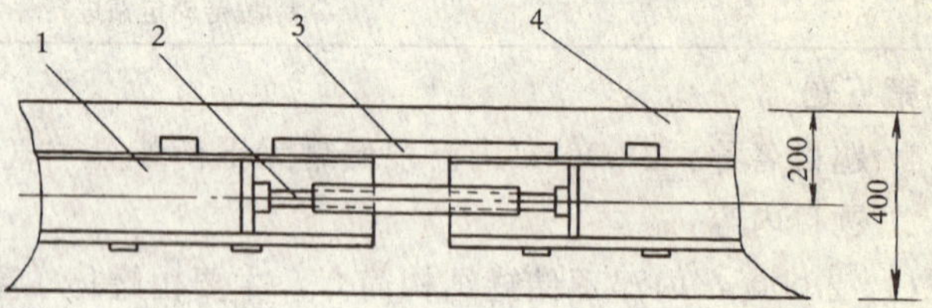

题图—17　内胎的环杠连接示意图

1—槽钢环杠　2—千斤顶　3—连接扁钢　4—内胎增高部分

2）罐主体的安装　内胎组装后，将已焊好的内浮盘提升900 mm，此时内浮盘可作为组装罐顶和壁内侧焊接的脚手架用，以节约材料费用。

因罐板的宽度为1600 mm，低于内胎300 mm，在组装第一周壁板时，需在内胎外圆四周放置若干500 mm的支承架，在支承架上对第一周壁板进行组装，先组焊成两半圆弧，然后利用倒链将围在内胎外侧的半圆弧壁板拉紧焊接，第一圈壁板组焊好后，可进行罐顶的组装焊接，并使之与第一圈壁板进行焊接，在罐内壁与内胎上口相应位置焊若干三角支撑，撤除内胎外围的500 mm高支撑架，将组装后的罐壁及罐顶通过三角支撑支持在内胎上，此时即可用气顶升法进行其他壁板的组装焊接工作。送风前，应将内胎与罐底接头处用橡皮胶板密封，以解决漏风问题。如题图—18 所示。送风顶升，随鼓风机压力值增大，罐体徐徐平衡上升。若

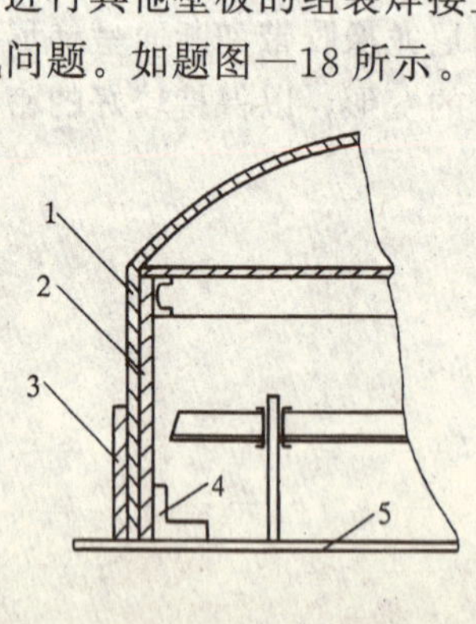

题图—18　气顶升示意图

1—浮升罐体　2—内胎

3—新围壁板　4—密封橡胶板

5—罐底板

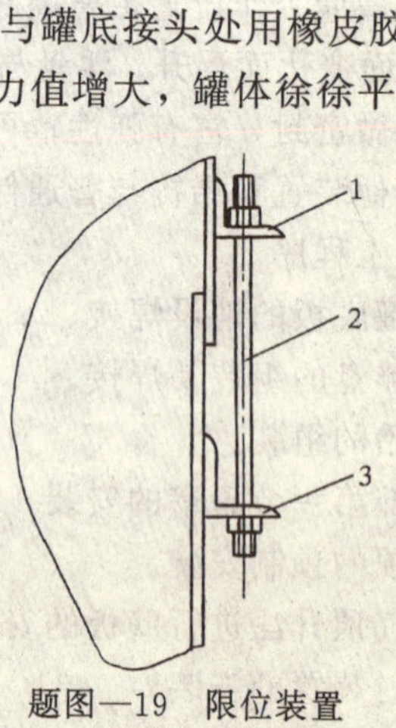

题图—19　限位装置

1—上挡板

2—M 20 mm×450 mm螺栓

3—下挡板

偶然出现浮升罐体倾斜，施工人员应及时调整。

当罐体浮升至内胎接口400 mm处，在最后组装的新围壁板上已预先焊好的“限位螺栓的下挡板”的相应位置，焊接限位装置的上挡板（在浮升罐体上），穿入限位螺栓避免冒顶。如题图—19 所示。然后调整浮升罐壁与新围壁板的纵向间隙，拉紧在新围壁板上的对接倒链，找正后点焊，再停鼓风机，以检查对接壁板的椭圆度、垂直度等，至此一节壁板的组装结束。

重复以上气顶升操作程序，壁板逐节顶升组装。

3）底层壁板的处理　由于内胎材料是用预制好底层壁板制作而成的，为此在安装倒数第二节壁板时，需将内胎加以适当处理，还原成底层壁板才能完成整个罐体施工。

当罐体顶升超过内胎接缝（即加高部位）5～10 mm时，控制进风量，停止进风浮升。然后用角铁楔子与内胎靠紧。如题图—20 a所示。此时可停止进风，并沿罐壁焊接 16 个2 m长的 14 号槽钢支撑，使罐体全部重量落在支撑上，如题图—20 b所示。再取下内胎的环形槽钢和加强板，割掉内胎上400 mm的加高部分，然后将内胎壁板割开一条立缝，剔除内胎与罐底的焊缝，沿割开的立缝用斜铁逐段将内胎与壁板向外胀出。如题图—20 c所示。调换一块加长壁板，以补偿因直径变大而引起的周长差。上下接口对正施点焊后，拆除槽钢支撑，检查罐体垂直度、椭圆度，再行施焊，至此罐体的“气顶升”安装全部结束。

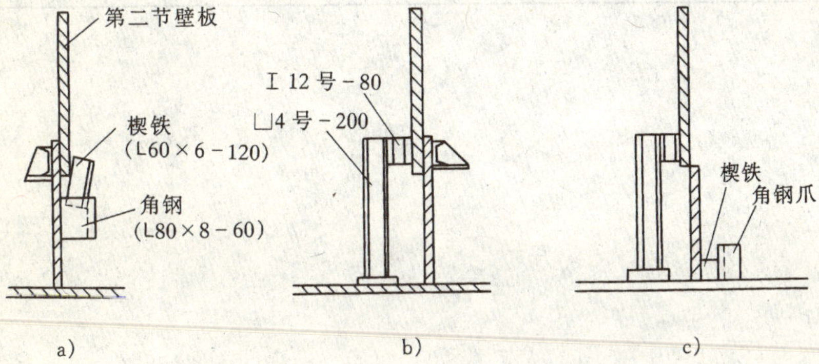

题图—20　气顶升中内胎壁板处理示意图

a）角钢楔铁位置　b）槽钢支撑位置　c）胀出内胎壁板

（4）安全技术措施

1）统一指挥，合理分工，精心操作是安全施工的条件。

2）操纵放风阀的人员，要精力集中，具有经验，能根据罐体浮升状况，结合 U 型压差计的压力变化，合理调节放风阀，以实现罐体平稳上升。尤其是在罐口对接时，控制保持好风压，以防冒顶。

3）在送风前和顶升中，应随时检查装置的可靠性，若遇停电或鼓风机故障等紧急情况，施工人员应保持冷静，即时关闭放风阀，拉紧罐壁对接用的倒链，使罐体缓慢下降。

3. 操作要点及评分标准：如题表—11 所示。

题表—11　　操作要点及评分标准

序号	考核项目	操　作　要　点	配分	评分标准	得分
1	施工平面图绘制	图中标注详细，各机具布置合理，并注明各物件堆放场地及施工道路	10	根据具体情况评审组自定	
2	编制施工机具计划	计划详细具体，无漏项	7		
3	编制施工材料计划	计划详细具体，无漏项	7		
4	编制劳动力计划	计划详细具体，能满足工期要求	7		
5	现场顶升准备工作	密封严密，顶升设备安装完好，平衡装置、限位装置按要求设置好	12		
6	顶升前检查工作	根据施工组织设计全面检查顶升准备工作是否完备，并依次做好记录	5		
7	顶升	合理安排人员，分工明确，安排好观测点，统一信号传递路线，在遇到紧急情况时能快速处理完毕	15		
8	最后一节壁板安装	要求质量好、速度快，和铆工积极协调	12		
9	清理场地	拆除机索具，清理完现场	5		
10	安全	无设备、人身事故	10		
11	工效	按劳动定额评定	10		